# 生命の科学

― ヒト・自然・進化 ―

寺山　守 著

大学教育出版

# はじめに

　日常生活の中で私達は，生きているものと生きていないもの，換言すれば生物と無生物を区別することができる．巨岩のように厳として微動だにしない，苔むした大木は生物であるが，木製の机は誰が見ても無生物である．しかし，元素レベルで見ると生物に特有なものは何一つ存在しない．にもかかわらず無生物を組み合わせることによって生物を作り出すことはできない．'生きていること'とはどういうことなのであろうか．生物と無生物，あるいは生きているものとそうではないものの区別を考えていくと，私達の生と死の問題をも意識せざるを得なくなっていく．

　近年の生物学の発展は目覚ましく，生命についての多くの情報を提供してくれる．新しい知見が年毎に次々に加えられ，ゲノムで30億塩基対もあるヒトの遺伝暗号の粗読が完了し，遺伝子機能の研究が本格的に始まる一方で，地球環境と生物との様々な関連の存在と，その重要性も明るみになりつつある．躍進著しい現代生物学は「生命とは何か？」という素朴な，古典的な問いかけに答えることができるのであろうか．

　本書は，理系，文系を問わず，大学の教養課程の中で学生の生物学的素養を高めることを目指して編纂したものである．現代の社会において生物学の知識は，深く社会の中に関わっており，今や専門とする者のみが必要とするものではなく，社会の中で生活していく私達の基礎知識の一部として必要欠くべかざるものとなっている．よって，理系で医学や生物学を専攻する学生のみならず，人文や社会科学系の学生にも十分読みこなせるよう工夫したつもりである．一般生物学的な内容の他に，ごく近年の医学や生命科学，環境関連の話題も積極的に取り込んだ．本書が，生命現象を知る段階に留まらず，それを土台としてさらにヒトや生命への理解や思索を深めていく一助となれば幸いである．

生命の科学
―人・自然・進化―

目　次

はじめに ………………………………………………………………………………… i

序　　　生物学 —多様性と統一性— ………………………………………………… 1

# 第1章　分子から個体群まで ……………………………………………………… 8
1. ヒトの進化　　 8
2. 核の全能性　　 13
3. 生体防御　　 16
4. 脳の働き　　 21
5. 内分泌撹乱物質　　 25
6. 生殖と性の進化　　 30
7. ヒトの発生　　 37
8. 配偶者選択　　 42
9. 親と子の関係　　 46
10. 種内の関係　　 49
11. ヒトの遺伝　　 58
12. 遺伝学の歴史　　 62
13. 遺伝病と遺伝子治療　　 69
14. 生命工学　　 78
15. 臓器移植と再生医療　　 81
16. 生殖工学　　 89

# 第2章　進　化 ……………………………………………………………………… 93
1. 生物の進化　　 93
2. 生命の起源　　 97
3. 3超生物世界と生物進化　　 103
4. 地球環境の変遷と生物の歴史　　 108
5. 節足動物と脊索動物の進化　　 112
6. 栽培植物の起源と進化　　 123
7. 家畜の起源と進化　　 127

# 第3章　生物群集と生態系 ……………………………………………………… 131
1. 生態系の概念と基本構造　　 131
2. 種間関係　　 136
3. 共進化　　 140
4. 生物の分布　　 144

5. 環境への適応　*158*
6. 特殊環境の生物　*161*
7. 生物の多様性　*166*
8. 島と生物　*176*
9. ヒトと生態系　*183*
10. 環境問題　*187*
11. 生物の保全と生態系管理　*195*

**おわりに** ……………………………………………………………………… *203*

**参考図書** ……………………………………………………………………… *204*

# 序　生物学　－多様性と統一性－

　部分を組み合わせるだけでは生命は作り出せないように，個々の分野の知識部分を寄せ集めてみただけでは生物学の全体像は現れてこない．私が日頃，生物の世界を見る際に特に留意していることは，次の3点である．

1) 生命現象は遺伝子（DNA）から地球規模の環境まで階層構造をなし，しかもこれらは連続したものであること．
2) 生物世界には，地球上に数千万種もが存在するであろうと推定される驚くべき多様性の高さが存在し，高いファジー性（曖昧性）を持つとともに，そこにはすべての生命体が共通の仕組みを持つという強い規則性が存在すること．
3) 生物世界の階層構造はどこの段階においても最終的には「進化」という問題に突き当たること．

　以上に出てきた階層性（階層構造），多様性，曖昧性，規則性（法則性），進化という言葉は生物の持つ最大の特徴を表しているであろう．生物の世界は，著しく高い多様性の中に規則性が存在し，かつ時間と共に変化していく．ただし，極めて精緻な物理法則や化学法則に比べると，生物世界には実に例外が多く，かつ規則性もルーズな場合が多い．まずは本節で，生物学の全体像の把握を試みたいと思う．生物学を鳥瞰することによって，生物学全体の枠組みを捉え，その特徴や性質に触れてみたい．

### (1)　生物の階層構造

　生物と生物を取り巻く世界を考慮に入れた自然の秩序を考えると，小さな単位が集まって1つの全体を作り，そのようにしてできた全体が寄り集まってさらに上位の単位を作るといった'部分－全体構造'が何段階にも重なった構造をしていることが分かる（図1）．このような'入れ子'のような構造を「階層構造」と呼んでいる．この階層構造を意識することによって，本テキストの各章や節で取り扱う内容が生物学全体の枠組みの中で，どこのレベルに位置づけられるのかを，そして自分は今どの階層レベルから生命を理解しようとしているのかを意識することが可能となる．

　この図式に当てはめれば，生物学の各研究領域がどの階層レベルの視点で生命を取り扱い，理解しようとしているかがよく分かるであろう．今日，生命科学には分子生物学から生化学，生理

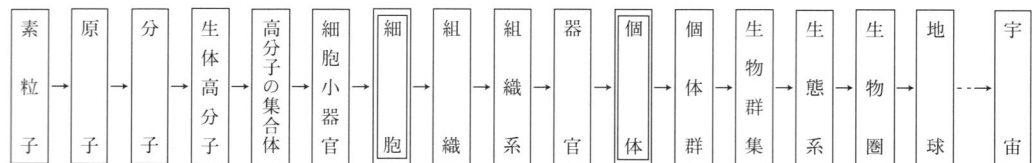

**図序-1 生物世界の階層構造**

学,細胞学,行動学,個体群生態学,群集生態学など様々な研究領域があるが,例えば分子生物学では,階層構造の中で生命現象を分子レベルで解明しようとし,群集生態学では生物群集というマクロな視点で生物世界を理解しようとしているのである.蛇足ながら植物学で「階層構造」というと,森林における樹木や草本の丈の高さによる生態的地位の違いをいい,高木層,亜高木層,低木層,草本層,地衣層,地中層といった区分がそれにあたる.

### (2) 生物の多様性

「生物多様性(biodiversity)」あるいは「生物学的多様性 (biological diversity)」という言葉に触れる機会が多くなった.環境破壊が加速度的に進む中で,貴重な自然環境を保護していくべきだという機運が世界的に高まっているからだ.この生物の多様性が注目され始めたのは『生態学の基礎』の著者で有名なオダム (E. P. Odum) の論文(1969)以降であろう.そして野生生物保護の国際的な動きの中で用語として定着したのは1980年代に入ってからである.特にウィルソンとペーター (E. O. Wilson & F. M. Peter) 編集による著書『Biodiversity』(1988)は本用語の地位を確定的なものにした.

これまでに知られている地球上の生物の総種類数は約177万種である.この数字は驚異的としか言いようのない多様性の高さを示していると言えまいか.地球上には177万通り異なったタイプの実体が存在するのである.図2に20種のアリの頭部を示してみた.これだけでも様々なものがあって変異に富んだ形態を楽しめよう.しかしながら,アリは世界に約11,000種,日本だけでも277種もが存在し,20種のアリはこれらのほんの一握りにすぎない.

177万種の内訳を見ると,高等植物が約27万種,動物が約135万種で,その他が菌類,プロトクチスタ(プロチスタ,原生生物),モネラ(原核生物)である.つまり,植物が1種生えていると,そこには動物が平均5種類取り付いているという認識になる.また地球上の生物の過半数の103万種は節足動物の昆虫類で,いかに昆虫が陸上で繁栄しているかも分かり得よう.陸上へよく適応することに成功したもう一方のグループである脊索動物(原索動物+脊椎動物)のホ乳類は約4,500種類が存在する.

177万という数字を考えると,生物世界の情報も膨大なものであることが分かる.しかし,何も177万種の生物名を覚える必要はまったくないし(そもそも不可能である),そのような無意味な暗記を強要するのが生物学ではない.膨大な情報の行き交う現代の情報化社会において,一般に私達は2つのタイプの知識を持つ必要があると言われている.1つは対象となるそのものを知っているといういわゆる知識である.そしてもう1つはどこをどのように調べるとその知識が

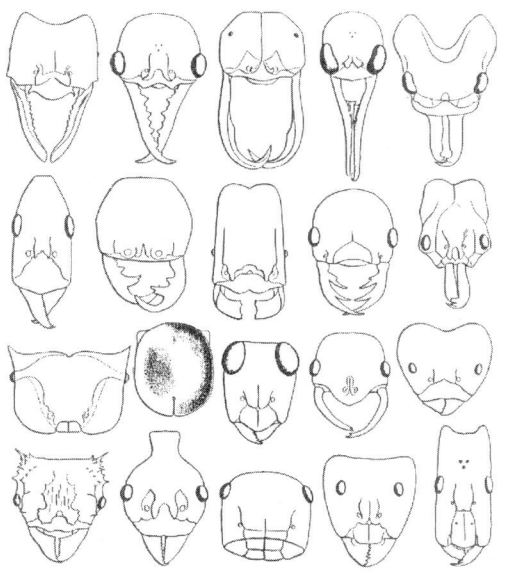

**図序-2 アリの多様性**
ここに描かれた20種のアリは現存するアリ約
11,000種のわずかに550分の1の数でしかない．
（Wheeler，1910より）

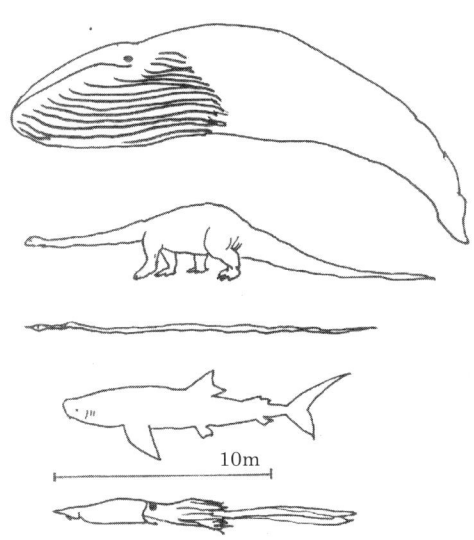

**図序-3 大型生物の多様性**
さまざまな生物群で巨大生物が見られる．
（Augros & Stanciu，1987をもとに描く）

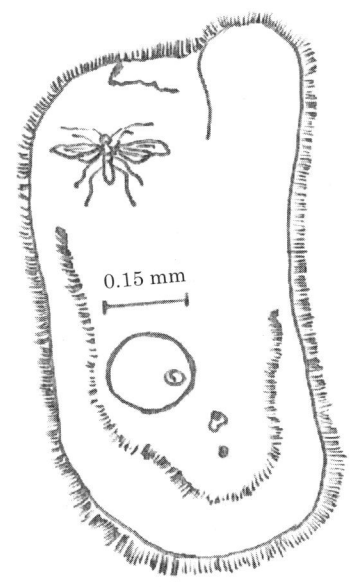

**図序-4 微小生物の多様性**
図の上方に世界最小のハチを描いた．円形のものは
人の卵（0.15mm程度），繊毛虫は原生生物最大のもの．
（Augros & Stanciu，1987をもとに描く）

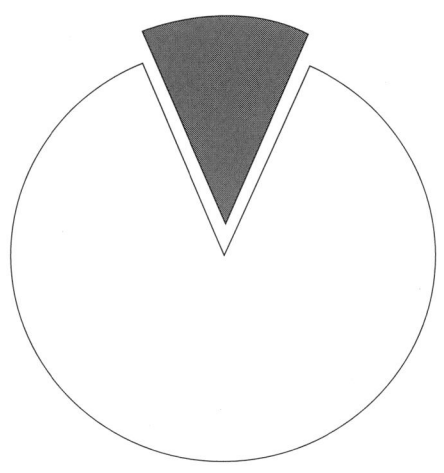

**図序-5 地球の生物相の解明率**

得られるかを知っているという知識，要するに検索能力である．私達の頭脳はコンピュータのようにひたすら単純暗記するようにはできていない．むしろ幸いなことに，覚えたことは忘れるようになっている．そうでなければ，嫌な記憶を忘却の彼方に葬り去ることはできない．177万種もの生物名や種に関する情報は，必要が生じた際に上手に検索すればよいのである．今後とも，生物世界においても，情報科学の果たす重要性が増していこう．

ところでこの177万という数値は，これまでに分類学者によって報告された生物種の総計にすぎず，実際にははるかに多くの種が地球の熱帯多雨林を中心に生息しているであろうことが判明しつつある．意外なことに，熱帯林の本格的な生物学的調査は比較的近年始まったばかりである．そして調査が始まると，そこには生物学者の想像をはるかに超えて圧倒的に多くの生物種が存在しているらしいことが分かってきた．例えば合衆国の動物学者アーウィン（T. L. Erwin）がパナマの熱帯多雨林で19本の樹木を調べたところ，そこには1本の木につき1,200種もの甲虫が生息しており，しかもそれらの80％は何と新種であった．そのような例が次々と報告されるに至って，地球上に生息する生物種数は少なく見積もって500万種（表1），中には地球上の生物種数は何と1億（!）と見積もる研究者さえいる（例えば白山, 1996；Lambshead, 1993）．仮に地球上の生物種数を少なく見積もって1,000万としても，現在私達が発見し，人類の知識として

表序-1 地球上に生息する生物種数

| 生物群 | 現在知られている種数 | 推定種数 |
| --- | --- | --- |
| 全生物 | 177万 | 500万-1億 |
| 　動物 | 135万 | 500万-1億 |
| 　　脊椎動物 | 5万3,140 | 6万2,300 |
| 　　　ホ乳類 | 4,650 | 4,800 |
| 　　　鳥類 | 9,700 | 9,900 |
| 　　　ハ虫類 | 7,150 | 7,800 |
| 　　　両生類 | 4,780 | 4,800 |
| 　　　魚類 | 2万6,960 | 3万5,000 |
| 　　節足動物 | 115万 | 300万-1億 |
| 　　　昆虫類 | 103万 | 300万-1億 |
| 　　　甲殻類 | 4万3,000 | 15万 |
| 　　　クモ形類 | 7万5,000 | 75万-100万 |
| 　　軟体動物 | 7万 | 20万 |
| 　　線虫類 | 1万5,000 | 50万-1億 |
| 　　その他 | 11万 | 40万-50万 |
| 　植物 | 27万 | 30万-50万 |
| 　菌類 | 7万2,000 | 100万-150万 |
| 　藻類 | 4万 | 20万-1000万 |
| 　原生生物 | 4万 | 10万-20万 |
| 　細菌・古細菌類 | 4,800 | 40万-300万 |
| ［ウイルス | 5,000 | 40万-50万］ |

出典（Wilson, 1992；Systematic Agenda 2000, 1994；Heywood, 1995などを参照）

把握している種は，実際に地球上に生息しているであろう種のわずか18％のみということになる．分類学者の地道で懸命な努力にもかかわらず，その努力量をはるかに超えて生物の多様性が圧倒的に高いということであろう．地球の生物の全貌がほぼ解明されるのは一体いつになるのか，まったくめどが立っていない状況にある．

### (3) セントラルドグマ

生物の各階層にはそれぞれの法則性，規則性が存在する．生物の体が細胞から構成されるということも一貫した法則性の1つである．呼吸や光合成といった代謝系や酵素反応も生物に共通の法則性であろう．もちろん群集レベルでも同様に様々な法則性が認められる．

これらの法則性の中で生物の最も基幹をなす重要なものは何であろうか．多くの生物学者はそれを遺伝子に求めている．遺伝子自身が自己複製をなし，そして遺伝情報が転写，翻訳されて特定のアミノ酸配列を持ったタンパク質が作られる過程こそ全生物共通の最も本質的な部分と考えているのだ．そのような観点から，DNAの分子構造を解明した研究者の一人であるクリック（F. H. C. Crick）は，遺伝子として機能するDNAの情報が一方向性をもって転写，翻訳されるプロセスを生物の中心的役割を持つ一般原理とみなし，これにセントラルドグマ（中心教義，central dogma）と名づけた．このセントラルドグマの位置づけは今日も変わるところはない．ただし，クリックの時代と異なり，エイズウイルスに見られるようなRNAからDNAへの逆転写やトランスポゾン（可動遺伝子）の発見など，DNAはかつて考えられていた以上に動的な存在であることも分かりつつある．

### (4) 生物世界のファジー性

物理や化学法則と生物世界が大きく異なる点として，生物世界ではファジーな部分が大きく存在するということであろう．化学反応では $2H_2+O_2 \rightarrow 2H_2O$ のように100％確実で，かつ数量化できるし，物理学では統一場理論のようにより普遍的な数少ない理論によって説明が可能である．しかし，生物世界は生物そのものの多様性の高さに加えて，複雑な要因が作用する連続的な事象の集合で成り立っている．例えば身長と体重との関係が示すように連続的でかつ分散が大きく示される．一般則として回帰直線が得られるが，身長が高くて体重が軽い人がいると同時に，その逆も普通に見られ，大きな変異の幅を持つ．物理，化学法則では予想値に対して高い再現性が得られるのに対して，生物世界では理論値と実測値の不合性が高いのである．$H_2O$（水）の性質は宇宙のどこであっても変わらないはずであり，かつ私達はそれを十分に予想できるのに対して，生物では例えば同じクロヤマアリであっても北海道の集団と本州の集団とでは，形態や生態が異なってくる．生物世界で例外則が多く見られることは，物理，化学よりも生物学が粗い学問で，科学的に価値が低いということでは決してなく，生物世界が最初からファジー性を持っていることによろう．むしろこのファジー性は，無生物に対して生物の持つ大きな特徴の1つと言えよう．

## (5) 生物学の位置づけ

「はじめに」で述べた'生命とは何か'という古典的問題に触れてみよう．生命の本質が遺伝子（DNA，場合によっては RNA）であり，生命と物質の差，つまり生物と無生物の差を突き詰めていくと，これを分ける本質的な違いは存在しないと言わざるを得ないであろう．よって生物と無生物の境界を厳密に設定することはできない．ここでも生物世界にファジーな部分が存在していることになるだろう．そのような点を強調すれば「生物とは情報の伝達を最大の目標にした自己制御を行う物質系」と定義することになろう．では DNA が分かれば生命がすべて分かるのであろうか．決してそうではない．何段階もの階層構造を折りなす生物世界の中で，例えば群集や生態系のシステムは DNA だけでは解決されない．おそらく，生物の階層構造の中で，物質レベルに近づくほど物理，化学法則が強く作用し，よって強い法則性を見いだすことができ，その一方で，マクロな生物学分野へと階層を上げるほど多変量的な要素が強くなり，単一の規則性の検出は難しくなるのであろう．

図6はオークローズとスタンチュー（R. Augros & G. Stanciu）の著書『The New Biology』（1987）から引用したもので，生物学の位置づけに対する1つの新しい見解を示している．ヒトから見た自然界の究極的な実体を「物質」と「精神」と捉えると，物理学や化学は物質領域を取り扱い，倫理学や政治学は精神領域を中心に取り扱う分野になる．そして生物学はそれらの中間的位置を占めるという図式となる．つまり，生物学は自然科学と社会科学の両要素を含めた実に境界となりうる領域を取り扱う学問という理解である．例えば，鳥のツルを研究する際に，空を飛ぶための骨格構造は物理法則に即して説明可能である．しかし求愛行動はそうはいかない．

生物を理解するためには基本的に大きくは2種類のアプローチが考えられる．1つは生命体が'いかに'機能しつつ維持されるかというメカニズムの理解があり，これをしばしば至近要因と呼ぶ．これに対して'なぜ'そのようになっているのかいうことの理解もあり，究極要因と呼ぶ．後者は，突き詰めていくと，なぜそのように生物が進化してきたかという生物進化の問題になろう．長谷川（2002）では，至近要因と究極要因の他にさらに，発達要因と系統進化要因の計4つのアプローチを指摘している．医学を含めて特に20世紀の生物学は生命のメカニズムの解明に重点的に力を注いできた感が強い．このことは物理，化学

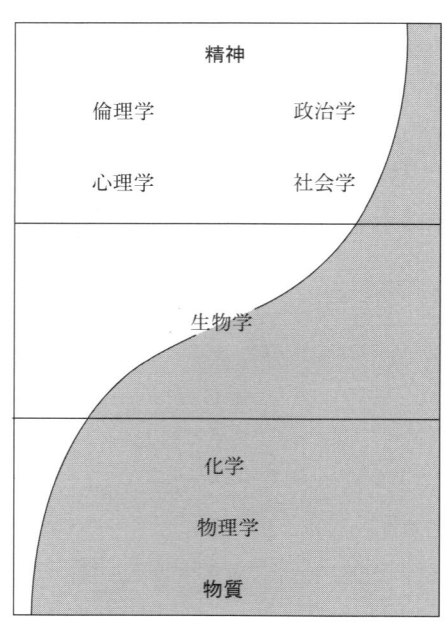

**図序-6 生物学の位置づけ**
究極的な実体を物質と精神とみなし，諸科学分野がそれらの実体が組み込まれている割合を模式的に示した．(Augros & Stanciu, 1987より)

の進展が大であったこととも関連しているかもしれない．しかし再び図6を眺めてみよう．生物学が対象としているものは物理法則や化学法則が厳密に適用される物質レベルのものだけではなく，環境関連の多変量的でマクロな視点を必要とするものや，ヒトがものを認識するといった精神領域にも大きく及ぶものと考えている．21世紀は生命科学の時代と言われている．多面的な生命現象への理解が必要となってこよう．

　生物に興味を抱くのは，まずはその知識が役に立つからであろう．私の場合，さらに生物に引きつけられる理由がある．それは，前述のような生物の目を見張る多様性に美しさを感じ，かつ，その中に見られる法則性に楽しみや喜びを見いだせるからである．生命が美しくなく楽しみに満ちたものでなければ，生命を知ろうとする価値を感じないであろうし，ましてや自らへの生きる価値を見いだせはしないであろう．ポール・ワイス（P. Weiss）の「生命とは過程であって物質ではない」という言葉も私にとって魅力的なものの1つである．

## 参考文献

Augros, R. & G. Stanciu 1987. The New Biology: discovering the wisdom in nature, Shambhala Publication Inc.
Erwin, T. L. 1982. Coleopterists' Bulletin, 36: 74-75.
長谷川真利子 2002. 生き物をめぐる4つの「なぜ」，集英社新書．
Heywood, V. H. (ed.) 1995. Global Biodiversity Assessment, Cambridge University Press.
Lambshead, P. J. D. 1993. Oceanis, 19: 5-24.
Odum, E. P. 1969. Science, 164: 262-270.
Weiss, P. 1965. The Living System. *In* A. Koestler & J. R. Smith (eds.), Beyond Reductionism: New Perspectives in the Life Sciences, 7-8.
白山義久 1996. タクサ（日本動物分類学会），1: 3-9.
Wheeler, W. M. 1910. Ants: their structure, development and behavior, Columbia University Press.
Wilson, E. O. 1992. The diversity of life, W. W. Norton & Company.
Wilson, E. O. & F. M. Peter (eds.) 1988. Biodiversity, National Academy Press.

# 第1章　分子から個体群まで

## 1.　ヒトの進化

　現在，地球上には，体形，皮膚や眼の色などが異なる様々なヒトが住んでおり，地域ごとに固有の文化を形づくっている．しかし，それらはすべてホモ・サピエンス（*Homo sapiens*）と呼ぶ1つの種に属している．ヒトは一体いつ，どこから，そしてどのようにして現れ現在に至ったのだろうか．本章冒頭で，先ずはヒトのルーツを探り，進化の道筋を推定してみたい．

### (1)　人類の出現

　サルの仲間を霊長類と呼ぶが，霊長類の中でヒトに最も近縁な種はチンパンジー，ボノボ（ピグミーチンパンジー），ゴリラ，そして少し離れてオランウータンである．ヒトをサルから分ける最も重要な特徴は直立二足歩行であろう．ヒトの身体的特徴の多くはこの直立二足歩行に関連しているからである．

　ヒトの起源を探る研究は進化論のダーウィン以来，私達が最も注目する研究テーマの1つである．そして，その骨子は私達を類人猿から分けている直立二足歩行が「いつ」そして「どこから」始まったかという問題であろう．

　化石資料からの研究では，インドで最初に発掘され，その後世界各地から報告されたラマピテクス（*Ramapithecus*；1,200～700万年前）こそがヒトの直接の祖先だと考えられていた．この考えによると，ヒトと類人猿が分かれたのは1,200万年前よりも古くなければならない．事実，つい十数年前までは人類の起源は1,500万年以上前と考える人が多かった（図1-1-1a）．

　ところが，分子進化の中立説が示すように，生物のタンパク質を構成するアミノ酸配列は時間的にほぼ一定の割合で変化することが判明すると，この現象を利用して分岐の年代を推定する手法，つまり「分子時計」を用いたアミノ酸配列やDNAの塩基配列の比較による分子系統解析が可能となってきた．ヒトと類人猿においても分子レベルでの研究が行われ，それによると，ヒトの起源，つまり類人猿とヒトの祖先が分岐

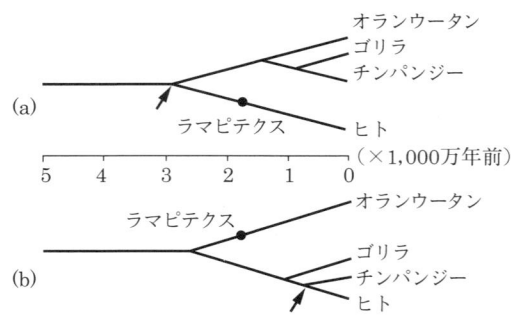

図1-1-1　ヒトと類人猿との系統仮説
(a) 従来の化石資料による系統仮説．(b) 分子系統学による系統仮説．矢印はヒトと類人猿が分岐した年代を示す．

したのは約500〜600万年前という数字がはじき出された．これによってこれまで化石資料から考えられていた系統仮説は大幅に変更されるに至った（図1-1-1b）．これまで考えられていた以上にヒトと類人猿との関係は近縁であるということになる．ラマピテクスは，現在ボルネオなどに住んでいるオランウータンの系統に属することが明らかになっている．今日の分子系統解析の結果を取り込んだ系統分類体系では，これまでヒト科にヒト1種のみを位置づけていたのに対して，ヒト科を構成する現生の構成員として，ヒトの他にチンパンジー，ボノボ（ピグミーチンパンジー），ゴリラ，そしてオランウータンも科のメンバーとして含ませ，ヒト科の下にヒト亜科とオランウータン亜科を設定している．そして，ヒト亜科にはヒトからゴリラまでの4種を，オランウータン亜科にはオランウータン1種のみを所属させた．

(2) 人類の進化

1974年に390万年前の地層からアウストラロピテクス・アファレンシス（*Australopithecus afarensis*；以下アファール猿人と略す）が発見されており，化石から二足歩行であることが推定されている．アファール猿人の生息年代は340〜380万年前と推定されている．

さらに1994年には，約440万年前のエチオピアのアラミス地区の地層から化石人類が発見された論文が英国の科学誌「ネイチャー（Nature）」に発表された．アルディピテクス・ラミダス（*Ardipithecus ramidus*；以下ラミダス猿人と略す）の発見である．DNAによるヒトの起源の推定値500万年前というのが正しいのならば，それにあと約60万年と迫った大発見である．ただし，ラミダス猿人はチンパンジー的な特徴が非常に多く，本当に二足歩行ができたかどうかはまだ検討の余地を多く残している．ラミダスを記載した1994年の最初の論文では，ラミダスをアウストラロピテクス（*Australopithecus*）属に所属させていたが，1995年の論文ではラミダスにアルディピテクス（*Ardipithecus*）属という独立した属が設定されている．

しばしば化石人類には猿人，原人，旧人，新人といった言葉があてがわれるが，生物分類学的な取り扱いでは，猿人はアウストラロピテクスやアルディピテクス，パラントロプス（*Paranthropus*）属に含まれる複数種を意味し，ジャワ原人，ペキン原人で有名な原人は学名ホモ・エレクトス（*Homo erectus*）という単一種であるとされている．旧人にはホモ・ネアンデルターレンシス（*Homo neanderthalensis*）の学名が与えられているが，種レベルでは私達と同じで，かつ亜種レベルの相違があろうと判断されたことを反映した学名，ホモ・サピエンス・ネアンデルターレンシス（*Homo sapiens neanderhtalensis*）の学名が適用された時期もある．クロマニョン人で有名な新人の学名はホモ・サピエンス（*Homo sapiens*），つまり，ずばり私達の5〜2万年前の直接的な祖先で，化石現生人類であることを意味している．以上の学名表記は，生物学的にはネアンデルタール人は私達に非常に近縁で，クロマニョン人では種レベルでは私達と変わるところはないことを意味する．

かつては人類の祖先は1種で，一般的に言われている猿人から原人，旧人，新人と時間をおって進化していったと言われていたが，現在，このような「単一種説」は誤りで，ヒトの進化もそれなりに複雑な道筋，特に複数の祖先的種の出現と絶滅のくり返しを歩んできたことが判明して

いる.

　現在の知見から進化の図式を組み立てると，ラミダスからアウストラロピテクス・アナメンシス（*Australopithecus anamensis*）が現れ（約400万年前），これがアファール猿人につながる．アファール猿人の後に，さらに3種のパラントロプス（*Paranthropus*）と呼ばれている体型のがっしりした猿人が出現している．これら3種の猿人の関係は明らかではない．ただし，ヒトとは別方向への進化を遂げ絶滅したグループと考えられている．アファール猿人以降，約240万年前にホモ・ルドルフェンシス（*Homo rudolufensis*）が現れ，それに遅れてホモ・ハビリス（*Homo habilis*）とホモ・エルガステル（*Homo ergaster*）が出現した．可能性としてこれらの化石人類のいずれかから約160万年前にホモ・エレクトス（*Homo erectus*）が現れた．ホモ・エレクトスはヨーロッパやアジア地域に進出して生活していたことが判明している．ただしこのホモ・エレクトスも絶滅した別の人類で，今日，現生人類の直接の祖先とはみなされていない．可能性としてホモ・ハイデルベルゲンシス（*Homo heidelbergensis*）からホモ・サピエンスへと至ったものと今のところ考えられる（図1-1-2）．人類の起源と進化については，近年新しい発見が続出しており，上に述べた図式の変更は十分にあり得る状況にある．

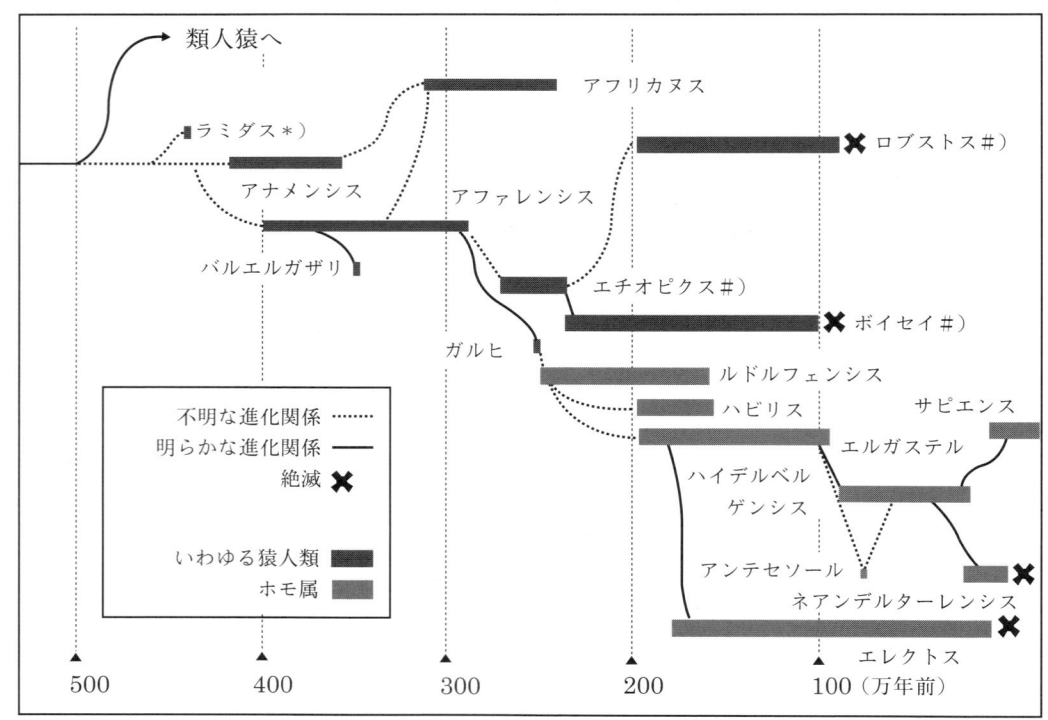

**図1-1-2　化石から推定される人類の進化の様相**
多様な人類種が地球上に存在したことが示されている．＊）：アルディピテクス（*Ardipithecus*）．#）：パラントロプス（*Paranthropus*）．

(3) 現代人の祖先－イヴ仮説－

人類の進化の場は圧倒的にアフリカが舞台となっているが，少なくとも約100万年前の原人はジャワ原人やペキン原人の例のように，アフリカやアジアあるいはヨーロッパに広く生活していた．種としてはホモ・エレクトス単一のものであったとみなされている．従来の仮説では，これらの地域ごとの個体群が今日の黄色人種や白色人種，黒色人種の祖先であったとされ，現在の人種を説明する際に，「多地域進化説」あるいは「多起源説」と呼んでいる．しかし，1987年にネイチャー（Nature）誌に「ミトコンドリアDNAと人類の進化」と題する論文が発表されると世界を騒然とさせた．今日「イヴ仮説」と呼ばれているもので，ヒトのミトコンドリアDNAの塩基配列（283塩基対）を解析した結果では，現代人すべての祖先は今から29～14万年前にサハラ砂漠以南に住んでいた1人の女性だと言うのだ．有名なジャワ原人やペキン原人は黄色人種の祖先ではなく，おそらく途中で滅びた化石人類の1つということになる．ミトコンドリアの遺伝子は精子からは子孫に伝わらず，よって女性から女性へという子孫への伝わり方をする．「イヴ仮説」によると，今日地球上に広く生活している全人類の直接の祖先は，アフリカ大陸の比較的近年のホモ・サピエンスであり，それが世界へ広まって今日に至っているということである．

現在も，「アフリカ単一起源説」とも呼ばれている「イヴ仮説」は，アジア人やヨーロッパ人の原形はかなり古くからすでに存在していたとする人類の「多地域進化（多起源）説」と激しく対立している（図1-1-3）．

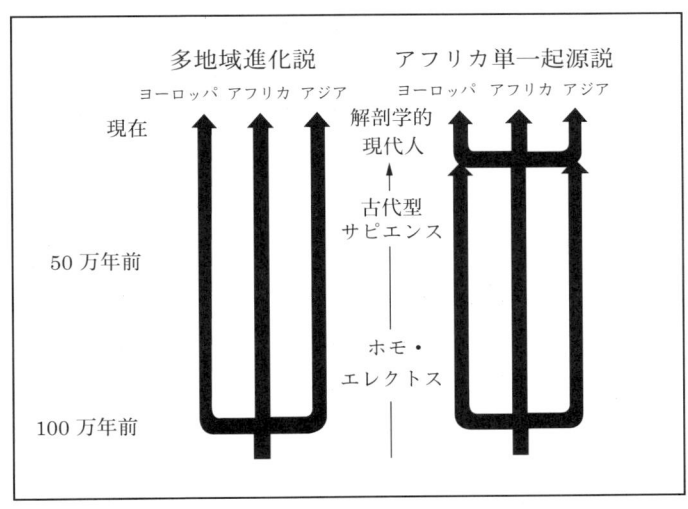

図1-1-3　多地域進化説（多起源説）とアフリカ単一起源説（イヴ仮説）
後者は現生人類に連なるのはアフリカに発した集団のみで，後は絶滅したと考える．

(4) 消えたネアンデルタール人

ネアンデルタール人を代表とするホモ・ネアンデルターレンシスは，身長150cmほどの低身長であるが，脳容積は現代人とほとんど変わらない．また，多くの書籍に出てくるネアンデル

タール人の想像図は野卑で知的にはほど遠いように描かれている場合が多いが，これは誤った復元によるもので，かつその図がたまたま世に広まってしまったためのものだそうである．今日では，ネアンデルタール人が現代によみがえり，背広を着て町中をぶらついたとしても誰も気がつかないだろうと言われている．かつ，やはりアフリカ，ヨーロッパおよびアジアに広く生活していたのだが，このネアンデルタール人はいわゆるクロマニョン人と同一の時代にも化石骨が得られており，人類進化の謎の1つとされていた．ネアンデルタール人の化石骨は60万年前から1万年前まで見いだされている．近年化石骨から取り出したDNAの塩基配列の比較研究が行われた．この比較結果では，ネアンデルタール人は現生人類ともクロマニョン人とも大きく異なり，少なくとも種レベルの相違があるという結果が得られた．ネアンデルタール人も原人，つまりホモ・エレクトスと並んで私達に直接つながらない第二の人類であったようだ．

### (5) ヒトとチンパンジー

霊長類には森林の樹上生活に適応した様々な形態が見られ，これらは私たちヒトにも見られる．つまり私たちの古い祖先は森林内の樹上で生活していたことがこれらの形態的，生態的証拠からうかがえる．前述のようにヒトに最も近い類人猿はチンパンジーであり，DNAレベルの違いは平均でわずかに1.23%だけである．

森林からサバンナに進出してヒトとなったという従来の考えも様々な状況証拠から，今日では分が悪くなっている．ラミダス猿人やアファール猿人は森林生活を行っていたようである．とすると，サバンナに出て二足歩行を行うようになったのではなく，アファール猿人が示すように森林生活時にすでに二足歩行を行っていた可能性が高い．一般には直立二足歩行によりヒトへの第一歩を踏み出した祖先は，二足歩行で自由になった手で道具を作り，そのような手からの刺激で脳を発達させたと考えられている．しかし，脳容積の比較では，大脳が発達して頭が良くなり道具を使えるようになったのではないらしい．チンパンジーでも単純な道具，例えば実を割るためのたたき台とたたき石，シロアリの巣口に差し込みシロアリを採集するために葉を取り去った木の枝などを作り，それを使う行動が見られる．食生活の様式が人類の大脳を発達させたという仮説があるが，さらには，道具を使用しつつ試行錯誤をくり返すことによって脳に活性を与え続けたことが，脳容積の増大に関連しているのではあるまいか．しかし，道具らしい道具，例えば石器のように石を加工し，尖った刃の部分を作り出して使用する道具の製作が確認されているのはホモ・ハビリスからのようで，ラミダス猿人やアファール猿人ではそれはなさそうである．

チンパンジーにはないヒトな固有なものを挙げてみよう．上述の二足歩行や道具の使用の他，火の使用，言語，埋葬，芸術などが挙げられる．火を使うことの効用は大きかったであろう．生のままでは食べられないものも火を通すことで食べられるようになる．また，寄生虫の感染率の低下をもたらし，暖をともすとともに猛獣を寄せつけない効果がある．現在知られている一番古い火の使用の跡は，140～160万年前のアフリカのケニアにおけるホモ・エレクトスのものである．

言語は化石に残らないので，具体的な年代が言えないが，言葉を話すためには高度な認知能力を持ち，それを話し言葉で表現することが必要である．優秀なチンパンジーを鍛えると，人の話

す英単語を100語以上も理解するものがいるそうであるが，チンパンジーの口腔は発音がとりわけ苦手な構造になっている．むしろ，オウムの方が構造的に発音しやすい口腔となっている．化石の頭蓋骨の内側を調べた結果から推定すると，ホモ・ハビリスから言語を持っていたのではなかろうかと言われている．

　埋葬や芸術についても実は確実な情報が少ない状態にあるが，いずれもかなり新しいもののようで，可能性として埋葬はネアンデルタール人から，ラスコーやアルタミラの壁画のような芸術は新人類からのようである．ちなみに，約1万年前から現代までの人類を生物学的には現代人と呼んでおり，中石器，新石器そして金属器の各時代を経て，現代社会へ至っている．

　「ヒトとサルとは毛の数が3本違うだけだ」とか「裸になったサルがヒト」だとか，あるいは「パンツを履いたサルがヒトだ」などと社会ではいろいろと面白く言われているが，ヒトとチンパンジーの関係は，生態や形態の相違とDNAの相違の程度をそれぞれ比べると，遠そうでやはり近い存在と言えよう．道具を使い，意思を伝達し，そして文化を持つサルがヒトであるようだ．

**参考文献**

宝来　聡 1993．遺伝 別冊5号，137-147．
Here, G. 1997. The Story of Human Evolution, Compass Press.
Leakey, M. G., C. S. Feibel, J. McDougall & A. Walker 1994. Nature, 376: 565-571.
White, T. D., G. Suwa & B. Asfaw 1994. Nature, 371: 306-312.
Wilson, A. C. & R. L. Cann 1992. Scientific American, 266: 69-72.

## 2. 核の全能性

　真核細胞の核内には遺伝情報を担う遺伝子，物質名で言えばDNAが存在する．多くの細胞からなるどのようなホ乳類であっても，最初はただ1つの細胞（受精卵）からスタートし，発生の進行に伴って均整のとれた完全な個体となっていく．最初の受精卵には，明らかに完全な一個体を形成させることのできる全遺伝情報が存在する．生物の細胞がその生物個体のすべての組織や器官を分化させ，完全な個体を形成する能力を持つことを「全能性」と呼ぶ．全能性を持つということは，その個体を形成させる全遺伝情報を持つということであり，これらの遺伝情報を発現させれば完全な一個体を形成させることができるはずである．にもかかわらず，発生が進行するにつれて，細胞は特定の役割を果たす細胞に分化していく．分化した細胞は役割の相違によって多様なものが存在するが，この分化した細胞からは同一種の細胞しか分裂によって作られない．例えば表皮細胞からは表皮細胞のみが細胞分裂によって作られる．これらの点をまとめると次のようになる．

　　現象1：発生初期の細胞ほど「全能性」が高く，どんな種類の細胞にもなれる．
　　現象2：分化した細胞は，分化した細胞にしかなれない．

それでは発生が進み，分化した細胞の核中の遺伝子は一体どのようになっているのであろうか．必要な遺伝子のみが残り他の不要な遺伝子は捨てられているのであろうか．それとも完全な一個体を形成する全遺伝情報が保存されているのであろうか．

(1) 分化した細胞の核の卵細胞質への移植実験

発生過程で細胞が分化する時，すべての遺伝子が保持されていながら，発現する遺伝子が変わるのだろうか．それとも必要な遺伝子だけを残し，他は消失するのだろうか．この問いに答えようとしたものとして，ヒョウガエルやアフリカツメガエルで行われた分化した細胞の核の未受精卵細胞質への移植実験がある．

ブリッジスとキング（R. Briggs & T. King）は，ヒョウガエルの胞胚期の核を卵に移植し，60%の成功率で幼生にまで発生を進めることに成功した．また，ガードン（J. B. Gurdon）は1950～60年代にアフリカツメガエルを用いた有名な実験を行っており（図1-2-1），その内の1つの実験（1962）では，726分の10の割合でオタマジャクシにまで発生させることに成功し，一部のものはさらに成体にまで成長させた．しかし，その一方で脚やミズカキの上皮細胞やリンパ球を用いた場合と，他のカエルで実験を行った場合では，成体にまで成長させることにことごとく失敗した．

これらの実験では，先に未受精卵に紫外線ビームを照射して核を破壊し，除核した未受精卵を準備する．次に，おたまじゃくしの小腸上皮細胞から核をガラス毛細管で取り出し，除核卵に注入する．すると，いくらかの割合の核移植卵は卵割を開始し，正常な幼生，さらにはカエル成体へと発生する．このカエルはもとのカエルとまったく同じ遺伝子組成を持つことからクローンガエルとみなされる（より厳密にはミトコンドリアDNAなどの核外遺伝子は異なるが）．この結果は，分化した細胞の核に，すべての遺伝子が保持されていることを示すように思われる．ここでのクローンとはまったく同一の遺伝子を持つ個体どうしのことをいう．

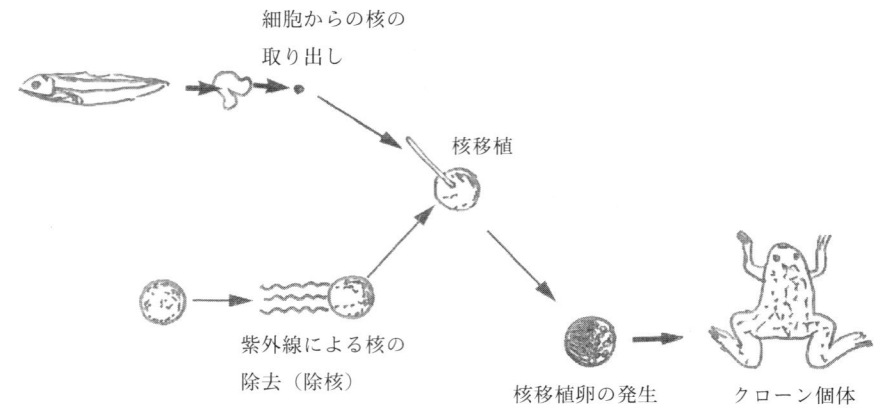

図1-2-1　アフリカツメガエルの核移植実験
紫外線を当てて核を破壊（除核）した未受精卵に，小腸上皮細胞から取り出した核を注入し，核移植を行った卵を発生させる．

問題があるとすれば，本当に分化した細胞からの核だったのか，未受精卵の核は本当に紫外線で破壊されたのかということである．その後，核小体を1つ持つ突然変異体（正常個体では核小体を2つ持つ）のケラチンを作っている皮膚の細胞からの核が，除核した未受精に移植された．やはり成体にまで発生するものがあり，その体細胞の核には核小体が1つしかなかった．確かに分化した細胞の核にすべての遺伝子のセットが保持されていると言えるのである．

植物では動物とは大きく異なり，高度に分化した体細胞であっても高い全能性を保持している．この事が植物でのカルス培養や栄養生殖を容易にしている理由である．一方，動物では発生の進行に伴い全能性は著しく弱められる．動物では，受精卵の段階の核は「全能性」が高く，どのような細胞にもなれる．その段階の細胞が分裂し個々の遺伝子の発現により様々な種類の細胞に分化（細胞分化）する．しかし，分化した細胞からは，核の全能性を引き出すことは甚だ困難であることが判明した．

### (2) クローン羊のドリー

両生類では全能性を引き出すことに成功したが，ホ乳類になると実験は失敗の連続で，ホ乳類では全能性を引き出すことは不可能なのではないかと言われる時期もあった．しかし，1997年に英国のウィルムート（I. Wilmut）の研究グループにより，ついにヒツジの乳腺細胞の核を除核卵に移植し，発生させることに成功し，世界に衝撃を与えた．クローン羊のドリーの誕生である．ヒツジで可能であればヒトでも理論上は可能である（図1-2-2）．これまでうまくいかなかった理由は，核中の遺伝子を「初期化」させることができなかったことによる．一般則として，遺伝子の初期化ができれば，全能性を引き出すことができるということである．

さらに同年英国の研究グループは，ヒトの血液凝固因子（第IX因子）を作る遺伝子を組み込んだ遺伝子導入クローン（トランスジェニック・クローン）ヒツジを作り出すことにも成功した．これは，クローン羊を作り出す手順と同様の操作であるが，移植する核中にヒトの血液凝固因子遺伝子を導入するステップを増やしている．これを移植して発生させることに成功すると，その羊は成長した後，泌乳中にヒトの血液凝固因子が大量に出てくることが期待できる．そしてこれを取り出し，血友病の治療に役立てることをねらいとする．導入するヒトの遺伝子は，乳腺で組織特異的に発現するカゼインやラクトグロブリンなどをプロモーター遺伝子に連結して導入する．

ドリーの成功は社会に大きな問題を投げかけた．ヒトのクローンを作り出すことが可能であることを示したからである．クローンを人為的に作り出

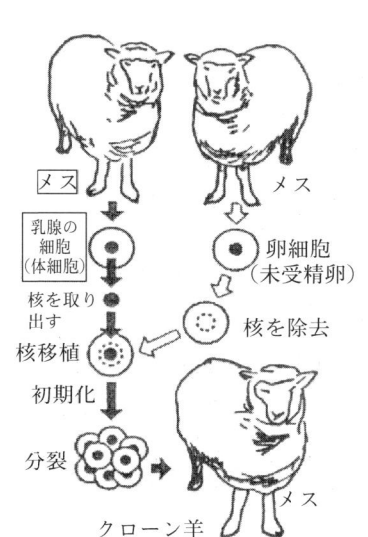

図1-2-2　クローン羊"ドリー"が生まれるまで

すことは，どのような場合でも，生まれてくる子供は幸せになれ得ないと判断され，よって倫理的に受け入れることはできないという論調が強い．想定し得る最悪のケースでは，移植用の臓器提供者をクローンで作り出すことがあり得るのである．その一方で，失われた骨や単独の臓器などを再生し，治療に役立てるといった可能性を持っている．

**文 献**

Schnieke, E. et al. 1997. Science, 278: 2130-2133.
Wilmut, I. et al. 1997. Nature, 385: 810-813.

## 3. 生体防御

恒常性の維持機能として，ホルモンや自律神経系による調節と並んで重要なものが，免疫を中心とした生体防御機構である．

ヒトの体内には，病原菌などのよそ者が侵入すると，様々な反応を起こして侵入者を撃退する機能が備わっている．この「疫を免れる」働きを生体防御と呼び，その中でも特に重要な機構が免疫（immunity）である．この仕組みの基本は「自己（self）」と「非自己（nonself）」を識別し，「非自己」を撃退することによって体内の恒常性を維持することにある．例えば私達の皮膚の表面1cm$^2$には100〜1,000個体もの細菌が存在し，かつ一呼吸する度に多くの病原微生物を吸い込んでいる．しかし，このような多くの微生物の侵入を受けても健全でいられるのは，私達の体は常にそれらの侵入者を撃退しているからである．特に，よそからの侵入者を「抗原」と呼ぶ．

発病予防や病気の治療など，免疫現象の解明とともに進んだ医学領域からの研究成果が，実に

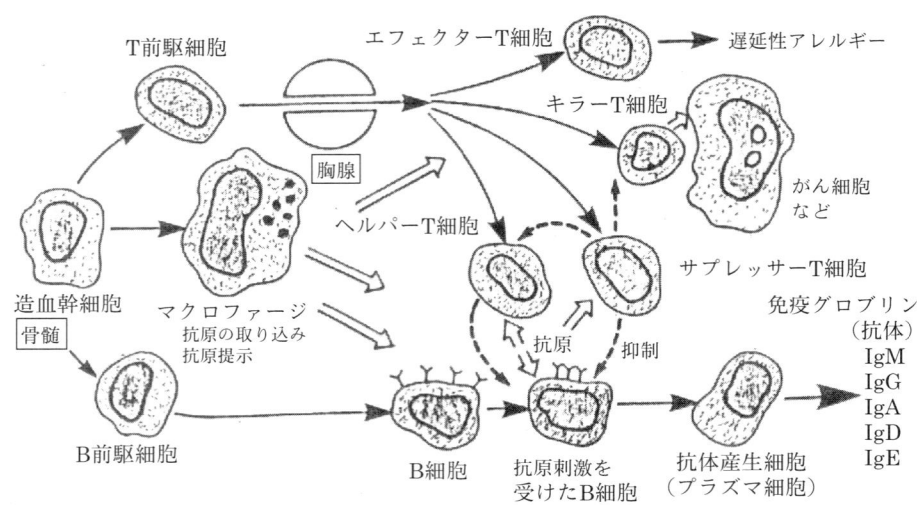

図1-3-1　免疫担当細胞とその相互作用
（石川，1987を参考に描く）

多くの人々の生命を救ってきた．特にジェンナー（E. Jenner）やパスツール（L. Pasteur）の研究を起点とするワクチンの開発やベーリング（E. A. von Behring）と北里柴三郎の研究から始まる血清療法の開発により，かつて人類を苦しめていた疫病は次々と姿を消しつつある．ワクチン接種（予防接種）と血清療法は医学が人類にもたらした最大の貢献の1つであろう．例えば，天然痘ウイルスはジェンナーの研究（1796）以来ワクチンによる徹底的な根絶対策が成功し，1980年にはついにWHO（世界保健機関）から撲滅宣言が発せられ，地球上から姿を消した（合衆国とロシアの研究所には天然痘ウイルスの株がまだ保存されているが）．次は，ポリオ（小児麻痺）の撲滅が試みられている．

### (1) 特異的防御と非特異的防御

免疫研究の発端となったものは，一度病気にかかったら二度とかからないという，古くから民衆に伝わっていた「二度なし現象」である．病原微生物や毒物のような体内への侵入者を撃退する生体防御機構を大別すると，対象を特定しない非特異的防御と特定の抗原に反応する特異的防御とに分けられる．非特異的防御は，例えば好中球のような白血球による抗原への無差別攻撃による防衛である．また，皮膚による物理的防御や分泌腺からの分泌物，例えばだ液腺からのリゾチームによる防御，細胞内に侵入したウイルスに対するインターフェロンによる防衛もここに含まれる．一方，特異的防御はいわゆる免疫機構による防御で，抗原抗体反応による体液性免疫（抗体介在免疫）とT細胞の食作用によって身を守る細胞性免疫を中心としたシステムである．これらは，いずれも特定の抗原に対して効果的に反応する．また，前述の「二度なし現象」はこの免疫機構に強く関連している．

体液性免疫は，B細胞（Bリンパ球）由来のプラズマ細胞（抗体産生細胞あるいは形質細胞）によって作り出される免疫グロブリンと呼ばれる血しょう中のタンパク質によって起こる．この免疫グロブリンが抗体の正体で，侵入してきた抗原に反応すること，つまり抗原抗体反応によって抗原の動きを封じ込めてしまうのである．細胞性免疫はやはりリンパ球の一種であるT細胞（Tリンパ球）が直接抗原を攻撃して生体を侵入者から防衛する．組織や臓器移植の際に最も問題となる拒絶反応は主にこの細胞性免疫によるものである．

この免疫システムはいくつもの細胞がネットワークを組んでおり，これらの細胞はインターロイキンと呼ばれる物質を放出することで連絡し合い，共同して抗原を撃退するように働く．インターロイキンは現在16種類以上が存在することが知られている．免疫に直接関わる細胞は，マクロファージ，NK細胞，T細胞，B細胞であるが，これらはすべて骨髄中にある幹細胞に起源を発している．

### 1) 非特異的防御の例

私達の体には微生物の侵入を防ぐ様々な工夫が施されている．皮膚を硬くすることも，体内の水分保持の役割の他に，抗原を体内に侵入させないための物理的な防御の効果を果たしている．

① 分泌腺による防御

だ液腺や涙腺には殺菌作用を持つリゾチームと呼ばれる一種の酵素が含まれ，侵入しようとする細菌類を撃退している．さらに胃液のpH 1～2という環境は高い殺菌作用を持っており，微生物の食物に附随しての侵入を防いでいる．

② 食細胞

好中球（好中性白血球）のように，食作用によって広範に抗原を撃退するものを食細胞と呼ぶ．リンパ系を持たない無脊椎動物では，次に述べるT細胞やB細胞といったリンパ細胞による生体防御は存在せず，もっぱらこのような食細胞の働きによっている．食細胞は初めて出合ったものでもそれが異物であるか否かを識別する能力を持っており，常時体内で幅広く抗原を撃退しているが，その効率はそれほど高くない．その他，食作用を示す細胞として結合組織内にある組織球，肝臓のクッパー細胞，脳組織中のミクログリア細胞などがある．

③ インターフェロン（IFN）

抗ウイルス作用を持ったタンパク質あるいは糖タンパク質で，少なからずの細胞で，ウイルスが侵入し，細胞内で増殖し始めた時に分泌される物質である．一種の酵素でウイルスを破壊する．

## 2) 免疫（特異的防御）

① T細胞と細胞性免疫

T細胞（Tリンパ球）は，骨髄で作られた前駆細胞が胸腺（thymus）に入り胸腺の影響下で成熟した小形リンパ球である．主要なものとしてキラーT細胞，ヘルパーT細胞，サプレッサーT細胞，免疫記憶細胞がある．キラーT細胞は抗原と直接反応する細胞性免疫の主役である．一方，ヘルパーT細胞とサプレッサーT細胞は免疫機構の制御に重要な役割を果たしている．つまり，ヘルパーT細胞ではマクロファージの提示した抗原情報を受けて，B細胞とキラーT細胞を活性化させると同時に食細胞の働きを促進させるといった，具体的に免疫機構を作動させるスイッチの役割をする．サプレッサーT細胞（抑制T細胞）はT細胞の機能を抑えたり，B細胞の分化を抑えるといった制御を担当している．また，T細胞の中でも，リンホカイン産生細胞はリンホカインを放出することによってマクロファージの活性を高める．一部の細胞は，記憶ヘルパーT細胞や記憶キラーT細胞といった免疫記憶細胞となり，抗原の次回の侵入に速やかに反応できるよう備える．

② B細胞と体液性免疫

B細胞（Bリンパ球）も骨髄（bone marrow）の幹細胞に由来する前駆細胞が，リンパ組織で分化増殖する小形リンパ球である．本細胞はヘルパーT細胞による活性物質の作用により増殖し，抗原の刺激を受けるとプラズマ細胞に転化して免疫グロブリン（Immunoglobulin），つまり体液性の抗体を産生するようになる．この免疫グロブリンが抗原を攻撃し，活動を止めるのである．免疫グロブリンはIgと略記され，ヒトやサルではIgG, IgM, IgA, IgD, IgEのそれぞれ異なった働きをする5種類が確認されている．これらのうち，血しょう中の免疫グロブリン中最

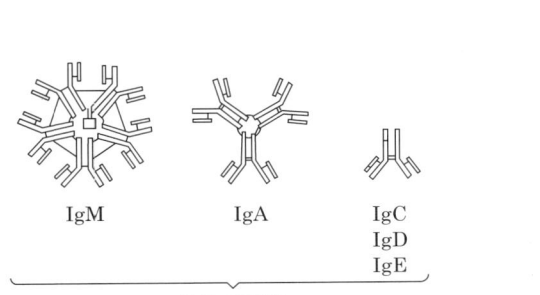
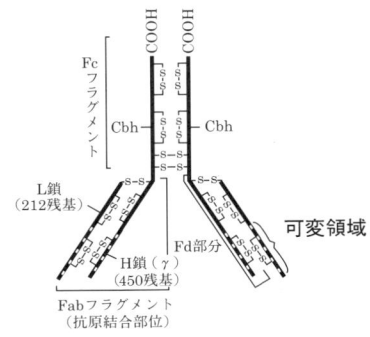

図 1-3-2　抗体の種類（左）と免疫グロブリンG（IgG）分子の構造模式図（右）

表 1-3-1　ヒトの免疫グロブリン

|  | IgG | IgM | IgA | IgD | IgE |
| --- | --- | --- | --- | --- | --- |
| 分子量（×1,000） | 145 | 900 | 162 | 184 | 188 |
| 血中比率（％） | 70-84 | 6-8 | 10-15 | 0.25 | 0.2 |
| 半減期（日） | 21 | 5.1 | 5.5-5.8 | 2.8 | 2.7 |
| 産生量（mg/kg 体重・日） | 36 | 6.9 | 24-25 | 0.4 | 0.004 |

も多い割合を占める（全体の約 70 ～ 85％）IgG を特に γ-グロブリン（あるいは免疫グロブリンG；図1-3-2）と呼んでいる．プラズマ細胞の一部は記憶 B 細胞と呼ぶ免疫記憶細胞となって次の抗原の侵入に備える．

③　マクロファージ

マクロファージは菌の分解物に刺激されると熱源を分泌し，これが視床下部の体温調節中枢に働きかける．すると体内の発熱が促進され体は 37℃ 以上の高温となる．この温度は宿主細胞の代謝を高める一方，微生物の活性を抑える．病気になると発熱するのはこのためである．言わば免疫機構の入り口に立つ細胞で，抗原を取り込み，抗原情報をヘルパー T 細胞に伝える．さらに，リンホカイン産生細胞の働きにより活性化され，盛んに食作用を行う．

④　NK 細胞（ナチュラルキラー細胞）

いわゆる大リンパ球と呼ばれる細胞で，ウイルスに感染するなどの原因で変成した細胞を異物と認めて破壊する役割を持つ．近年まで，役割がよく知られていなかった細胞である．NK 細胞では，通行手形にあたる特定の物質（分子-MHC）を持っている細胞を自己とみなすが，それを持っていない物質は非自己とみなし，非自己に攻撃をしかけることが判明した．T 細胞と時間差で抗原を撃退し，NK 細胞の方がより速やかに抗原にたどり着き，攻撃をしかける．

以上の特異的な防御システムは，抗原の第 1 回目の侵入を受けると，抗体を記憶する免疫記憶細胞や抗体産生細胞が体内に残ることから，第 1 回目に比べて 2 回目以降の侵入では速やかでか

つ大きな免疫反応が起こって侵入者を撃退する．このようにして獲得された免疫能力を免疫記憶と呼び，これによって「二度なし現象」が起こる．ワクチン接種や血清療法はこの免疫機構を応用した医療技術である．

### (2) アレルギー（過敏症）

これらの免疫機構が時として体内で不利に働く場合がある．アレルギーがそうで，スギ花粉やブタクサ花粉などによる花粉症や家屋内のダニがしばしば関連するアトピー性皮膚炎，アレルギー性喘息もこれにあたる．これらは特定の抗原（特定のタンパク質，花粉，ダニ，家内塵など）に対して，免疫機構が過敏に反応することによって引き起こされ，過敏症とも呼ばれる．アレルギーを引き起こす原因物質，つまり抗原を特にアレルゲン（allergen）と言う．

アレルギーの多くは敏感な免疫反応によりIgEが多く作られることに端を発する（この他にIgGやIgMが反応因子となるタイプのものと，T細胞による遅延型アレルギーと呼んでいるものもある）．このIgEは生産されにくい免疫グロブリンであるが，生産されると肥満細胞（マスト細胞）に付着しやすい性質がある．そして肥満細胞に付着した状態のIgEにアレルゲンが付着す

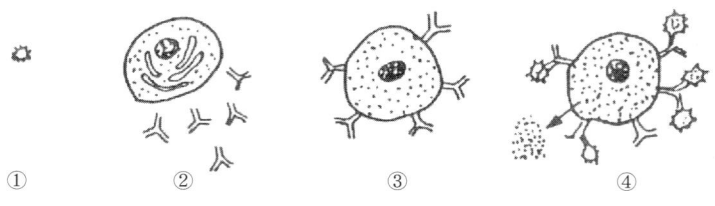

図1-3-3　アレルギー反応の過程
①：アレルゲンの侵入．②：抗体産生（プラズマ）細胞によるIgEの産生．
③：IgEが肥満細胞に付着．④：アレルゲンがIgEの可変域に結合し，その衝撃によって肥満細胞がヒスタミンやセロトニンを分泌．

ると，肥満細胞を刺激し，そこからヒスタミンやセロトニン，SRSAなどが分泌されてしまう．肥満細胞は本来，炎症部でこれらの物質を分泌し，炎症を抑えたり食細胞を呼び寄せたりする役割を持つのだが，IgEとアレルゲンの刺激によってヒスタミンやセロトニン，SRSAなどが分泌されてしまうと，これらの化学物質の強い薬理作用が働いてしまい，かゆみ，鼻水，くしゃみ，涙，じんましんといった様々な症状が起こる．

ペニシリンやハチ毒などのアレルギーでは，ヒトによっては急性の全身症状を引き起こし，死に至る場合もある．日本で毎年30〜100人もがスズメバチやアシナガバチに刺された際のハチ毒アレルギーで命を落としていることは意外と知られていない．この数字は毒ヘビに噛まれて命を落とす割合よりも多く，ハチ毒のアレルギー体質のヒトは要注意である．アメリカ合衆国では有毒成分を持つアリのヒアリ類（Fire ants）が南部を中心に蔓延しており，このアリによる刺咬被害により年間100人以上もがアナフィラキシーショックにより命を落としている．これらのケースは体液性免疫による即時型アレルギー（過敏症）にあたり，臓器移植の際に拒絶反応とし

て問題になる T 細胞による反応の遅延型アレルギーと区別される．

　この他，自分自身の体の成分を非自己と読み誤って反応し，これに対する抗体ができてしまうために起こる自己免疫病と呼ばれるものもある．慢性関節リウマチや糸球体腎炎がこれにあたる．

### (3) エイズ (AIDS)

　今日免疫と言えば，何といっても後天性免疫不全症候群 (AIDS；Acquired Immune Deficiency Syndorome) をコメントせねばなるまい．HIV，つまりヒト免疫不全ウイルスによって引き起こされ，現在治療の甚だ困難な死に至る恐ろしい病である．英語の aids は「助力者，助ける者」の意味であることを思うと，エイズとは何とも皮肉な名称である．当初，エイズウイルスは，まずマクロファージに侵入した後に，ヒトの免疫機構の言わばスイッチにあたるヘルパー T 細胞に侵入し，遺伝子である DNA 中に自身の遺伝子をまぎれ込ませて潜在させる．やがてエイズウイルスは，10年ほど経過すると活性化し，盛んに増殖しだし次々とヘルパー T 細胞を破壊していく．そのために免疫システムが働かなくなり，通常では起こり得ない感染症や真菌症，カリニ肺炎（つまり体内に入ってくるカンジタ，クリプトコッカスといったカビやニューモシスティスといった原虫などを殺せなくなってしまう）などに罹患したり，悪性腫瘍や脳神経症状を引き起こし，ついには命を落としてしまうのである．逆に言えば，これらの事がらから，私達にとって体内の免疫機構は，生存していく上でいかに必須のものであるかが理解できるはずである．

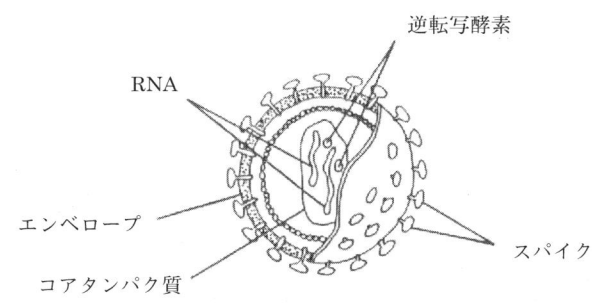

図1-3-4　ヒト免疫不全ウイルス（HIV）の構造

**参考文献**
石川　統 1987. 一般教養生物，裳華房．

### 4. 脳の働き

　ヒトは喜び，悲しむといった感情はもちろんのこと，考えたり判断したり記憶したりという，様々な精神活動を営んでいる．それらを行う場所が脳である．感覚，認識である見る，聴く，嗅

ぐ，味わう，触れるというのいわゆる五感と呼ばれるものも脳が機能して初めて成立する．また，意識することなく行われる自動的な運動制御や，自分の意思によって行われる意識的な運動制御も，脳からの命令によってなされている．そして，怒り，喜び，悲しみ，食欲，性欲といった原始的な感情や情動を生む場所も脳であり，愛，憎しみ，淡い情緒，沈鬱さに至るまで，脳が生み出す感情が私達の日常生活を大きく左右している．さらには，記憶や学習などの高度な精神活動も脳なしでは行えない．これらの様々な機能は，脳の部分により分担されており，機能の局在と呼ぶ．

以上のような精神活動の他に，内臓の働きを調節したり，ホルモンを通して全身の細胞に影響を与えたり，生命を維持する重要な働きもしている．よって，精神の変化が体調変化を引き起こすこともあり，ホルモンや自律神経系を介してストレス反応が生じ，胃腸の働きを悪くしたり，胃潰瘍になったりということも生じ得る．脳は器官の中でもヒトとして生活していくための特別な器官とみなして差し支えないであろう．

### (1) 脳の構造

ヒトの脳は，大脳，中脳，間脳，小脳，延髄に分けられ，重さが 1,200 ～ 1,500 g もある．脳の構造や働きは複雑だが，もともとは 1 本の神経管の前方部が膨れ出たものである．特に，最前方部とそのやや後方部の 2 か所は背側に大きく膨れ出して，大脳と小脳になっている．中脳，延髄，橋の部分は，脳の中軸部になるので特に脳幹と呼ばれている．脳幹は大脳と小脳に隠れて目立たないが，生命の営みには非常に大切な役割を果たしている．大脳皮質を除去しても生存できる．大脳がなくても間脳があれば感情を持つ．中脳がなくても延髄が残れば，生命維持は可能であり，この状態は植物人間と呼ばれる．しかし，延髄がなければ呼吸も自分ではできない．この状態を脳死（脊髄の反射は起こる）と言う．

大脳の表面には溝や盛り上がりが沢山あり，皮質の面積を増やしている．視覚や聴覚などの感覚を受けたり，運動の指令を出したりする場所は部位によって決まっている．その他，高度な精神活動を営む連合野も大きく広がっている．大脳の基幹部に当たる部分は「間脳」と言い，「視床」と「視床下部」からなる．間脳から下には，中脳，橋，延髄と続く．小脳は橋の上に乗っている．「視床」は，大脳と結びつきの強い神経細胞が集まった部分である．脊髄などから来た感覚の情報を大脳に伝えたり，大脳の運動の指令を調節したりする．「視床下部」は，本能や情動の中枢である．下垂体からのホルモンの分泌を調節する役割もある．中脳より下の脳幹には，生命を維持するために重要な自律機能を調節する部位がある．心拍や血圧を調節する循環中枢，呼吸のリズムを形成する呼吸中枢，嘔吐反射を起こす嘔吐中枢，さらに嚥下中枢や排尿中枢が知られている．心臓からの血液の約 20% が大脳を中心とした中枢神経に流れている．脳への血液が途絶えると数秒で意識を失い，数分後には神経細胞（ニューロン）は死んでしまう．

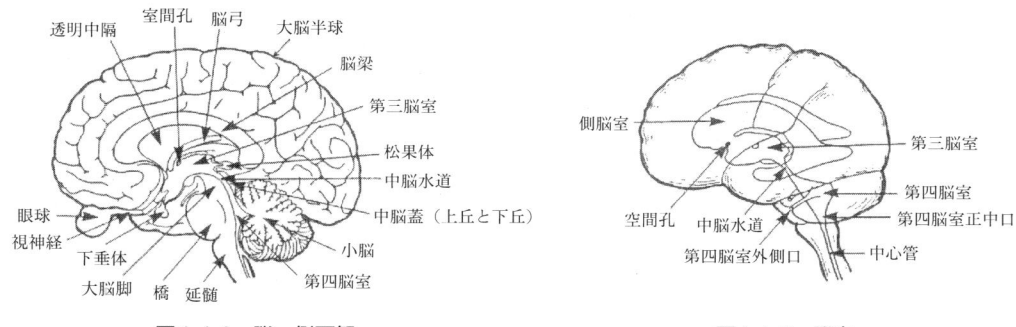

図 1-4-1　脳，側面観　　　　　　　　図 1-4-2　脳室

1) 大脳の構造

　大脳は，表面部分の皮質と内側の髄質に区分される．皮質は機能面から本能行動をつかさどる旧皮質と知能をつかさどる新皮質に分けられる．新皮質には運動野，知覚野，言語中枢などが認められる．また，基部にある大脳基底核は運動制御と関係がある．大脳の左右の大脳半球は脳梁（2億本以上の神経繊維の束）によってつながれており，これを介して情報交換がなされる．また大脳には大きな切れ目があって，形態学的に前頭葉，頭頂葉，側頭葉，後頭葉に分けられる．

　大脳皮質はわずか数mmの薄い部分になるが，この部分で私達の精神活動が営まれている．皮質は神経細胞体の集まりの灰白質で6層の層構造をなす．一方，髄質は神経線維の集まりで白質である．高等動物になるほど大脳皮質が発達している．

① 前頭葉：運動の中枢（運動ニューロンが集まっている，Betzの巨細胞），運動性言語中枢（ブローカ中枢），精神機能，眼球運動など．
② 頭頂葉：感覚の中枢，計算，書字．
③ 側頭葉：聴覚，味覚，嗅覚中枢，感覚性言語中枢（ウェルニッケ中枢），記憶，記銘，感情，摂食．
　　大脳辺縁系（側脳室周囲）：本能，情動，性行動．
　　海馬：記憶の中枢．
④ 後頭葉：視覚中枢．
⑤ 大脳基底核（淡蒼球，被殻，尾状核）：運動の調整，筋緊張の調整．
⑥ 内包：感覚路，運動路の神経線維の束．

2) 大脳の機能

　大脳は左右の半球で異なった優位性を示す．言語機能は，右利きの人は左大脳半球で行われ，基本的に左が優位半球である．左半球では，言語に関する機能，容易に言語化できる対象の操作，情報処理がなされる．右半球は，言語化できない対象に関する機能を持ち，抽象的概念をつかさどる．また，左右の半球がばらばらに機能しているのではない．脳を作っている主な細胞は，神経細胞（ニューロン）で，脳内に100億あるとも1,000億あるとも言われている．この天文学的

な数のニューロンが互いにつながって非常に複雑なネットワークを形成している．ニューロンどうしはシナプスと呼ばれる部位で神経伝達物質を出し，連絡を取り合っている．主な神経連絡物質には，グルタミン酸，ガンマアミノ酪酸（GABA）などのアミノ酸，ドーパミンやセレトニンなどのモノアミン，オピオイドペプチドなどのペプチドなどがある．ドーパミンやセレトニンは精神疾患に関係していると考えられており，ドーパミンは統合失調症に，セレトニンはうつ病や双極性障害に関係していると言われている．

表情から感情を読み取ったり，自分の感情を表情に表したりするには，大脳辺縁系が重要だと考えられている．大脳辺縁系は，大脳の内側の下部にあり，視床を取り囲んでいる．快，不快の判断を行っている扁桃体は，情動に特に関連していると考えられている．海馬体は記憶を作る時に重要な部位で，海馬へ情報が送られる経路は2つある．1つは，感情処理の中枢である扁桃体を経由して海馬へ送られる経路，もう1つは，嗅周囲皮質を通って海馬へ送られる経路である．そして，扁桃体と嗅周囲皮質の両方の経路から感覚情報が入力されると，海馬へ情報が伝わりやすくなり，よく記憶に残りやすくなる．

### (2) 精神疾患

男性では10人に1人，女性では4〜5人に1人が，一生に一度は鬱（うつ）病にかかると言われている．また，双極性障害と統合失調症はそれぞれ100人に1人がかかる病気である．つまり精神疾患はごく身近な病気である．現状では原因の解明が十分になされていないが，特定の薬物が治療効果を表すことから，いずれも脳の中の物質のバランスが崩れることに起因する可能性がある．よって心の様々な症状が出るが，基本的に器官として脳の病気と判断できる．これらの病気のメカニズムを解明し，治療法を発見することは今日の先端科学の1つと呼ばれている脳科学の重要な使命の1つであろう．

鬱病と双極性障害ではセレトニンが関与していると言われているが，シナプス内ではセレトニン受容体，小胞体，ミトコンドリアや多くの酵素が関与しており，具体的にどこが原因であるのか分かってはいない．また遺伝的背景もあり，双極性障害では少なくとも第4番，18番，22番染色体に病気と関係している遺伝子があると言われている．統合失調症は，遺伝的な素質を持っているヒトがストレス状態を経験すると発病すると言われている．しかし，脳や遺伝子にどのような異常があると発病するのかの具体的なメカニズムは解明されていない．1つの候補として，ドーパミン神経経路の異常が考えられるが，その他にもグルタミン酸レセプターの異常などいくつもの候補が存在し，1つでは効果の弱い沢山の異常が集まって統合失調症が発症する可能性もある．統合失調症の原因には遺伝的にも環境的にも多くの要因があると考えられており，例えば遺伝的には第6番，8番，22番染色体に病気に関係する遺伝子が存在する可能性が高い．

### (3) 反射

反射とは，大脳を経由することなく生じる刺激に対する無意識的，自動的反応を言う．見る，聴く，嗅ぐ，味わう，触るという五感の感覚は，それぞれの経路を通って大脳に入り感覚される

前に，いろいろな反射活動を起こす．基本的に求心路，中枢神経，遠視路の反応を反射と言い，これに対して，無意識に起こる脊髄反射と大脳皮質での判断が加わる条件反射がある．

表 1-4-1 反射の例

---
脊髄レベルで起こる反射（脊髄反射）
　　伸張反射：筋肉の伸展，収縮．例：膝蓋腱反射
　　屈曲反射（逃避反射）：危険があると手を引っ込めるなど．
脳幹レベルで起こる反射（脳幹反射）
　　瞳孔反射（対光反射）：眼に光を当てると瞳孔が縮まる．
　　瞬目反射：眼に危険があると眼を閉じる．
　　角膜反射：眼に触ると眼を閉じる．
　　その他：血圧，脈拍，呼吸，体温の調節も反射である．
---

## 5. 内分泌撹乱物質

近年，動物の体内に取り込まれた場合に，その生体内で営まれている通常のホルモン作用に影響を与える外因性の物質を外因性内分泌撹乱化学物質，あるいは一般に環境ホルモンと呼ぶようになった．ヒトや野生生物の内分泌作用を撹乱し，生殖機能阻害や悪性腫瘍などを引き起こす可能性のある多くの物質による環境汚染は，科学的には未解明な点が多く残されているものの，世代を越えた深刻な影響をもたらす恐れがあり大きな社会問題となっている．

### (1) 食物連鎖と生物濃縮

生態系の中の生物間に見られる「食う，食われる」という関係は，最も普遍的な種間関係の1つである．この捕食－被食関係は，生物群集内で何段階にも連続しており，そのような鎖状の関係を食物連鎖と呼ぶ．さらに，捕食者が餌とする餌の種類は，特定の種のみに限定されない場合が多いので，食物連鎖の関係は生物群集の中で複雑にからみ合うことになり，このような網目状の関係になる状態を食物網と呼ぶ．

このような生態系の中に，毒性を持ち，分解されにくく，かつ生物体内に溜まりやすい物質がまかれると，食物連鎖の関係を通して栄養段階の高次の動物により高濃度でその物質が蓄積され，栄養段階の高次の動物ほど大きな影響を受ける．これを生物濃縮と呼んでいる．この事実は，深刻な社会問題にもなってきた．例えばワシやタカのような猛禽類に見られるDDTなどの有機塩素系農薬の蓄積や，ヒトの有機水銀中毒，すなわち水俣病などの例は有名である．従来，農薬や有害物質の環境への放出が低濃度なら問題ないという考えがあったが，この現象を考えればそれは大きな誤りであったと言える．

人工の化学物質が自然界にまかれると，生物濃縮が起こり，ヒトに多大な影響を与える可能性がある．

### (2) 問題となる物質

環境中には様々な化学物質が存在する．例えば，工場や燃焼炉から廃棄物が出され，車の排気ガス，化学薬品などが室内にも浮遊している．ヒトがこれまでに作り上げた化学物質は1,300万種類以上にものぼり，1年当たりでも1,000種から2,000種も生み出され続けられている．中でも大規模に生産され，普及している化学物質は，約10万種類と言われている．それらすべてが環境ホルモンとなる可能性があるわけではないが，外因性物質という言葉が実質的に指す物質候補は相当数にのぼる．現在環境省は，内分泌攪乱作用があると疑われている約70物質を公表している．具体的には，ダイオキシン，PCB，DDT，トリブチルスズ，ビスフェノールA，ノニルフェノールなどである．これらの物質は身の回りのプラスチック成型時の潤滑油や可塑剤，食品添加物としての合成着色料，保存剤，防腐剤，あるいは洗剤，漂白剤，新建築材料，合成飼料，抗生物質，医薬品，さらには除草剤，殺虫剤，抗真菌剤などの農薬などが発生源になっているケースが多い．現代人はこれら約10万種の人工化学物質に日常的に取り囲まれ生活している．

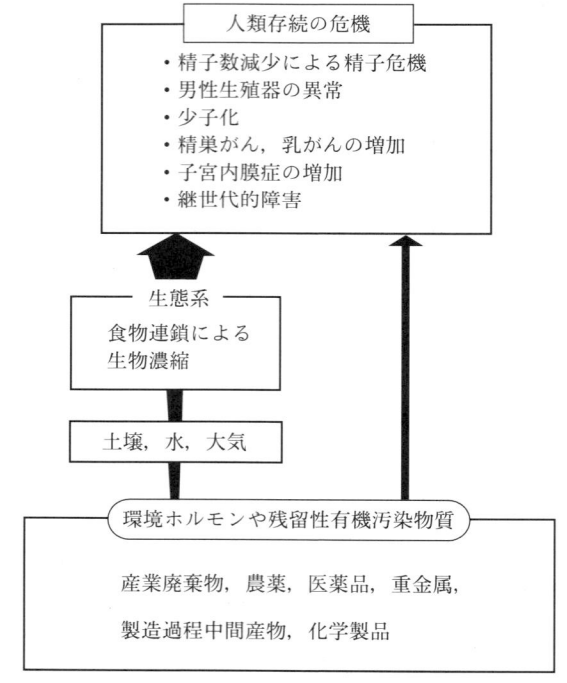

図1-5-1 環境ホルモンや残留性有機汚染物質による人類への影響

### (3) 生物への影響

DES（ジエチルスチルベストロール）は，1960年代に流産の防止や家畜を太らせるための薬剤として使用され，年間10数 t が生産されていた．西欧で約600万人の母親および胎児にこの薬剤が使用された．ところが，1970年代以降に，本薬剤を胎児期に使用された子供に膣がん，子宮内膜症，子宮がんなどで妊娠不能になった例が多発した．また，男性生殖器の異常，精巣がんなども報告された．現在薬としての使用は，当然中止されている．

DDT（ジクロロジフェニルトリクロロエタン）は，1939年に昆虫類に対し殺虫剤としての即効性があることが発見され，以後，農薬や殺虫剤として大量に使用された．人畜無害とされ，終戦時の日本では直接ヒトへの散布も盛んになされ，以後20年以上も使用され続けてきた．しかし，後にDDTは分解されにくく，生物濃縮によって体内，特に脂肪層に蓄積されることが知られるようになり，生物濃縮による大型動物の大量死の例がいくつも発表された．さらに，種々のがんの増加とも関連づけられたため，西欧のほとんどの国で使用が禁止されたが，1992年の時点でもブラジル・メキシコそれぞれで1,000t近くが使用されていた．合衆国のフロリダ州アポプカ湖では，野生ワニの80％に生殖器異常（ペニスの矮小化）やホルモン異常が観察されており，また性転換を引き起こした例までが報告されている．この原因として，湖の汚染がひどかったDDTおよびその代謝物質であるDDD，DDEが疑われている．

　PCB（ポリ塩化ビフェニール）は，18世紀後期に発見され1930年代に商業化された．化学的安定性，耐熱性，不燃性，絶縁性の高さから電気工業界で幅広く世界的に使用され，製造中止になるまでに約120万tが製造された．やはり分解されにくく，生体への蓄積性が高い．PCBは一般的な意味での毒物であることが知られているが，環境ホルモンであることも実証されている．PCBをカメの卵に塗り付けると，雄になるはずの卵の多くが雌に変化してしまうのである．

　イギリスでは1970年代後半より河川中の魚の雌雄同体が報告されてきた．河川中の魚の雄が雌化していることは血中レベルでも確認された．雌で発現するべきビテロジェニン（卵黄を形成させるためのタンパク質）を雄が多量に血液中に発現させていたのだ．この現象は下水排水口近くで最も顕著であり，下水中の何らかの原因物質の存在が疑われた．詳細な調査の結果，主原因はイギリス国内で多量に放出されているノニルフェノールなどであることが濃厚となった．

　巻き貝の一種であるイボニシの雌において，雄の生殖器のペニスと，精子の通路である輸精管ができる現象（インポセックス）が世界中で認められ，日本でも確認された．これは奇形であると共に雌の産卵障害を伴う．この原因は，有機スズであるトリブチルスズとトリフェニルスズとされている．この有機スズは，船底や魚網に貝などが付着するのを防ぐための塗料として使用されていた．日本では，1990年にトリブチルスズの1種の製造，輸入，使用が禁止されている．また，他のトリブチルスズ13種とトリフェニルスズ7種は，製造や輸入に事前申請が必要となっているだけでなく，政府が使用の自粛を指導しており，日本国内のトリブチルスズの生産は1996

表1-5-1　外因性内分泌撹乱物質が原因と見られる野生生物の異常の例

| 生物 | 現象 | 疑いのある化学物質 | 確認された国 |
| --- | --- | --- | --- |
| イボニシ（巻き貝） | 雌生殖器の雄性化 | トリブチルスズ | 日本，英国など |
| ワニ | 雄生殖器の異常 | ジコホル | 合衆国 |
| スッポン | 孵化率の低下など | PCBなど | 合衆国 |
| ゼニガタアザラシ | 個体数の減少 | PCB | オランダ |
| シロイルカ | 卵巣の異常 | PCBなど | カナダ |
| メリケンアジサシ（鳥） | 生殖率の低下 | ダイオキシンなど | 合衆国 |
| コイの一種 | 雌雄同体化 | 合成女性ホルモン | 英国 |

年で全面中止されている.

表1-5-2 母乳中のダイオキシン類の濃度

| 国 | 濃度 |
|---|---|
| 日本（大阪） | 51 |
| 日本（福岡） | 24 |
| ドイツ | 28-32 |
| イギリス | 17-29 |
| カナダ | 16-23 |
| ノルウェー | 15-19 |
| フィンランド | 16-18 |
| アメリカ合衆国 | 15-17 |
| 南アフリカ | 11 |
| 南ベトナム | 7-32 |
| 北ベトナム | 8 |
| タイ | 6 |
| インド | 6 |

脂肪1g当たりのピコグラム（1ピコグラムは1兆分の1グラム）で表示.（環境庁, 1977を参考）

### (4) 女性ホルモンと関連した環境ホルモン

女性ホルモンと類似の作用を引き起こす環境ホルモンと疑われているものは多く，合成洗浄剤，染料，化粧品，プラスチックなどの産業化学物質に含まれるノニルフェノール，オクチルフェノール，ビスフェノールA，フタル酸ブチルベンジル，トリブチルスズ，PCBなどや，ゴミ焼却，金属精錬，紙漂白などの過程で生成される産業副生物に含まれるポリ塩化ジベンゾジオキシン，ポリ塩化ジベンゾフランコプラナPCB，そしてダイオキシン類，除草剤・抗真菌剤・殺虫剤であるDDT，DDE，DDD，エンドスルファン，メトキシクロル，ヘプタクロル，トキサフェン，ディルドリン，リンデンなどが候補として挙げられる．また，医薬品に含有するジエチルスチベロール（DES），エチニルエストラジオール（経口避妊薬ピルの成分）などや，大豆やクローバーなどに天然に存在するクメストロール，フォルモノネテイン，ゲニステインなども環境ホルモンになりうる候補である．

内分泌攪乱物質により，孵化した卵がすべて雌となる，あるいは雄の魚類が雌となるという雌化・雄化といった現象は，雌雄の比率のアンバランスを引き起こし，子孫数低下をもたらすで

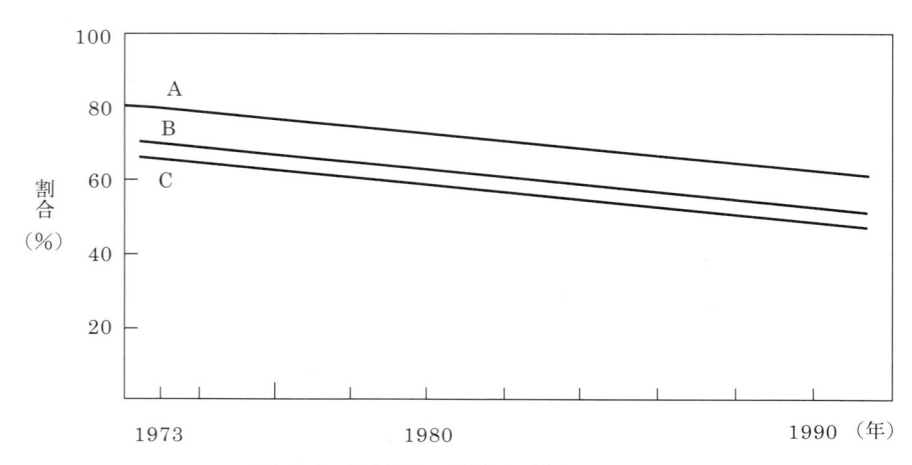

図1-5-2 成人男性の精子量の減少
A：ヒトの精子数の減少．
B：正常に動く精子の割合．C：正常な形の精子の割合．
（Auger他, 1995より）

あろう．また，形態異常や両性具有など生殖器に現れる異常などはすべて生殖機能の低下をもたらす．さらに，求愛行動やマウント行為をしなくなるなど生殖行動にも異常が現れている．その他，異常が親の時点で出現せず，子や孫の代で出現する継代的異常も危惧される．これらの影響は，全体として種の滅亡につながろう．ヒトへの影響もすでに表れている可能性がある．子宮がん，子宮内膜症などのがん化として現れ，不妊につながる．さらに日本においても，ヒトの精子の量がここ30年で1割減少し，生殖機能が低下したという報告や，都内の若い男性は九州の男性の2分の1の精子量しかないといった報告がなされている．

### (5) 環境ホルモンの作用メカニズム

ホルモンは，微量でも生体内に大きな役割を果たすことから，たとえ微量であっても環境ホルモンの存在は非常に危険である．環境ホルモンの作用するメカニズムは多数存在するが，大きく分けて，レセプターを介したホルモン作用の撹乱と，ホルモンの生成・変化を行う酵素などの撹乱がある．

ホルモン作用は，ホルモンの標的である受容体（レセプター）に結合すると始まる．主に環境ホルモンの標的としては，エストロジェン（女性ホルモン）レセプター，アンドロジェン（男性ホルモン）レセプター，サイロイド（甲状腺ホルモン）レセプターなどである．レセプターは特定のホルモンとのみ結合することになっているので，女性ホルモンはエストロジェンレセプターに，男性ホルモンはアンドロジェンレセプターに，甲状腺ホルモンはサイロイドレセプターに特異的に結合する．しかし環境ホルモンはこれらレセプターの本来結合するホルモンとよく似た構造を持っている．そのために本来のホルモンのように結合し，本来のホルモンが結合するのを妨いでしまう．または，ホルモン結合部分以外の箇所に作用し，レセプターの働きを弱めたり強め

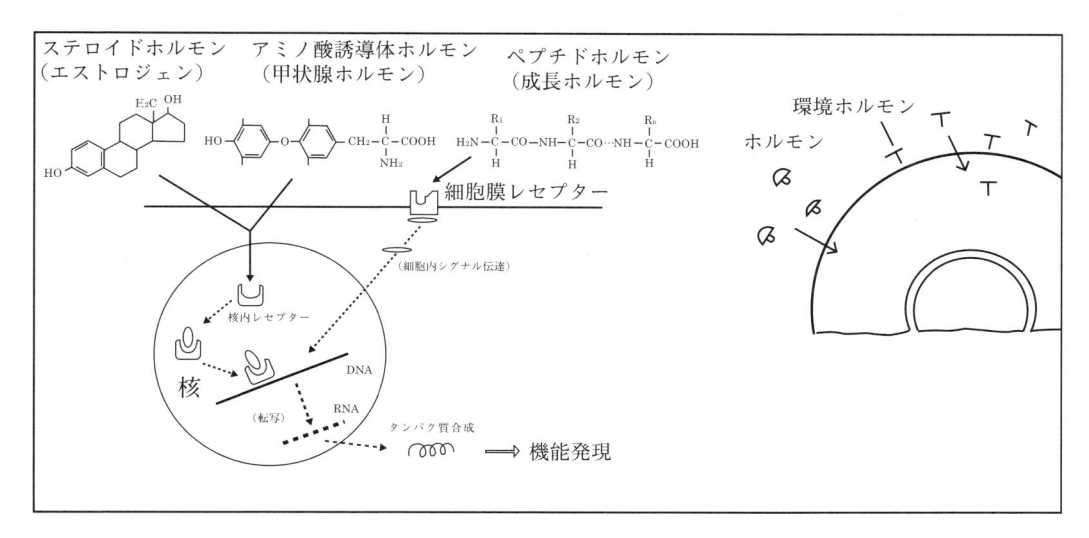

**図1-5-3 ホルモンの構造と作用メカニズム**

通常のホルモンはホルモン・レセプターと結合して作用する．多くの場合，環境ホルモンも同一のレセプターに結合することで悪影響を及ぼすと考えられる．（金子他，1998をもとに描く）

たりしてしまう．レセプターはホルモンと結合した後，様々なタンパク質と作用して複合的に活性を発揮するが，この複合体を形成する様々なタンパク質それぞれに影響をもたらすことで，環境ホルモン作用をもたらす場合も考えられている．

女性ホルモン，男性ホルモン，甲状腺ホルモンは多種類の酵素と呼ばれるタンパク質の働きによって作られたり，変化させられたりする．例えばアロマターゼと呼ばれる酵素は，女性ホルモンである $\beta$-エストラジオールを男性ホルモンであるテストステロンに変換する．この酵素は女性ホルモンと男性ホルモンの量の調節している．この酵素の働きが強められたり，弱められたりすると，必然的にホルモン量のバランスが変化することになる．環境ホルモンはこうした生殖ホルモンなどに関わる酵素の働きを阻害・増強することで，ホルモン作用を撹乱してしまう．

(6) 脳機能撹乱物質，免疫撹乱物質

生態系へ放出された人工合成物質は，環境ホルモンとしての影響の他に，ヒトの免疫系や神経系にも異常をきたす危険性がある．大脳や神経系では多くの神経伝達物質が機能して正常な脳機能が営まれている．もし，そのような神経伝達物質と類似の作用を引き起こす物質が生態系に放たれ，それが体内に入り込んだ場合，脳機能に支障が出る危険性がある．このような物質を現在，脳機能撹乱物質と呼んでいる．同様に，免疫機構もリンホカインのような様々な物質が放出されて機能している．もし，この免疫機能が乱されると，免疫不全の状況が生じてしまう．

いずれにせよ，多くの人工合成物質の存在する世界において，私達が安全に暮らすために，環境に対して十分に注意を払うべき時代にある．

**参考文献**

Auger, et al. 1995. New England Jour. Med., 332: 281.
金子秀雄・庄野文章・松尾昌季 1998. 科学（岩波書店），68: 598-605.
環境庁 1997. 外因性内分泌撹乱化学物質問題に関する研究，中間報告．

## 6. 生殖と性の進化

生物の大きな特性は，子孫を残し，仲間を増やそうとすることにある．動物では通常，雌個体，雄個体が存在し，植物ではこれに対応するものとして雌しべ，雄しべが存在する．しかし，仲間を増やすためには必ずしも性が必要なわけではない．子孫を作る様式には性を必要としない無性生殖もあり，これによって増殖する生物は実に多い．では，なぜ私達ヒトのような生物には性，つまり雄と雌が存在するのだろうか？本節では生物の生殖様式と性の進化を取り扱い，そして性の持つ意味について考えてみたい．

### (1) 生殖様式

　子孫を残し，仲間を増やすとは，進化学的な目で見れば自己の遺伝子を増やす事を意味する．そして，自己の遺伝子を増やす生殖様式として，無性生殖と有性生殖とがあると考えてもよいかもしれない．無性生殖は，親の体の一部または胞子と呼ばれる特別な生殖細胞が単独に発生して，新しい個体を生じる生殖法で，性とは無関係な増え方である．一方，有性生殖は，配偶子を伴う言わば性の存在による生殖様式である．

　性は，雌雄という2つの形態のみが存在するかと言えばそうではない．ゾウリムシを例に挙げれば，これらは普通，分裂をくり返して増殖するが，ある限界に達すると分裂をやめて細胞の接合（有性生殖），あるいは遺伝子の交換を行う．このように，2つ以上の生殖法を持つ生物は極めて多い．しかもゾウリムシの性は雌雄のみではなく，何と16種類もの性の組み合わせがあり，これをシンジェン（シンゲン，syngen）と呼んでいる．シンジェンとは，原生生物の繊毛虫類において，形態種内に含まれている性的隔離の見られるグループを指し，'共に世代をくり返す' という意味からソンネボーン（T. M. Sonneborn）が提唱した言葉である．中にはユープロテス・クラッサス（*Euplotes crassus*）のように38もの性が存在するものさえある．繊毛虫以外では菌類でもこのような多くの性を持つものが知られている．分類学的なアプローチをかけるとシンジェンは，そのグループ内だけで交雑と遺伝子の交流が可能であり，したがってシンジェンはそれぞれが固有の遺伝子を持つという意味で種に他ならないが，形態学的にはグループのそれぞれを区別することができない．そこで生きた細胞（個体）を用いた交配テストによってシンジェンの判別が行われるが，これは種の同定規準としては不適当であり，加えてそれまでこれにあてられていた変種という名称も適切でないところからシンジェンの語が提唱され，受け入れられている状況にある．

### (2) 無性生殖

　無性生殖は，まったく同一の遺伝子個体の増殖（コピー）と言えることからクローンの生産と言える．分裂，出芽，栄養生殖などの様式に区分することが可能である．

① 分裂

　体（個体）が2つまたはそれ以上に分かれて増える増殖法である．分裂様式から等分裂および不等分裂があり，さらに二分裂と複分裂（多分裂）に分けられる．複分裂では1個体からいきなり10個体が形成されるように複数の個体ができ上がる．二分裂をおこなう生物の例として，ゾウリムシ，ミドリムシ，ケイソウ，イソギンチャクなどが挙げられる．複分裂を行うものとしてはマラリア病原虫やトリパノゾーマなどが挙げられる．

② 出芽

　母体の一部に突起（芽）が生じ，それが大きくなって分離して増える様式である．体に生じた細胞塊が成長してゆき，それが独立した個体になると考えるとよい．コウボ菌，ウキクサ，ヒドラ，サンゴ，カイメンなどに見られる．

③ 栄養生殖

植物の茎，葉，根などの栄養器官の一部から新個体ができる増え方を言う．広義には，ヒドラなどの出芽を含めることもある．増殖する栄養器官によって以下に区分される．具体例も並記した．

むかご：側芽や珠芽が多肉化したもので，ヤマノイモ（側芽）やオニユリ（珠芽）で見られる．
ほふく茎（ほふく枝，ストロン）：イチゴ，ユキノシタ．
塊茎：ジャガイモ．
鱗茎：ユリ．
塊根：ダリア，サツマイモ．

栽培植物を増殖させる方法として，さし木（例えばアジサイ），とり木（クワ），株分け（キクやアルメリア）などが普通に行われている．これらは植物の持つ栄養生殖の能力を人為的に利用して増殖させていると言えよう．

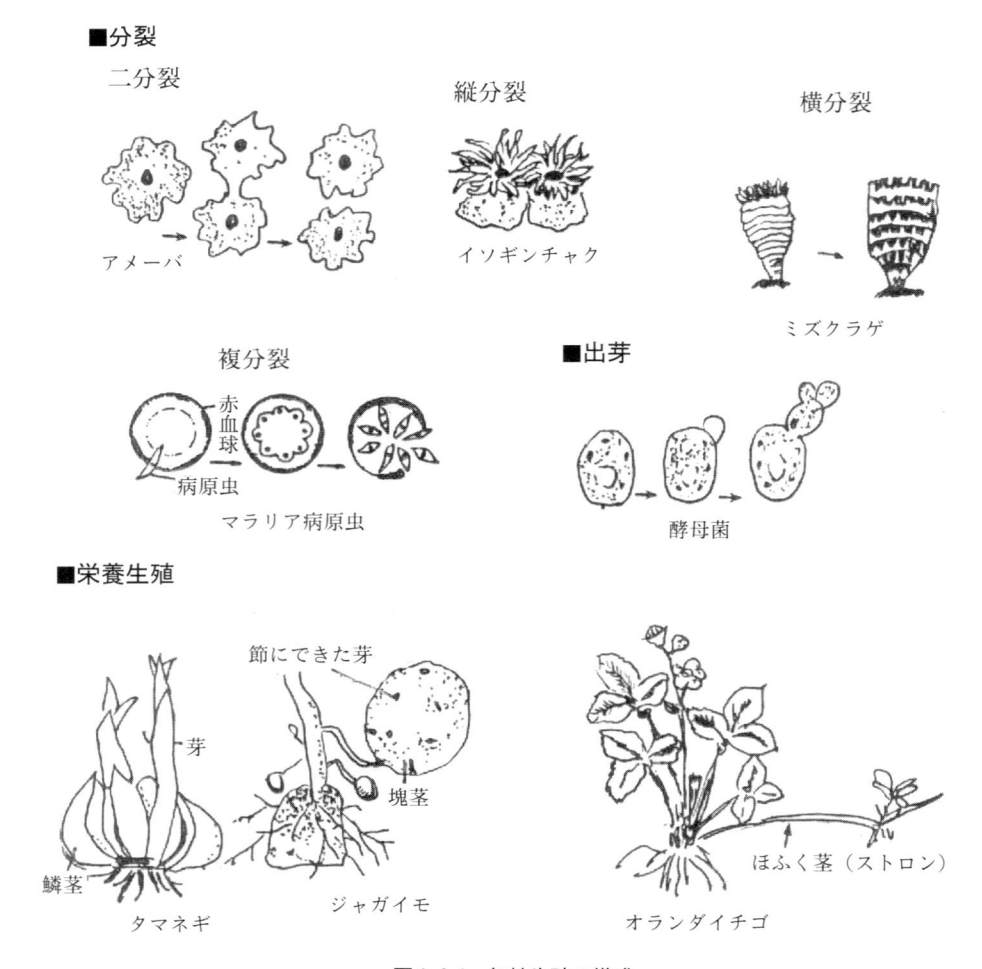

図1-6-1　無性生殖の様式

### (3) 胞子形成について

母体の一部に胞子という生殖細胞ができて増える様式を胞子生殖と呼び，しばしば無性生殖に含ませる書物が日本では多い．胞子を作る生物は多く，シダ植物，コケ植物，カビやキノコ類にごく一般的である．また，水生菌類や藻類の胞子は鞭毛を持ち，自力での移動能力があり，これらの胞子を特に遊走子と呼んでいる．しかし，胞子形成の際には減数分裂が行われることから，クローン個体を作り出すという条件からははずれており，厳密には胞子による増殖を無性生殖に入れるべきではないであろう．

### (4) 有性生殖

遺伝的組み換えを伴う生殖様式と定義され，通常は配偶子という雌雄性のある生殖細胞が合体や接合することにより子孫が形成される．合体する配偶子が同形同大の場合を同形配偶子といい，クラミドモナスやアオミドロなどが同形配偶子接合を行っている．大小の差のあるものは異形配偶子と呼ぶ．卵（雌性配偶子）と精子（雄性配偶子）の接合が異形配偶子接合である．配偶子生殖には，両性生殖と配偶子が受精せずに単独で発生して新しい個体になる単為生殖とが区別される．バクテリアが遺伝子を交換する接合も，これによって個体数が直ちに増えるわけではないが，有性生殖のカテゴリーに入れてよいであろう．例外的に，作られた子が親と遺伝的に常に同一である場合，例えば単為生殖の中でも受精や減数分裂を伴わずに生殖が行われる場合（アポミクシス apomixis と呼ぶ）は，無性生殖に含めるべきであろう．

自然単為生殖を行う生物の例として，アブラムシ（アリマキ），ミジンコ，アリ，ミツバチなどが挙げられる．アブラムシでは，春に卵から孵った個体はすべて雌となり，単為生殖を行いつつ増殖する．秋になると有翅の雄が出現し，雄と雌との受精によって卵が作られる．産卵された卵は冬を越し，翌春雌個体が孵る．アリやミツバチでは受精卵はすべて雌となり，未受精卵も発生し，これはすべて雄となる．つまり，アリ，ミツバチでは雄が作られる過程が単為生殖となる．さらに，卵を酪酸で刺激して受精させるウニや卵を針で刺激して受精させるカエルなど，生物によっては人為的に単為生殖を引き起こさせることも可能である．

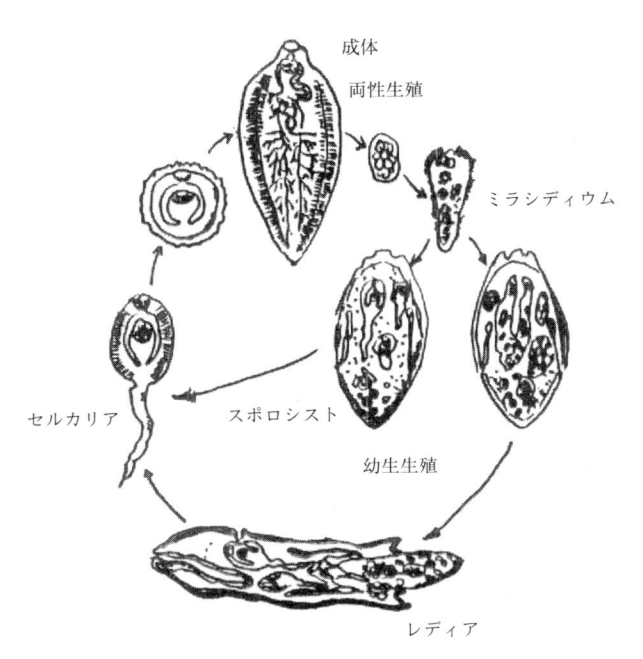

図1-6-2 ジストマの幼生生殖（幼生が行う単為生殖）

### (5) 性の進化

生物の進化過程と性を対応させると，細菌やシアノバクテリアのような下等生物の段階ですでにDNA（遺伝子）の交換が一定の割合でなされている．生殖細胞の分化は海綿動物やコケ植物でなされており，さらに生殖器官が出現するのは動物では扁形動物からになる．雄個体，雌個体を区分するものは，基本的に生殖器官による．よって生殖器官の分化が雌雄の出現と対応することになる．生殖器官を分化させ，両性生殖を行う段階に達することと平行し，配偶子に役割分担をさせるようにもなっている．つまり，栄養の貯蔵を担当させた卵と，移動能力を持たせた精子とを進化させてきた．私達は卵を生産するタイプの個体を雌と呼び，精子を生産するタイプの個体を雄と呼んでいる．

有性生殖では，増殖能力は低いがその一方で，受精や染色体の交叉や遺伝子交換が行われ，新しい組み合わせによる子孫の遺伝的多様性は大きく，そのために環境への適応度も高いと言われている．一方，無性生殖の増殖能力は大きいが，遺伝的多様性が親と同じ遺伝情報であるため低く，またそのために環境への適応度も低くなる．

有性生殖では，配偶子の合体により遺伝子型の新しい組み合わせが生じるので，環境に対する適応や進化の面から見て有利であると一般的に言われている．しかしながら，有性生殖では直接生殖に加わらない雄個体を作らねばならず，数理的にはその雄個体を作るコストを超えられないとされる．無性生殖は雄を作らないため，その結果，有性生殖に比べて2倍の有利さを持っている．つまり単純に考えれば無性生殖の方が有利な生殖様式なのである．にもかかわらず有性生殖は広範に多細胞生物に蔓延している．

なぜ有性生殖が多く見られるのかという問題に対する解明の努力は，長年にわたってなされてきた．あるシュミレーション解析の例では，いくら環境を激しく変動させても，組み換えにより多様な子孫が生じるだけでは無性生殖の2倍の有利さには勝てないという結果が出ている．その理由は有性生殖が多様な環境のそれぞれに適応した有性型の子孫をいくら作っても，無性生殖も突然変異によって多様性を獲得して環境変動に対応できるため，有性生殖のこの程度の有利さでは無性生殖の雄を作らない2倍の有利さを超えることはできないということである．よって，有性生殖の利点は，親と遺伝子の組み合わせの異なる多様な子孫を生じやすく，多様な環境への進出，環境への激変に有利である，という伝統的仮説で説明できてはいない．有性生殖が進化してきた理由として，現在，以下のような仮説が挙げられている．

① Fisher-Muller 効果

異なる個体に生じた様々に有利な突然変異を，組み換えにより同一ゲノムの中に取り込むことが，無性生殖よりもはるかに短い世代数で可能となることによる．

② Kondrashov 効果

①の裏返しの説で，有利な突然変異は稀で，有害突然変異の方がはるかに起きやすいことに着目したもの．有害突然変異が生じたとき，その数に応じて適応度が非線形に低下するような減少効果があるなら，組み換えにより生じた多数の有害突然変異を有するゲノムを持った個体が，子孫を産せずに死ぬことによって，ゲノム中から効率よく有害遺伝子を排除することができる．

### ③ ミラーの歯車説（Muller's rachet）

組み換えを持たない無性生殖では，ある遺伝子座に生じた有害突然変異アリルが，遺伝的浮動により野生型アリルに置き換わって集団中に固定されると，適応度が下がる方向に進み，逆戻りができない．しかし，有性生殖の場合は，野生型アリルがわずかに残ってさえいれば，組み換えを頻繁に行うことで，元の野生型ゲノムに修復できる．

### ④ ヒッチハイキング効果

組み換え促進遺伝子が別の遺伝子座と連鎖している場合，そこに適応度上有利なアリルがあれば，それに便乗して組み換え促進遺伝子が集団中に広まりやすいとした説．

### ⑤ 病原体説（ハミルトン Hamilton 説；パラサイト説）

「赤の女王説」とも呼ばれる説をさらに具体化させたもので，性は病原性細菌やウイルスなどの寄生者（パラサイト）から逃れるための手段と考える説．病原体の宿主遺伝子型特異性に着目し，組み換えは病原体に対抗するためと考えている．大勢を占めている遺伝子型ほど，それに特異的に対応する病原体の侵入により大きな打撃を受け，少数者有利の頻度依存効果が生じる．よって，親とは異なる遺伝子型の子を生じる組み換えが有利となり得る．

### (6) 性決定様式

雌雄異体の種において個体の性が雄または雌のどちらかに決定されることを性決定という．性染色体による性決定がよく知られているが，性決定の様式にも様々なものがあることに注意したい．個体の所持する遺伝子によって決定される場合を遺伝性決定，育つ環境によって決まる場

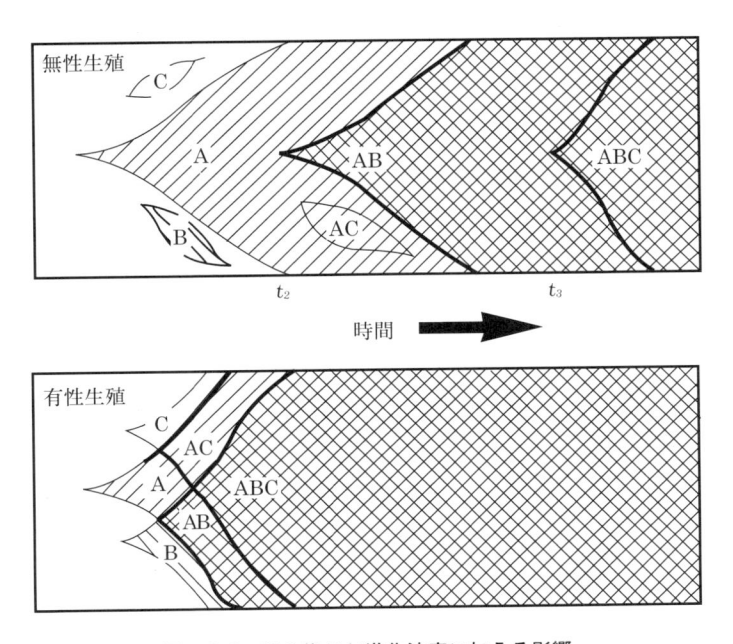

**図 1-6-3 組み換えが進化速度に与える影響**
異なった3つの遺伝子座にある有利な遺伝子を持つ個体の割合を時間的変化と共に示した．有性生殖を行う種が3つの遺伝子を持つに至る時間が圧倒的に短い．（Maynard Smith, 1978を参考）

合を環境性決定と呼ぶ．遺伝性決定は性染色体の組み合わせによるものである．

　ヒトを含め多くの生物では，雌と雄で形の異なる染色体がある．雌雄の分化がある生物において，雌雄によって異なる形や数を示し，雌雄の分化や生殖細胞の形成に関与する染色体を性染色体という．性染色体は，雌雄で異なる一対の染色体である．性染色体以外の染色体を常染色体と呼ぶ．

　環境性決定は，周囲の環境条件に応じて性が決定される様式である．例えばワニ，カメ，トカゲなどでは，卵の孵化する温度によって性が決定される．また，魚類では性ホルモンの作用によって比較的簡単に性転換を引き起こすことができ，性決定に対する自由度が高い．イムシ動物門のボネリムシは雌雄のサイズ差が極端に異なる動物として有名で，雌個体が10cmを超えるのに対して，雄個体はわずか数mmの大きさである．幼生が他の個体から離れて定着すると雌になるが，雌の体の上に定着すると小型の雄になる．節足動物の等脚類の一種では，細胞質にバクテリアが寄生しているとすべて雌になり，それを実験的に取り除くと雌雄が1対1で出現する．昆虫類でもボルバキア（*Volbachia*）などの細胞内共生細菌の侵入を受けると雌になる例が知られている．現在ボルバキアはおそらくほとんどの生物種に感染していると推定されている．

　高等植物では1個体に雄しべと雌しべの両方を持つ種が圧倒的に多いが，動物では雌的要素と雄的要素の両方を持つ種は稀である．卵巣と精巣の両方を持つ種として，軟体動物のマイマイ（カタツムリ）やウミウシ，環形動物のミミズなどが挙げられ，これらは1個体が雄にも雌にもなれる．

## (7) 性染色体による性決定

　ヒトやショウジョウバエの性染色体の雄にある異型染色体をY染色体，雌雄にある同型の染色体をX染色体という．この雄ヘテロ型では減数分裂後，雌ではXのみ，雄ではXまたはYを持つ生殖細胞が形成される．反対に雌が異型，雄が同型の雌ヘテロ型の場合は，ZW型あるいはZO型という名称を用い，異型の性染色体をZW，ZO，同型のそれをZZと示し，減数分裂後は雄ではZのみ，雌ではZまたはWを持つ生殖細胞が形成される．XY型で表される生物には主にホ乳類，昆虫類，高等植物が含まれる．XO型は昆虫類や植物に多い．ZW型は主に鳥類，昆虫，植物で見られる．ZO型の例は非常に少なく昆虫のヒゲナガカワトビケラやミノガの仲間で知られている．常染色体の1組（ゲノム）をAとすると，XY型のキイロショウジョウバエの染色体構成は雄 = 3A + XY，雌 = 3A + XXとなる．

　ヒトの性染色体を見ると，Y染色体上に存在する遺伝子はX染色体に比べて大変少なく，わずかに26個程度しか存在しない．しかし，Y染色体には男性化を支配する重要なスイッチ遺伝子が存在する．これはかつて精巣決定因子（TDF）と呼ばれていた遺伝子で，研究が進むにつれて，これが男性化をもたらすスイッチ遺伝子（このようなスイッチとなる遺伝子をマスター遺伝子とも呼ぶ）であることが分かり，SRY遺伝子あるいはSRYスイッチと現在呼んでいる．このスイッチがオンになると，男性化に関わる多くの遺伝子が働き，男性化が促進される．このよう機能的な状況を勘案すると，ヒトの男性は，男に生まれてくるのではなく，発生に伴い，男になってい

くという表現の方がより実際に近いであろう．

**参考文献**

Maynard Smith, J. 1978. The evolution of sex, Cambridge University Press.
Sonneborn, T. M. 1957. In E. Mary (ed.) The species problem, Am. Assoc. Advan. Sci., 155-324.

## 7. ヒトの発生

本節でヒトの配偶子形成から受精，そして発生までの一連の流れをまとめておきたい．
第6節で示したように，生殖様式，つまり子孫の作り方には様々なものがあるが，脊椎動物は基本的にすべて有性生殖によって子孫を作っている．その中でもヒトは発情期がない点で特異な存在である．多くの脊椎動物は，生殖期を迎えると体内のホルモンバランスが変化し，配偶行動を示すようになるのに対して，ヒトではそのようなことは見られない．一説によると，ヒトでは進化の過程で性的衝動に対する大脳皮質による支配が確立したからだと言われている．一般的なホ乳類では，発情期の存在により1年の内の，ある一定期間だけ交尾を行い子孫を作っている．

### (1) 受精卵ができるまで

ヒトの卵および精子となる細胞の大もとをたどると，母体の中に存在する初期胚の時期にまで遡る．受精後4週間目（4週齢と呼ぶ）の胚では尿のう近くに始原生殖細胞が1,000個以上作られ，これが卵，精子の起源になる．この始原生殖細胞はアメーバ運動によって移動し，生殖腺原基（卵巣や精巣になる細胞塊）にまでたどり着く．つまり，卵や精子のもととなる細胞は生殖腺で作られた細胞ではない．生殖腺にたどり着いた始原生殖細胞のうち，卵巣原基のものは直ちに盛んに分裂を始める．それらの分裂によって増殖を始めた細胞を卵原細胞と呼ぶ．

卵原細胞は8週齢から20週齢の間に盛んに分裂し，その数は約700万個となり，以後分裂することはない．魚類や両生類では周期的に終生卵原細胞が作られるが，ヒトを含めた胎生ホ乳類

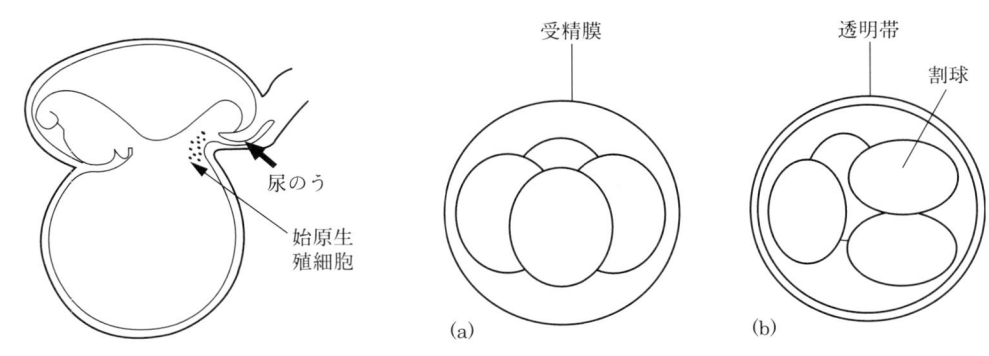

図1-7-1　4週齢のヒト胚における始原生殖細胞の出現部位

図1-7-2　ウニ（a）とヒト（b）の4細胞期

では胎児期にのみ卵原細胞は増殖する．増殖を終えた卵原細胞では周囲の細胞から栄養を受けて，核と細胞質の容積が増加する（この時期を配偶子形成の上で成長期と呼ぶ）．この容積を増し，栄養分が添加されたものが一次卵母細胞である．胎児の出生前に卵原細胞はすべて分化して，出生時にはすべて一次卵母細胞となる．したがって出生時には卵原細胞はまったく見られない．また，一次卵母細胞は減数第一分裂の前期を終了した状態で止まり，思春期に至って初めてその後の分化を開始する．卵膜が破れ，排卵が始まると卵母細胞は初めて第一分裂中期に入り，卵管を通って移動する間に第二分裂に入り卵ができる．その時に精子の侵入があると受精し，受精卵となる．つまり，卵巣で周期的に減数第一分裂の続きが進行し，二次卵母細胞となるのである．新生児の卵巣に含まれる一次卵母細胞は数が減じて50万から260万個程度になり，思春期ではさらに減じて15万個程度になる．ただし，ヒトの一生のうち，排卵されるものは400～500個であるから，これだけあれば十分ということになる．要はヒトの場合，卵形成は胎児のうちにほとんどの過程を終了してしまうことである．

これに対して男性の場合は，始原生殖細胞が分化を起こすのは思春期以降である．ただし精原細胞から一次精母細胞への増殖が始まると，その分裂速度は卵形成の比ではなく，実に盛んに精子形成がなされる．女性の卵原細胞の分裂は胎児期のみであるのに対して，男性の精原細胞の方は，思春期以降30年以上にもわたってひたすら分裂が続けられ，精子が生産される．また，女性の一生を通じての排卵数が400～500個であるのに対して男性の1回に射精される精子数は約2～3億個で，これも著しい差である．精原細胞は4回の体細胞分裂を経て精母細胞となり，それらが減数分裂をして精子となる．この過程は約3か月であり，これが思春期以降老年になるまでくり返されることになる．

一説には男性がこれほど多くの精子を生産する理由として，億単位の精子間で競争させ，最も優秀な遺伝子を持った最強の精子，つまり一番先に卵にたどり着いた最もたくましいものを選択している，

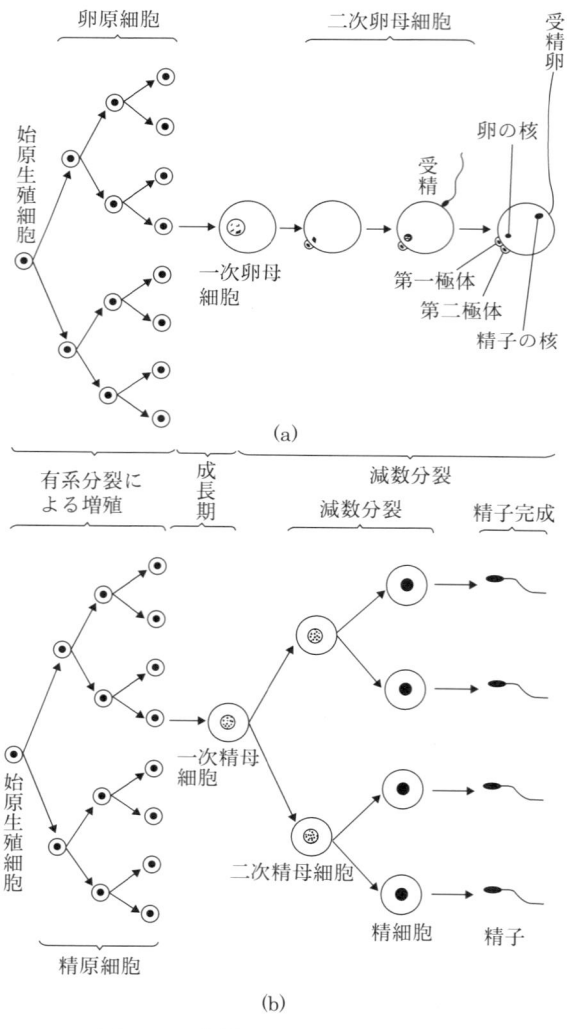

図1-7-3 卵(a)および精子(b)の形成過程

というのがある．この説によると精子を多く生産するほど，数の上ではマラソンの比ではない熾烈な競争により，数億分の1という実により選りすぐられた，優秀な遺伝子を持った精子を選択できることになる．真偽のほどは論議の余地があるが，それゆえ男性は一度に数億もの精子を出すようになったと言われている．実際には，放出された2億の精子のほとんどは白血球の餌食となり，卵管入口に到達するものは100個体程度，さらに受精の場である卵管肥大部に達することのできる強靭な精子は，それらのさらに一部である．

### (2) 性周期の調節

前述のとおりヒトは発情期をなくしてしまった珍しい動物の部類に入るが，排卵時期そのものは平均28日周期になっており，これを性周期と呼んでいる（性周期自体はサルにもある．ただしこれらでは排卵日付近でのみ発情が見られ，それに伴った一連の行動様式が見られる）．もちろん，男性の方はこのような周期性はない．男性では視床下部からの黄体形成ホルモン放出ホルモン（KHRHとしばしば略記される；＝黄体形成ホルモン放出因子（LRF））の分泌に周期性がなく，よって黄体形成ホルモン（LH）が定常的に分泌され，これによって精巣の間細胞から雄性ホルモンの分泌が常時起こっているからである．

女性の性周期について簡単にまとめておこう．これはホルモンの正，負のフィードバック（出力側の信号を入力側へ戻すこと；ここでは内分泌腺相互間の働き合いによるホルモン量の調節）の好例で，登場する主要なものとして生殖腺刺激ホルモンのろ胞刺激ホルモン（FSH）と黄体形成ホルモン（LH）および，それらの支配を受けているろ胞ホルモン，黄体ホルモンである．また，体内のホルモン環境を検知し，性周期調節の中枢として機能しているのは間脳視床下部で，ここから視床下部-脳下垂体神経分泌系によってろ胞刺激ホルモン放出ホルモン（FRH；ろ胞刺激ホルモン放出因子（FRF））や黄体形成ホルモン放出ホルモン（LHRH）が神経分泌され，脳下垂体前葉へ働きかけることにも注意したい．

図1-7-4には性周期のホルモンによる調節の概略を示した．子宮粘膜の増殖期に，脳下垂体前葉からろ胞刺激ホルモンが分泌され，ろ胞細胞を取り囲むろ胞の成長を刺激し，ろ胞ホルモン（エストロゲン）を分泌させる．ろ胞の発達につれて，ろ胞ホルモンの分泌が高まると，ろ胞刺激ホルモンの分泌は減少し，代わりに脳下垂体前葉から黄体形成ホルモンの一時的な大量分泌が生じる．ろ胞ホルモンはろ胞刺激ホルモンに対しては負のフィードバックを，黄体形成ホルモンに対しては正のフィードバックを行う．この大量分泌により，成熟したろ胞からの排卵が誘起され，また基礎体温は高温期に入る．排卵後のろ胞は黄体に変化し，黄体ホルモン（プロゲステロン）を分泌し始める．このホルモンは，ろ胞ホルモン（黄体からはろ胞ホルモンも分泌されていることに注意）と共に子宮粘膜をさらに厚くさせ，子宮の分泌腺を発達させ，受精卵の着床に備える．黄体ホルモンは特に黄体形成ホルモンの分泌を抑える負のフィードバックを行い，次の排卵を抑制する．これらのホルモンの血液中濃度を示すと図1-7-5のようになる．妊娠が成立すれば，黄体刺激ホルモンが脳下垂体前葉から分泌され続け，黄体からの黄体ホルモンの分泌は長く継続するが，受精卵が着床しない時は，黄体は退化し，子宮粘膜は崩壊し（月経），次の排卵に備える．

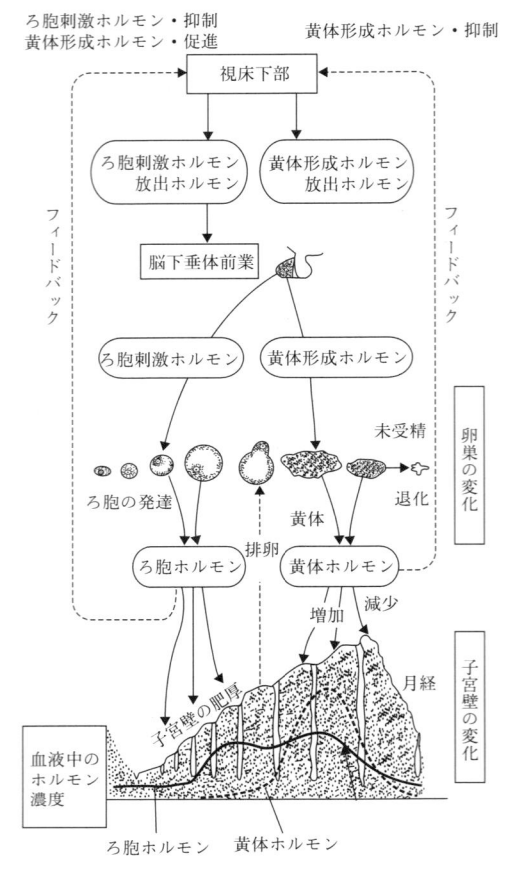

図1-7-4　間脳視床下部，脳下垂体と卵巣，子宮との働き合い　横軸は経過時間を示す．

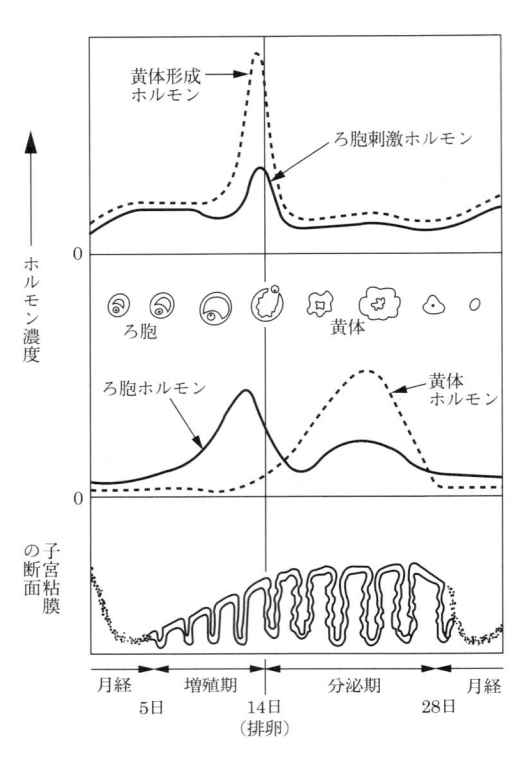

図1-7-5　ヒトの性周期とホルモンの血中濃度

　なお，経口避妊薬（ピル）はろ胞ホルモンと黄体ホルモンを含んでおり，これらによるフィードバック効果によって脳下垂体からろ胞刺激ホルモンや黄体形成ホルモンが分泌されなくなり，よって排卵が起こらず，避妊が可能となる．

### (3) 受精と発生

　卵と精子がタイミングよく合体し，受精卵となると発生が開始される．ヒトの受精から出産までの概略を以下に示す．

　排卵され輸卵管へ移った二次卵母細胞は精子と出合うと直ちに減数第二分裂に入り，第二極体が放出され，受精が成立する．（第一極体も分裂して2個になるように描かれている書物が少なくないが，多くの動物では第一極体は分裂しないので，極体は合計2個となる）．受精卵は輸卵管の先端から体液と共に輸卵管内に入り，卵割を進めながら約1週間かかって子宮に到達し（輸卵管内面の繊毛運動によって送られる），子宮内で胞胚の段階になる．ヒトの卵は卵黄が少ないなど黄卵であることからカエルの発生と異なり卵割による各割球の大きさはほぼ等しい．ついでながら，カエルやウニの卵割では最初2回の経割の後に緯割が起こるが（つまり縦－縦－横の順），

ヒトでは2回目の卵割は緯割に近い．また，カエルの胞胚では多層の細胞層になっているが，ヒトでは2層の細胞群，つまり一層に並ぶ外層の細胞層（栄養芽層と呼ぶ）と内部の細胞塊からなり，胚は内部の細胞塊から生じる．ホ乳類の胞胚期の胚は，特に胚盤胞と呼び約100個の細胞からなる．もちろん，カエルでは胚膜の形成はない．さらにヒトの卵は発生の予定運命が比較的遅く決まる調節卵でもあることから，受精後9日程度以内に何らかの様式で卵が2つに分離すると，それぞれが正常に発生して完全な個体が生じる．これが一卵性双生児である．

受精後約7日目に子宮粘膜への着床が完了すると，やがて胚膜が形成され出す．胚膜はハ虫類や鳥類の胚のものに比べて卵黄のうと尿のう（ただし一部はしょう膜の一部と共に胎盤になっている）は退化的で，卵黄のう中に卵黄はなく，尿のうは不要物質を蓄えない．胎盤を通して胎児と母体とで老廃物や栄養分の受け渡しができるようになったためである．

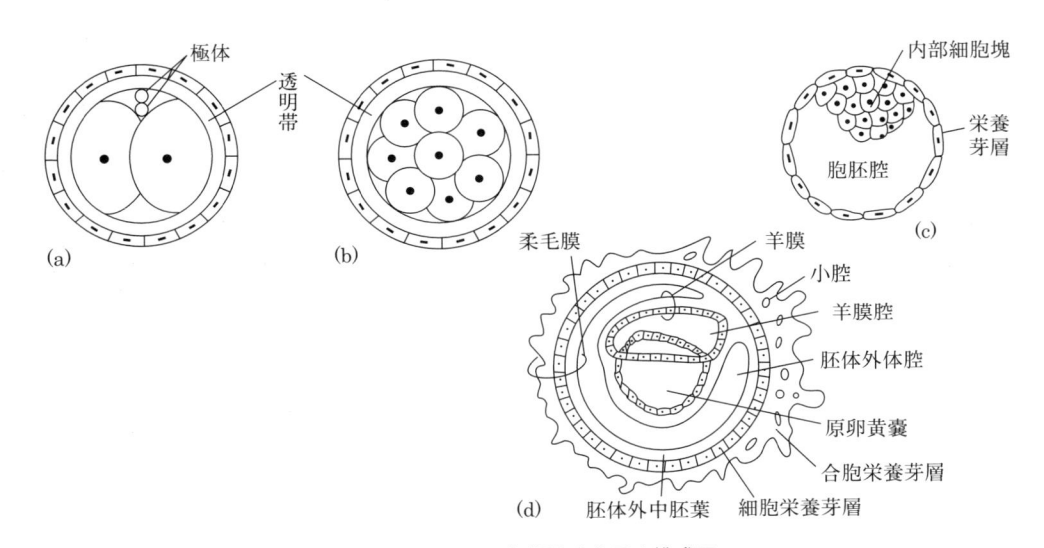

図1-7-6 ヒトの初期発生を示す模式図
(a) 2細胞期（1日目）．(b) 8細胞期（2-3日目）．(c) 胞胚（胚盤胞）期（7日目）．
(d) 受精後9日の胚．

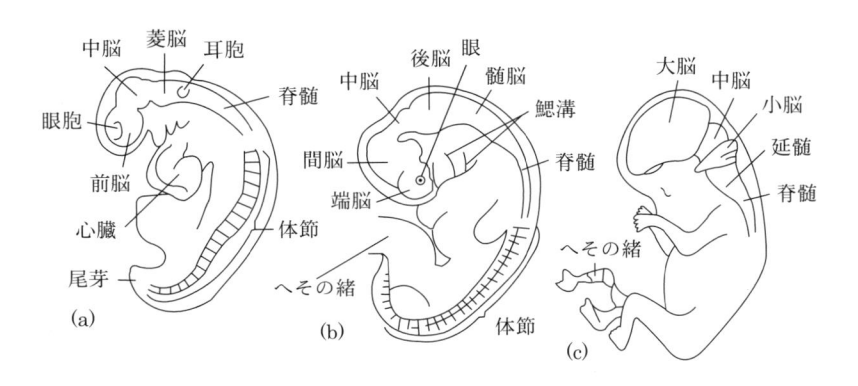

図1-7-7 4週齢胚以降のヒトの発生を示す模式図
(a) 4週齢胚．(b) 5週齢胚．(c) 12週齢胎児（いずれも脳などの位置と構造を透視，体節は後半のみ図示）．

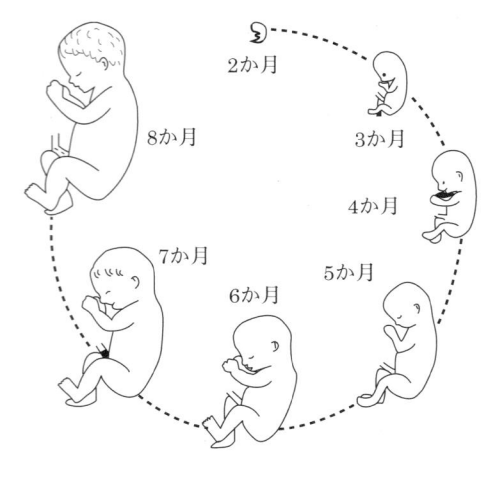

図1-7-8　ヒトの胎児の発生

　胎盤で母体と接した胚は，さらに発生を続け，各胚葉から器官が形成される．受精後3～6週目でまず中枢神経系が分化し，手足の原基である突起が現れ，体はC字形になる．また尾も見られ，一時的にではあるがえら孔も現れる．体長は1cm程度である．約2か月経つと胚はヒトらしい形となる．胚と胎児を区別する指標は必ずしも明確ではないが，尾が体外から認められなくなる時期（8週齢の終わり）以降を通常胎児と呼んでいる．この頃から軟骨が硬骨に置き変わり始める．4か月目で体長は15～20cm，6か月目で約30cmに発達する．またその間の5か月目（20週齢）では一時胎児の全身にうぶ毛を生じる時期がある．ヘッケル（E. H. Haeckel）の動物の「個体発生は系統発生の短期間の素早い反復である」という反復説を参照すれば，やはり私達の近い祖先はサルということになるようだ．ただし，反復説による現象の説明には疑問を投げかける声も多い．妊婦が胎動をしきりに感じるのもこの頃である．日本の法律では22週齢を超えると多少制約されたものであるが胎児に人権が与えられ，法的にヒトの段階に到達したことになる．8か月目の終わり頃には組織や器官は完成し，残りの2か月は主に単純な成長期間である．それゆえ，ここまで来れば早産であっても無事に育つ確率が高い．10か月目，つまり受胎後約280日（1か月を性周期と合わせて約28日で計算していることに注意）で出産となる．

　他のホ乳類と異なりヒトでは母体から離れてすぐに独立生活をする能力がなく，何年かを親による保育を受けて，初めて単独個体として行動できるようになる．ただし，完全に独立して生活するのは，その後もかなりの長い期間を親と共に過ごした後ということになる．

**参考文献**

木田盆四郎 1982. 先天異常の医学, 中公新書（中央公論社）.

Sadler, F. W. 2000. Langman's medical Embryology, Lippincott Williams & Wilkins.

## 8. 配偶者選択

　動物の雌雄の関係で最も着目すべき点は，配偶者となる異性をどのように選んでいるかであろう．自然界の雌雄を多く観察すると，一般に雄は派手な色彩が多いが，雌は地味な色彩が多いことが分かる．また，雄どうしはしばしば争うが，雌どうしは争わないことも一般的な傾向と言えよう．また，雌雄で形態差の大きい種も少なくない．その場合，雄が大形になり，角や牙，トゲなどが発達するものが多い．このような武器となる形態の多くは，基本的に雌を確保するための雄間の闘争のために発達してきたものであろう．しかし，雌は受動的なもので，闘争で勝ち残っ

た雄と結ばれ，子孫を残すという理解は誤りである．雌は様々な指標を用いて雄を選択していることが分かりつつある．

　上述のような性内選択だけでは説明のつかない形質を雄が持つ場合も多い．例えばクジャクの雄の羽根である．一見まったく役に立ちそうもなく，むしろより派手な個体ほど外敵に見つかって捕食されてしまいそうな特徴である．このような形態が進化してきた背景には，雌が積極的に派手な雄を選り好み，選択してきた結果であることが推定される．配偶者を選択する際の，雌による選り好みを female choice と呼ぶ．一方，雄が雌を選り好む場合は male choice ということになるが，このようなケースはほとんどないようである．脊椎動物においては，特に雄の生産する精子にはコストがほとんどかからず，栄養値の高い卵を生産する雌では，卵そのものや，子育てに大きなコストがかかり，雌が慎重に雄を選ぶ側にあるのであろう．ホ乳類では 95% の種は雌のみが子育てを行う．

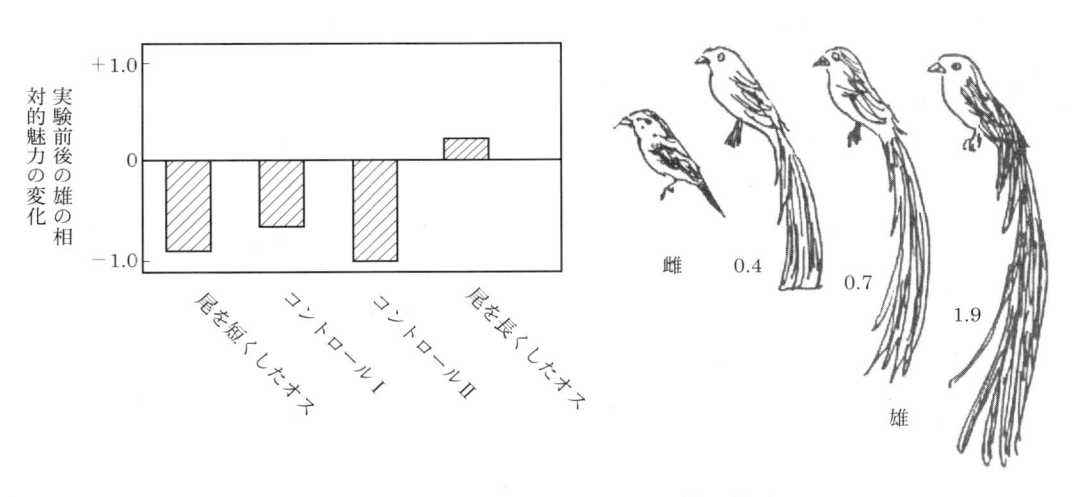

**図 1-8-1　コクホウジャクの雄の尾羽の長さと雌の誘因率**
コントロール I：尾を切りすぐにもとに張り付けたもの．コントロール II：足輪だけつけたもの．右図雄の数字は確保できた巣の数．
（Anderson，1982 より作成）

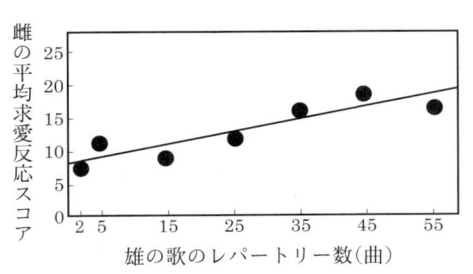

**図 1-8-2　スゲヨシキリの雄のレパートリーサイズと雌の求愛反応の強さ**
（Catchpole，1987 より作成）

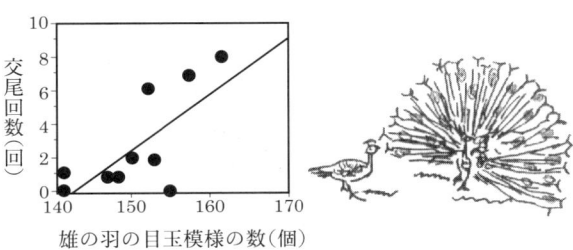

**図 1-8-3　クジャクの雄の目玉模様の数と交尾回数**
（Petrie，1983 より作成）

(1) 雌は何を選んでいるのか

　コクホウジャクでは雄の尾羽根の長さを雌が見て選んでいることが判明している（図1-8-1）．そのために，尾羽根を短く切るとその雄は雌個体の相手にされなくなり，その一方，尾羽根を尾羽根の先端に張り付けて人工的により長い尾羽根にした雄には雌が集まる頻度が増加する．スゲヨシキリではさえずりのレパートリーの多い雄が好まれ（図1-8-2），ツバメでは尾の左右対称な個体が雌に好んで選ばれていた．クジャクでは，とりわけ目玉模様の多い雄個体が雌に選ばれることが分かっている（図1-8-3）．

　昆虫のツマグロガガンボモドキは婚姻贈呈と呼ばれる面白い行動を示す．つまり，雄は雌に餌であるハエなどの昆虫を差し出すのである．贈呈物が小さいと雄は見向きもされないが，大きいとそのサイズに比例して交尾できる時間が長くなり，受精確率が高まる（図1-8-4）．

　グッピーでは2つの基準で雌が雄を選んでいる．すなわち雄の黄色部の面積の大きさと紅色の斑点の大きさである．以上のように，雌が雄を選ぶ基準は種によってまちまちであるが，いずれも評価基準は1つ2つの形質であり，多変量的な選択はなされず，単純なものである．

　オオバンの場合，太った雄が雌により好まれる．オオバンは卵の約70％の時間は雄が抱卵し，皮下脂肪の多い雄ほど長く抱卵できるので，雌にとっては太った雄はより好ましいパートナーである．しかし他の多くの例では有利な形質とは思えないものが多い．なぜクジャクの雌は羽根のような，一見意味もなく派手で生存に役立ちそうもない形質を見て雄を選択しているのだろうか．考えられることとして，クジャクの羽根がある遺伝子と関連していて，雌は自分の子のためにその雄の精子に含まれている遺伝子の質を選んでいるということである．

　このような雄の形質の進化に対してはいくつかの仮説が提唱されている．ここではコクホウジャクを例に3つを紹介しておくが，その他，優良遺伝子仮説，感覚便乗仮説，つり合い仮説などがある．

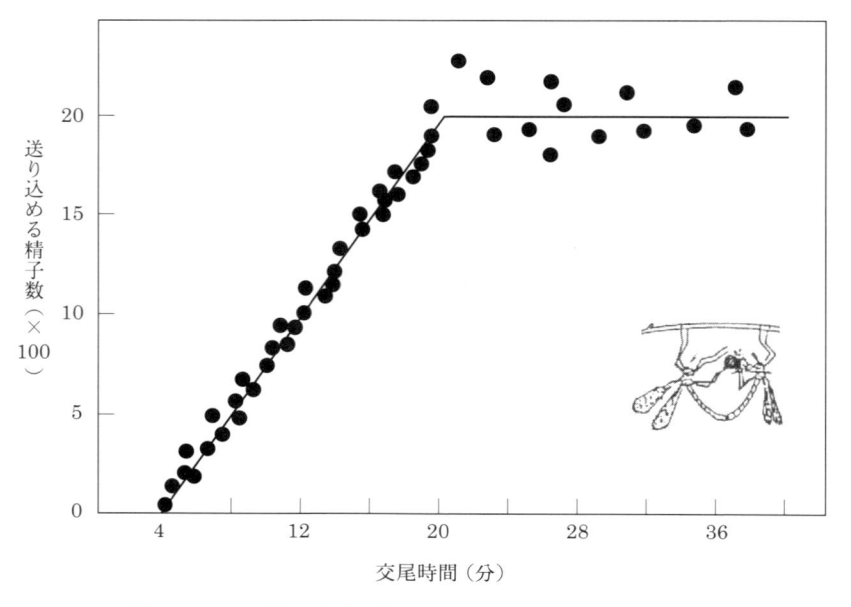

**図1-8-4　ツマグロガガンボモドキの交尾時間と送り込める精子数**
雌に贈呈する餌のサイズが大きいほど交尾時間は長くなる．(Thornhill, 1976より作成)

① ランナウェイ仮説（Fisher, 1930）
　長い尾を持つ雄ほど，個体の生存力において優れており有利な遺伝子を持っている．これに長い尾を好む遺伝子が雌に生じると集団中にこの遺伝子が広まり，生存上の不利益とつり合うところまで長くなる．
② ハンディキャップ仮説（Zahavi, 1975, 1977）
　長い尾は生存上不利で，言わばハンディキャップである．しかしそのような個体が生存していることは，その個体はその長い尾を補うだけの生存上有利な遺伝子を持っていて，雌は長い尾を指標にして強い雄を選択している．
③ 寄生虫説（Hamilton & Zuk, 1982）
　長く立派な尾や派手な色彩は寄生虫への抵抗性の強さの程度を示し，雌は寄生虫に抵抗力のある強い雄を選んでいる．

　ランナウェイ仮説は雌の指標となる長い尾は有利という視点にあり，ハンディキャップ仮説では長い尾は生存上不利でハンディキャップ形質となるが真に選ばれる有利な形質と相関しているという視点にある．寄生虫に対する抵抗性の高い雄を選んでいるという寄生虫説は，有性生殖を行うための性の進化は，次々とやって来る寄生虫に対抗するためのものであるという考えにも関連している．

　いずれの仮説にせよ，雄の持つ遺伝子の質が形態に反映し，雌はその形態を見て選り好みをしていると考える．そして，生存・繁殖上有利な遺伝子を持つ雄を選び，その遺伝子を自分の子に伝えるようにしていると予測される．現在のところ，何が有利であるのかまだはっきりしないが，可能性として免疫力の強さ，病原菌や寄生虫に対する抵抗性の強さなどが考えられ得ることであろう．
　ヒトの場合はどうであろうか．女性が男性を選ぶだけではなく，男性も女性を選び，かつ選択基準は多変量的で，複雑な要素が入り混じっていると言えよう．女性の方も男性に選ばれる工夫が見られ，例えば化粧や服装はこれにあたる．これらは，私達の文化や価値観の中に生物学的根拠を持つものがある例と言えるだろう．

(2) 雄の雄他個体に対抗する戦術
　自己の子孫を残すために進化してきた興味深い行動様式が存在する．体外受精を行う魚類やカエルでは大形の雄が縄張りを作り，その縄張りに雌を呼び寄せ産卵させた際に，物陰から飛び出し，雌の卵に精子をふりかけ受精させてしまうスニーカーと呼ばれる個体が存在するものがいる．また，有蹄類や鳥類の中には，未成熟雄や雌のような色彩や形態をして，縄張り雄の周辺をうろうろし，時々雌との交尾の機会を得るサテライトと呼ばれる雄個体が存在する．
　ウスバシロチョウやギフチョウのように，種によっては交尾後に雌の腹端に交尾栓を作り，他の雄の交尾をさまたげるものがある．カワトンボでは，交尾後雌個体を警護し，自己の精子と卵

との受精確率を高めようとする行動が見られる．また，トンボの中には交尾器にへら状の特別な構造物が形成され，前の雄の精子をこれでいったん掻き出し，自己の精子を雌の貯精のうに残すものなどが見られ，精子レベルでの雄間の様々な競争が見られる．

**参考文献**

Anderson, M. B. 1982. Nature, 229: 818.
Catchpole, C. K. 1987. Tend. in Ecol. Evol., 2: 94.
長谷川真理子 1993. オスとメス＝性の不思議，講談社現代新書．
Otte, D. & K, Stayman, 1979. In M. S. Blum & N. A. Blum (eds.) Sexual selection and reproductive competition in insects, Academic Press, 259-292.
Petrie, M. 1983. Science, 220: 413.
Takahata, Y. 1982. Primates, 23: 1.
Thornhill, R. 1976. Amer. Nat., 110: 529-548.

## 9. 親と子の関係

生物の親は，子作りを行い，種によっては子育てをする．子を育てる場合，餌を確保し子に与え，外敵からの防衛を行うことが親の主な仕事となる．生物学的には生殖とは自己の遺伝子の伝達・拡大を行うためと説明される．ただし，親による子の保護の程度は，種によってまちまちであり，子に保護を加えない生物もまた多い．このように生物は，孤独性であるものから長く子の保護を行うもの，さらには兄弟姉妹に育てられる真社会性のものまでが見られる．これらの相違は何によるものであろうか．自己の遺伝子を残そうとする試みは，子作りのための配偶者選択の段階からすでに始まっている．ここでは子作り，子育ての2つの観点から生物を観てみたい．

### (1) 子作り
#### 1) 産卵様式

親は産卵のみで，親子の関係が成立しない種は多い．しかし，それでも親は子供のことを思っているかのごとく振る舞う様相を見せる．例えば，卵を物陰や窪みなどの安全度の高い所に産む，多くのチョウ類が行うように卵を子の食物の中に産み，卵から孵った幼虫はその場で食草にありつけるなどが見られる．卵を保護物質で包み込むものも見られ，甲虫類のムシクソハムシでは糞で自分の卵を包み込みカモフラージュする．両生類や鳥類，魚類のサケ，マスでは卵黄に富む卵を産み，卵黄は子の栄養分となる．

マムシやアブラムシ（アリマキ）では卵胎生と呼び，卵を体内に留め，体内で孵化させる．そのために，これらの動物では一見，子が直接母体から生まれてくるように見える．これによって，動けない卵は捕食者から免れることが可能となる．

## 2) 産卵回数

一年生草本や多くの昆虫類のように一生に1回だけ繁殖するものがある．これらは，親の寿命が短い生物である．サケは2，3年で母川に回帰し，産卵を行い，その後に死を迎える．例外的なものとして，ササ類が挙げられる．ササはもっぱら栄養生殖で増殖し，花を一度咲かせ，結実した後に枯れる．開花は種によっては100年に1度である．その一方，ホ乳類では雌は生理的寿命まで，一定の間隔で子を産み続けるものが多い．

## 3) 産卵（子）数

種によって多様である．魚類での1回の産卵数を比較してみると，マンボウの1〜2億個からウミタナゴの数十個，そして軟骨魚類のエイやサメ類の10個体前後までまちまちである．ホ乳類では胎生で，胎盤で長く子を育て，かなり大きく育った後に産み出されることから産子数は全般的に少ないが，1回の産子で数十個体を産子するものから，霊長類のように通常1回の産子で1子産子するものまでが認められる．

### (2) 子育て

動物の中で親と子が同居する様式を家族性と呼び，親子の関係が成立する．子育てには母親のみが行うもの，父親が行うもの，両親によって行われるものがあり，社会性昆虫では兄弟姉妹が子を育てる．

母親による子（仔）の保護は，カメムシ（卵），ハサミムシ（卵），ムカデ（卵），ワニ（卵，子）などで見られる．その一方で，父親による保護の例は非常に少ない．昆虫のコオイムシは雄の背中に卵が産み落とされ，雄個体と卵が行動を共にすることになる．魚類の口腔養育の例はよく知られており，イトヨやテラピアなどがこれを行う．またタツノオトシゴでは雄の腹部に育児

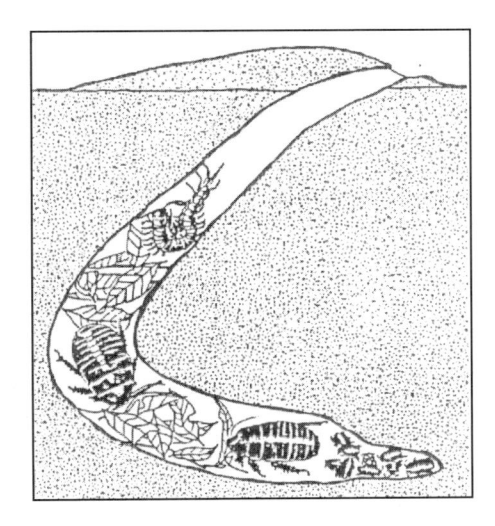

図1-9-1 家族生活をするヨロイモグラゴキブリ
父親，母親およびそれらの子が見られる．
（Matsumoto，1992をもとに描く）

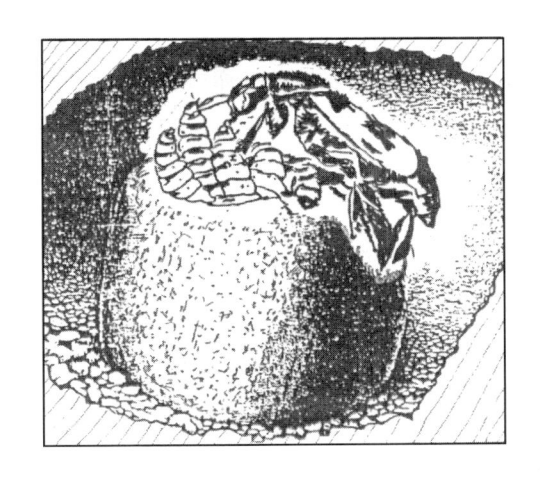

図1-9-2 肉団子で子を育てるモンシデムシの一種（*Necrophorus vespillo*）
（Wilson，1971をもとに描く）

のうと呼ばれる袋があり，雌はここに卵を産み，この中で卵が孵る．よって，タツノオトシゴでは，一見雄から子が生まれてくるように見える．

両親による子の保護が見られる例としては，鳥類，ホ乳類，昆虫のヨロイモグラゴキブリやクチキゴキブリなどが挙げられる．これは，親子の関係の強い動物と一般的に言えよう．鳥類は通常一夫一妻制をとり，雌雄共同で巣を作り，卵を抱卵し，ヒナに給餌する．ただし不倫も多いという報告がある．ホ乳類は胎盤を持ち，生まれた後には子に乳を与え，外敵からの保護を加える．しかし，両親で子育てを行う種は少なく，わずかに5%程度である．また両親が子育てを行う種の中では一夫多妻制のものが多い．夫婦で子育てをする一夫一妻制のタヌキはホ乳類では少数派に属する．

ミツバチやアリ，シロアリなどの社会性昆虫では，女王と呼ばれる雌個体が産卵のみに従事し，それ以外の仕事は働きバチ，働きアリが行っている．卵から孵った子の面倒を見る働きバチ，働きアリは子から見ると姉や兄にあたる．真社会性の進化については後述する．いずれにせよこれらは家族性の形成後に派生したものと推定される．

### (3) 多産・無保護と少産・有保護

以上のような子作りと子育ての様々な様式の間にはどのような関係が存在するのだろうか．ラックの理論（Lack, 1954）によると，産卵（子）数と親による子の保護の程度の大きさは，総エネルギー量をどのように利用するかの問題として捉えることができる．子作りに費やすエネルギーと子育てに費やすエネルギーの和を考えた際に，各々の生物は総和の最大限まで利用しているが，エネルギーの投資の仕方が種によって異なる．つまり，親が子を養育しない動物では，卵はその生体重において親が生理的に作り出し得る限界近くまで産まれる．しかし，親が子を養育する動物では，産卵（子）数は，養育の度合いと反比例し，養育期間，つまり親の子に対するエネルギー投資量の短い種では比較的多くの子を1回で産み，養育期間の長い種ほど1回で産卵される子の数は少なくなる．卵においても，産卵個数の多いものほど，1つの卵は小さく，栄養分に欠き，栄養分の多い卵を産むものは，産卵個数は少ない．

以上から，多産のものは無保護であり，親による子の保護が強く加わるものほど，少産ということになる．

### (4) 子の親離れのタイミング（親と子の葛藤）
#### 1) 親による子の操作

親は子の世話をし，それによって子の生存率を高めるが，同時に次の子を産むための投資能力は減少する．よって，どこかで投資を停止しようとする．一般的に親が子に与える影響の方が強いとされる．子の産み方，養育期間の長さ，子への投資量など，様々な方法で親は子を操作していると考えられる．トライバース（R. Trivers）は子供と父または母との間で利害が対立し，争いが起こり，これによって子の親離れがなされると考えた．特にこれは，子育て期間終了期に顕著で，時としては激しい攻撃行動が見られることもある．

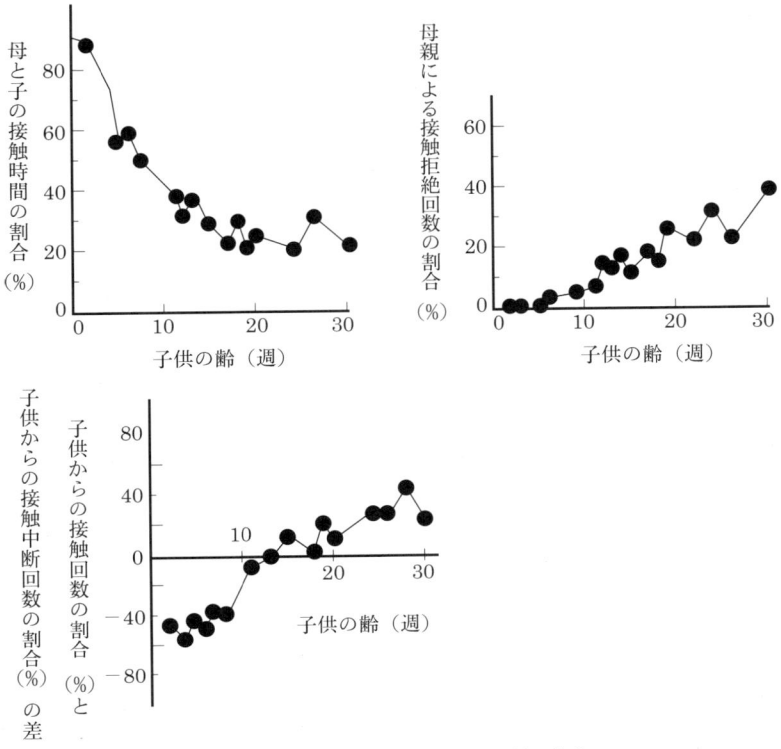

**図1-9-3 アカゲザルの母子関係の変化**
子供が成長するにつれて母親との接触時間が少なくなり、母親による接触拒否回数が増していく.
(Hinde, 1977より)

### 2) 子による親の操作

　子にとってみると，親からの自分に対する投資をさらに継続させようとする．そのために親と子の間で，時間の経過と共に親の子への投資の減少と子の親からの投資の引き出しとの軋轢が強くなり，ここで対立が生じる．その結果，どこで投資を打ち切るか，親から離れるかの葛藤が生じることになる．

#### 参考文献
Hinde, R. A. 1977. Proc. R. Soc. London, B. 196: 29-50.
Lack, D. 1954. The natural regulation of animal numbers, Clarerdon Press.
Matsumoto, T. 1992. Zoological Science, 9: 835-842.
Trivers, R. 1974. Social evolution, The Benjamin Cumming Publishing Campany.
Wilson, E. O. 1971. The insect societies, Harvard University Press.

## 10. 種内の関係

　一般的に「社会」という言葉にまずイメージすることは，「世間」とか「世の中」といった漠然とした私達の生活の場ではなかろうか．それらをさらに具体化していくと，地球上の全人類から

国家，都市，村落，さらには会社，学校といったいく層もの段階があるとしても，ともかく複数の人々が共同生活を営む単位を考えるであろう．ヒトは高度で複雑な社会の中で日々を送っているのである．この「社会」という言葉を初めてヒト以外の動物集団に用いた人物はフランスの社会学者のエスピナス (A. V. Espinas) で，1877 年に著した『動物社会 (Des sociétés animales)』に登場するそうである．「社会」という言葉は人文，社会科学を含めた私達の活動すべてを包含してしまう幅広さと，人によって様々な捉え方がなされるといった曖昧さを持つことから，生物学の場で論議を進めるためには，生物学で用いる「社会」の定義を定めておく必要があろう．

(1) 生物の社会について

まず，動物の群れのでき方に着目しよう．複数の個体が集合している際に，その集合に何らかの相互作用が存在し，組織づけられた集合が存在する．その一方で，岩礁に群れをなして張り付いているフジツボの集合や越冬しやすい場所へ周辺から集まってきたテントウムシの集団のように，組織づけによるものではなく，各個体がそれぞれ独立に環境条件に反応して集まっているにすぎない集合もある．あるいは，波に寄せられるなどの物理的外圧で各個体が強制的に 1 か所に集まってしまった集団も有り得るであろう．ここでは集団現象即社会現象とは捉えない．よって，上述のような機会的な個体の集合は社会とはみなさない．まずは，集団中に何らかの種内相互作用が認められる場合に限って「社会」と呼べるものであると定義立てておきたい．

動物の社会と呼ぶ場合に，常時集団で存在し，その中において仕事や役割の分業など，個体間に強い結合や組織化が存在する場合（例えば後述するニホンザルの群れ）を連想する人が多いと思うが，実は「社会」という言葉が 2 つの意味で使われているので注意を要する．ニホンザルの「社会」は言わば社会制の意味である．これに対して，同種個体間に見られる関係の総体を表す言葉としても「社会」が使われ，こちらは種社会の意味である．この中に雌雄関係，親子関係，縄張りなどの空間的関係や優劣関係などの様々な社会関係が認められる．歴史的に見ると，順位制とか縄張り制といった典型的な社会構造が存在する場合を社会と呼ぶ捉え方が古くからあった一方で，「いかなる生物も単独で生活することはない」といった観点から社会をすべての動物種に認める考え方もある．確かに種内での他個体との関わり，つまり種内相互作用（行動学では社会的行動と呼ぶ）のまったく存在しない動物はいないであろう．さらには，群れを作って生活する動物は多く，動物の集団を社会の 1 つの単位として捉えつつなされた研究は多い．今日では，すべての動物にそれぞれの社会（種社会）が存在するという理解の仕方が生態学や行動学では一般的となっている．蛇足ながら，植物社会学の「社会」は動物の社会とはまったく別の意味で使われており，この辺は生物学で適用する用語として，混乱をきたさないよう改善を必要とする部分である．

(2) 個体相互の関係

個体群の組織化，つまり群れの中で一定の秩序を保つ働きの代表的なものとして縄張り制，順位制，リーダー制が挙げられよう．これらは個体群における組織化の初期段階のもので，ニホン

ザルの社会のような高度な社会では，これらの構造を包含し，さらに分業制などの構造も加わってさらに複雑な形態を形成しており，このようなものを特に社会制と呼んでいる．

1) 縄張り制

　各個体が一定の生活空間を占有し，他個体の侵入を許さない行動様式を縄張り制と呼ぶ．これによって食物や生活場所の確保，あるいは配偶者の獲得，確保を行っている．川底の藻類を餌としているアユは1匹につき約 $1m^2$ の面積を縄張りとして確保していることが知られている．ただし個体群密度が高くなると，体の大きい個体が縄張りを確保し，体の小さい縄張りを作れない個体が群れるようになる（図1-10-1）．餌資源の確保を目的とした縄張り制は，餌の量が限られた動物に発達する場合が多いのであるが，アユでは餌不足は起こらないようである．そのため，アユの縄張り制は餌資源が少なくなった氷河期の適応様式で，その時に獲得した行動様式が今日まで消えずに引き継がれているのだと推定されている．

　配偶者の獲得，確保の面では，雌の産卵場所としての巣を作るトゲウオの雄や1頭の雄が30〜40頭もの雌を確保するオットセイの例などが挙げられる．また高山のハイマツ帯に生息するライチョウでは，強い雄ほど条件の良い場所に縄張りを作るといった順位のある縄張りを作ることが知られている．

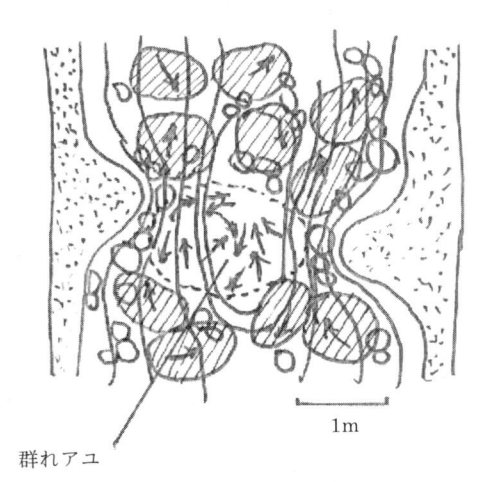

図1-10-1 アユの縄張り
密度が高くなると縄張りを持てない個体が集合した群れアユが生じる．

2) 順位制

　集団中の個体間に優劣の順位が存在する場合，この個体間の上位下位の関係を順位制と呼ぶ．例えば，異なった群れにいるニワトリを集めて，1か所に放すと最初はあちらこちらで盛んにつつき合いを始める．しかし，しばらくするとつつき合いはほとんど見られなくなり，下位の個体が餌を食べている所へ上位の個体がやって来ると，下位の個体は争うことなく上位の個体に場所を譲るようになる．順位制は個体間の不必要な争いを減少させる効果を持つ．ニワトリの例は有名であるが，そのほかシカ，オオカミ，サルといったホ乳類には多く見られ，さらには，昆虫においても観察されている（表1-10-1）．その他，直接的な攻撃行動以外の様式で優劣関係が決まるものとして，クジャクの雄（尾羽の目の玉模様の数が多いものほど優位）やシオマネキの雄（ハサミの大きいものほど優位）などのように儀式化されたものが知られている．

表1-10-1　オーストラリアに生息するコブハリアリ属（*Pachycondyla*）の一種の巣内で見られた順位制

| 働きアリ個体 | 優位行動を示した相手 |  |  |  |  |  |  | 合計 |
|---|---|---|---|---|---|---|---|---|
|  | A | B | C | D | E | F | G | H |
| 上位 A | + | 34 | 17 | 18 | 4 | 2 | 20 | 2 | 97 |
| 順 B |  | + | 2 | 4 | − | − | 1 | − | 7 |
| 　 C |  |  | + | 4 | − | 2 | 3 | 1 | 10 |
| 位 D |  |  |  | + | − | 1 | 1 | − | 2 |
| 　 E |  |  |  |  | + | 1 | − | − | 1 |
| 　 F |  |  |  |  |  | + | 1 | − | 1 |
| 　 G |  |  |  |  |  |  | + | − | 0 |
| 下位 H |  |  |  |  |  |  |  | + | 0 |
| 合計 |  | 34 | 19 | 26 | 4 | 6 | 26 | 3 | 118 |

このアリでは働きアリどうしが出合った際に，上位の個体は優位行動（相手個体の頭部を触角で連続的にたたく）を取り，劣位個体はその際に触角を縮め頭を低くしてじっとしている．表中の数字は優位行動の回数を示す．
（Ito & Higashi, 1991をもとに作成）

### 3）リーダー制

集団の中で，特定の個体が群れを統制することをリーダー制と呼ぶ．リーダーは群れ全体の行動を導き，危険から回避させたり，獲物を効率よく捕らえたりして，群れ全体の利益を守る．リーダーとなる個体は，その群れの中で順位が最高のオス個体がなる場合が多いが，体力のみが評価されるのではなく，経験の豊富さがリーダーの条件となる場合も多い．よって多少齢を重ねた個体がなる場合も多く，例えば，スコットランドのアカシカでは経験を積んだ雌が，アフリカゾウでは最長老の雌個体がリーダーとなっている．また，ツルやガンの渡りで先陣を切って飛んで行く個体がその群れを先導するリーダーであるが，それらはいく度も渡りを行った経験豊富な個体である．その他，体力や経験に関係なく最初に敵を見つけた個体がリーダーの役をするシカやニワトリの例もある．

### 4）高度に組織化された社会（社会制）

サルやトナカイは複雑な個体間関係のもとに生活する代表的な動物である．特に，日本におけるニホンザルの研究は量，質共に世界的にも高い評価を受けている．下北半島のニホンザルがヒトを除く霊長類の中では最も北に生息するものであることをご存じだろうか．温泉につかるサルや芋洗いをするサルなど，私達が文化と称しているものを考える際に示唆を与えるような行動様式も見られる．これらの社会では，家族が基本単位となりつつ，群れ全体が役割の分担，協

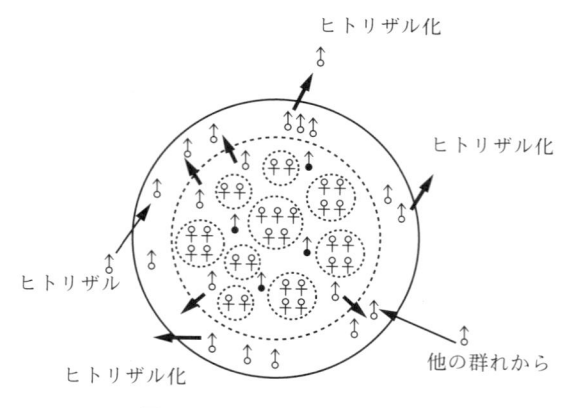

図1-10-2　ニホンザルの社会構造
母系社会で雄のリーダー（♂）のもとで血族の雌の集団がグループとなり，これらが集まってできている．雄は少年期に群れから離れ，成雄になると他の群れに入って行く．

力，分業などによって統制されている．

　ニホンザルの社会では性別や成長の違い，力の差による階級があり，それぞれが生活場所を分けて生活し，階級によって役割が異なっている．つまり分業制が見られる．群れの周辺には若者ザル，中心部に雌ザルや子供ザル，そして雄のリーダーがいる（図 1-10-2）．リーダーは通常複数個体おり，雌ザルや子供ザルを保護し，仲間を外敵から守っている．複数いるリーダー階級の中で最上位の個体を α 雄（いわゆるボスザルと呼んでいるもの）と呼んでいる．ただし，かつて言われていたように α 雄が集団全体の行動の指揮を取るわけではない．いずれにせよ，このような役割分担を行うことにより，食物確保や危険回避の能率化が実現されている．ヒヒの社会にも基本的にニホンザルと同じ社会構造が見られる（図 1-10-3）．

　トナカイの社会では通常数十頭が行動を共にし，1 つの群れの中にさらに均衡のとれた性質を持つ個体からなる複数のグループができる．群れの先頭を行くグループは性質の荒い個体からなっており，この中にリーダーがいる．

**図 1-10-3　移動中のヒヒの群れ**
2 頭のリーダー（格子をかけた個体）が群れの中心部におり，その他の成雄（横線で示した個体）は群れの先頭や後尾にいる．（Hall & De Vore，1965 の図より）

　同じ霊長類と言っても，サルの種類によって組織化のレベルは異なり，群れとなっても順位があまりはっきりしないものや，リーダーの存在しないものなど様々である．また，ゴリラのように 1 頭の雄を中心に家族的な小グループを形成して生活するものもある．政治をするサルがヒトだなどとよく言われるが，生物学的側面以外の多くの要因が複雑に交錯するヒトの社会は，単純に他の動物社会と同義には扱うべきでないであろう．仮に生物学的側面からアプローチをかける場合であっても，生物学的な論理が適用できる限界を十分慎重に見極めて発言する姿勢を崩すべきではないと考える．

### (3) 真社会性昆虫

　「真社会性（Eusociality）」というヒトの社会のさらに上をいくような言葉が存在する．アリ，シロアリ，アシナガバチやスズメバチ，そしてミツバチやマルハナバチを真社会性昆虫とか社会性昆虫と呼んでいる．これらの昆虫は強大な巣を作って生活し，巣の中には女王がおり，多数の

働きアリ（バチ）や兵アリ（バチ）といった労働階級が存在し，あたかも1つの巣が1つの国家のように見受けられる（図1-10-4）．また，馴染み薄であろうが社会性アブラムシの他，近年，社会性アザミウマや社会性ナガキクイムシも発見されている．

　まずはアリの社会を覗いてみよう．女王は働きアリから餌をもらい受け，もっぱら産卵のみを行っている．女王は1頭しかいないように思われがちだが，近年アリの世界では1つの巣中に複数の女王がいる種類が結構多いことが分かってきた．そして働きアリは探餌，幼虫の世話，巣の掃除や防衛といった産卵以外の一切の仕事を行っている．働きアリを詳しく見ると，種によっては頭部が発達し体ががっしりとした個体が混ざっている．これを特に兵アリと呼んでいる．これらの働きアリや兵アリはすべて女王が産んだ卵から育ったものである．しかも兵アリも含めてこれらはすべて雌である．女王アリは雄雌を産み分ける能力を持っており，通常は雌のみを産んでいる．大量に産み出される産卵能力のない雌個体を働きアリと呼んでいる．さらに，女王は長命である．室内飼育の記録では，女王アリの寿命の世界記録はヨーロッパトビイロケアリ（*Lasius niger*）の29年，これに次ぐものがキイロケアリ（*Lasius flavus*）の22.5年である．働きアリの寿命は通常半年程度，長くて1年である．以上のことから生理的には大きな差があるものの，女王と働きアリの関係は一般の動物の母親とその娘の関係にあたる．

　これがシロアリになると，1つの巣中に数百万個体が生息していることさえあるが，それでもこれらはすべて女王の子供で，しかもシロアリの方は働きシロアリ，兵シロアリに雄も雌も存在する．つまり女王と労働階級の関係は母親と息子および娘の関係になる．

　働きアリや働きバチには生殖能力がない一方で，女王はこれらの労働階級なしでは生きて行けない．それゆえ，働きアリや働きバチは，独立した形態をしてはいるが，言わば女王の細胞や組織に該当するもので，いかに巨大なものであっても1つの巣が普通の動物1個体に相当するという見方も成り立とう．そのようなことから，真社会性昆虫のことを超有機体とか超個体的個体（Superorganisum）ともしばしば呼ばれている．かつて「青い鳥」の作者メーテルリンク（M. Maeterlinck）は，これらのアリやハチの社会に人間の理想の社会を投影させたが，実際はヒトやホ乳類の社会とは大きく次元の異なるもので，これらの昆虫の社会はどれほど個体数が多くてもせいぜいヒトの家族，見方によっては1個体に該当するものなのである．

　子供を産まない働きアリ（バチ）がいかに進化してきたかは社会生物学上の大きな研究課題の1つである．古くは「進化論」のダーウィン（C. R. Darwin）をも悩ませた問題である．社会性昆虫がこの世に存在することによって，彼の打ち立てた進化論は誤りであるかもしれないというほどに影響を与え，逆に言えば進化論の正当性を証明するためには是非とも解決せねばならない最大の難問の1つであった．ダーウィンの進化論では生存上有利な形質がより多く子孫に伝わっていかねばならない．しかし，働きアリは通常，子を産まないので，働きアリの真面目に働く遺伝子（概念的なものではあるが）は子孫に伝わらないのである．にもかかわらず働かない女王アリは過去も，そして今もひたすら働く働きアリを大量に産み出している．

　ホ乳類の社会と社会性昆虫の社会を比較すると，ホ乳類の社会では，集団を構成する個体の形態は基本的に同じで，かつ，生殖能力を持つ．また，個体の果たす役割は年齢とともに変化する．

一方，社会性昆虫の社会では，集団を形成する個体間に極端な形態分化や役割の分業化が見られ，基本的に女王個体のみが生殖能力を持つ．ただし，女王単独での生活はできない．同じ「社会」という言葉が用いられていても両者は著しく異なったものである．

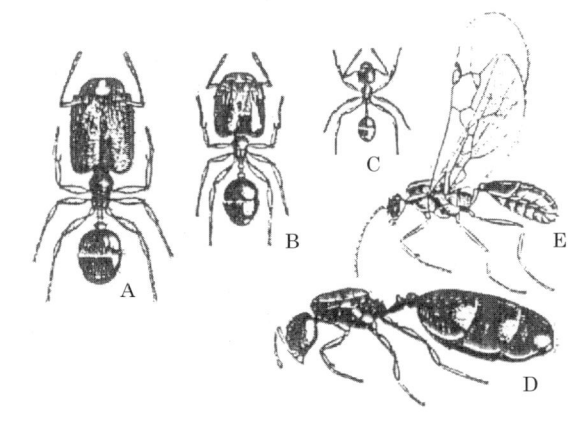

**図1-10-4 社会性昆虫であるアリ（オオヅアリの一種）のカースト（階級）**
A 大型働きアリ（兵アリ）； B 中型働きアリ
C 小型働きアリ； D 雌（女王）； E 雄．(Wheeler, 1910より)

### (4) 社会性昆虫の進化

社会性昆虫は，一般的には高度に組織化された集団（コロニー）を構成し，かつ構成個体にカースト（階級）があるといった特徴で示される．社会性への進化は系統樹と対応させると，シロアリでは1回進化であろうが，アリやハチのグループである膜翅目では少なくとも12～13系統で独自に社会性を進化させている．

キクイムシやアザミウマでは，これまでのところ社会性の種は1種から数種のみしか知られていないが，アブラムシではヒラタアブラムシ亜科とタマアブラムシ亜科に30種以上で兵隊アブラムシを持つものが知られており，少なくとも複数か所で社会性の進化が生じたと考えられている．ウィルソン（E. O. Wilson, 1971）は社会性に次の定義を与えた．

① 世代の共存： 親世代の成体と子世代の成体の共存．
② 共同育児： 複数の成体が共同してその集団の子を育てる．
③ 生殖分業： 生殖階級と非生殖階級が見られる．

この条件に照合させると，社会性キクイムシのミナミナガキクイムシや兵隊アザミウマは①から③のすべてを満たし，兵隊アブラムシは①と③の条件を満たしていることになる．よって，社会性昆虫を厳しく定義づけている人は，兵隊アブラムシには②が見られないことからこれらを社会性昆虫に含めない．

コバチ科トビコバチ亜科に含まれるハチの一種 *Copidosomopisis tanytmenus* では条件③を満たしている．この寄生性のハチは多胚生殖を行い，幼虫の体内に著しい数の胚ができ，それらの胚が幼虫となって，幼虫の体内から出現する．これらはクローンの関係にあり，これらの幼虫の中に成虫にならず防衛，攻撃に専念する兵隊カーストに相当する個体が見られる．

社会性への進化には現在2つの進化の道筋が示されている．1つは孤独性から前社会性，そして亜社会性を経た後に真社会性に達したもの．前社会性，亜社会性の用語は，共にいわゆる家族性である．前社会性は親子の単純な共存段階を持つもので，亜社会性は親子間に造巣や給餌を通じた親密な関係を持つ段階である．もう1つは亜社会性（家族性）から共同巣性，疑似社会性，

半社会性を経て真社会性への進化の道である．

真社会性への進化を説明するものとしていくつかの仮説が提唱されている．

① 血縁選択説（Hamilton，1964）

遺伝子共有確率で進化を説明しようとする説．血縁関係のAとBがある時，AがBを助けることでBが沢山子孫を残せるなら，A自身は子供を作らなくとも共有する遺伝子を次世代に残せるような行動が進化する，としている．特に「3/4仮説」と呼ばれ，雄は染色体が半数しかない単数体で，雌は2nの倍数体，つまり単数・倍数性の膜翅目では雌が非生殖階級として進化しやすいと説明される．アザミウマ目も単数・倍数性であり，兵隊アブラムシでは最初は1個体から集団がスタートすることから血縁度1のクローンである．

② 近親交配説（Hamilton，1964）

シロアリ目では雌雄共に倍数性であることから3/4仮説は適用されない．シロアリでは王，女王が死ぬと巣内で補充生殖虫が育つ．この補充生殖虫は生き残っている方の親と交配する．このようなことが起こると，血縁度が高まり，血縁選択説と同様の効果が期待できるとされる．

③ 親による子の操作説（Alexander，1974）

親が自分自身の利益に基づいて，子供の成長を操作して労働個体を作ったとする説．

④ 双利的共同説（Lin & Michener，1972）

環境が非常に厳しく創巣雌が1頭では子育てを行えない状況下では，血縁度が低くても生殖雌が集まった方が有利なら共同する，という説．社会性昆虫すべてには適用され得ないが，アシナガバチの多雌性（多女王制）などの説明には重要であると思われる．

(5) 真社会性ホ乳類

前述のとおり，昆虫の社会と呼ばれているものの実体は，多くの場合1つの家族が発達して大集団となったものに由来している．よって，ホ乳類の社会とは大きく異なる．ところが，真社会性昆虫とまったく同じ生活様式を持つ，言わば"真社会性ホ乳類"が発見されている．アフリカの砂漠地帯に生息するハダカモグラネズミ（ハダカデバネズミ）である（図1-10-5）．モグラネズミにせよデバネズミにせよ面白い名前であるが，形態は和名が示すとおり特殊である．体は円筒形で短足，皮膚がひどくたるんでいる．何よりも一部の感覚毛を除いて毛がほとんど生えてい

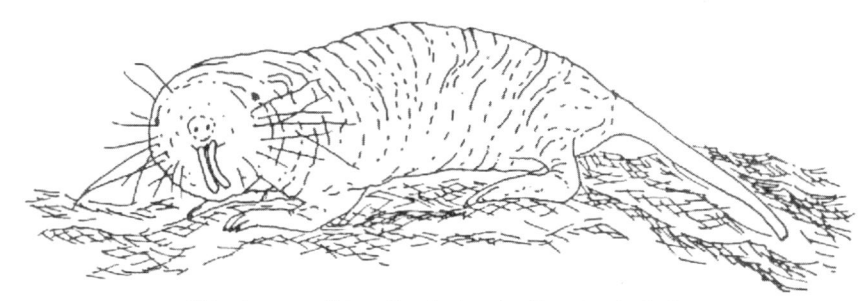

図1-10-5　ハダカモグラネズミ（ハダカデバネズミ）
（Sherman et al., 1991をもとに描く）

表 1-10-2　モグラネズミ類の体の大きさと社会性の様式

| 種　名 | 生体重（g） | 社会行動 | コロニーサイズ（頭） |
| --- | --- | --- | --- |
| ハダカモグラネズミ *Heterocephalus glaber* | 30 | 真社会性 | 60 |
| コツメモグラネズミ *Cryptomys hottentotus* | 70 | 真社会性 | 8 |
| ダマラモグラネズミ *Cryptomys damarensis* | 100 | 真社会性 | 20 |
| オオハダカモグラネズミ *Cryptomys nechowi* | 400 | 真社会性 | 40 |
| *Heliophobius argentocinerem* | 160 | 単独性 | 1 |
| *Bathyergus suillus* | 780 | 単独性 | 1 |

（松本，1994 による）

ない．地中生活のため眼は退化しているが，門歯は発達している．ホ乳類のくせに体温調節能力がほとんどない変温性である．また，ゲッ歯類（ネズミやリスの仲間）の中では成長が遅く，成体になるのに1年以上かかるようである．

このハダカモグラネズミが，1匹の女王を頂点とする真社会性の生活を送っていることが1981年にジャービス（J. U. M. Jarvis）によって初めて発表され世界中を驚かせた．その後，同じモグラネズミ類の中で，オオハダカモグラネズミなどの4種類がやはり真社会性であることが判明した．これらの種の生活史などの詳しい報告は比較的最近で，1990年以降続々となされつつある．

これらのモグラネズミ類はいずれも完全な地中生活を営み，地中にトンネル状に張り巡らせた巣に通常数十頭，時として百頭を越す集団で生活している．その中に生殖者である1匹の大きな雌（女王）と1匹から数匹の生殖能力のある雄，そして生殖には関与せずに巣内の一切の労働に従事する労働個体が存在する．労働個体はアリの社会に働きアリと兵アリがあるように，大型の個体と小型の個体が存在する．1996年に入って，大型の個体は日常はなまけものでほとんど働かないが，巣中の個体数が多くなりすぎると巣外へ積極的に出て行き，外で出会ったまったく知らない相手と交尾し生活を始めるという分散型個体であることが報告された．労働個体には雌雄が共に存在し，女王と特定の雄がつがいを形成し生殖を行っていることなどから，真社会性昆虫の中でもシロアリの社会に似ていると言える．女王はある種の化学物質を放出し，これによって自分の息子や娘の生殖能力を抑制し，労働に従事させていることも判明している．このような真社会性ホ乳類が1994年には北米からも発見された．こちらはハタネズミの仲間で *Micritus pinetorum* の学名が付けられており，やはり植食性かつ地中生活を送るものである．2頭から9頭の成体と幼体が同居し，成体に生殖者と非生殖者の役割分担がある．さらに，1996年に海から初めて真社会性の動物が発見された．サンゴ礁に集団生活を送るテッポウエビ科のエビの仲間で，複数種で真社会性が認められている．

### (6) 他者の利益と真社会性

真社会性の進化で最も興味深いことは，働き手や兵隊といった非生殖階級が生まれることだろ

う．本来生物は，自分の子孫をいかに多く残すかと言う究極の目的を持ちつつ生きている．にもかかわらず，非生殖階級の個体は自分の属する集団（巣）のためにせっせと働き，自分の直接の子孫はまったく残さない．もっともこれらの個体にとってみれば女王は自分の母親であり，集団は他人の寄せ集めではなく血縁関係の強い集団である．よって，この血縁集団であるということが重要な生物学的意味を持つことが考えられよう．ヒトを除く動物の世界で，血縁関係のないまったくの他者のために労働奉仕をすることはあり得ないようだが，血縁者である自分の家族のためならば苦労をいとわないように見受けられるケースがしばしば存在する．真社会性を獲得するに至った進化の道筋にはいろいろな可能性が考えられるが，いずれにせよ，家族生活をしていたアリやモグラネズミの祖先に，例えば天敵の蔓延とか食糧事情などの何らかの特殊な生態的圧力が加わり，その圧力から脱却する術として，家族集団中に非生殖階級を作り出して切り抜けたことが真社会性進化の1つの仮説として考えられ得るだろう．

**参考文献**

Hall, K. R. L. & I. De Vore 1965. In I. De Vore (ed.), Field studies of monkeys and apes, Reinhart & Wilson.
Ito, F. & S. Higashi 1991. Naturewissenschaften, 78: 80-82.
松本忠夫 1994. 科学（岩波書店），64: 484-494.
Sherman, P. W., J. U. M. Jarvis & R. D. Alexander 1991. The biology of the naked mole-rat, Princeton University Press.
Wheeler, W. M. 1910. Ants, their structure, development and behavior, Colombia University Press.
Wilson, E. O. 1971. The insect societies, Harvard University Press.

## 11. ヒトの遺伝

「カエルの子はカエル」という言葉があるように，子が親に似るということはごく一般的，日常的な事実の1つとして洋の東西を問わず古くから知られていた．しかし，この現象が親から子に伝わる遺伝子の発現の結果であることが判明したのはごく最近のことで，実質上メンデル（G. J. Mendel）の研究からスタートが切られている．

### (1) メンデルの遺伝の法則

遺伝学の基礎となるメンデルの遺伝の法則は，7年間にわたるエンドウの交配実験の結果によるもので，1865年に公表され，1866年に「植物雑種に関する研究（Versuche über Pflanzen-Hybriden)」のタイトルで論文として発表された．時代背景を考えると，19世紀にはメンデル以前にも子が親に似る現象についての探究がそろそろ始まっており，親から子に伝わる何かがあることはその当時すでに予想されていたことである．メンデルがいきなり遺伝子なるものを考えついていたわけではない．メンデル以前にも遺伝に関する研究が存在する．メンデルはエンドウの22形質に着目したが，論文中では7形質を対象とした．

「現在よく知られている優性，分離，独立の法則からなるメンデルの遺伝の法則はその当時の研究者達にはまったく認められず，メンデルは失意のうちに1884年に一生を閉じている．そしてその後，発表以降35年間も無視され論文の墓場に眠っていたメンデルの研究は，19世紀最後の年である1900年に，ド・フリース（H. de Vries），コレンス（C. Correns），チェルマック（E. Tschermak）という3人の学者によってそれぞれ別々に再発見され今日に至っている」

以上は書籍によく書かれている内容をまとめたものであるが，実際のところメンデルの研究は，それほど無視され，忘れさられていたようでもなさそうである．例えば，19世紀末の百科辞典にはメンデルの遺伝の法則が掲載されている．メンデルは論文が完成すると，当時の大人物ネーゲリ（C. W. Nageli）にそれを送っているが，酷評を受けている．コレンスはこのネーゲリの弟子で，少なくともメンデルの論文の存在を知っていた．他の2人も同様にそれなりの情報を持っており，追試を行ったところメンデルの主張が正しいことが判明した．これらの法則がコレンスの命名に従い，「メンデルの法則」と呼ばれるようになった．

### (2) 遺伝の法則とヒトの形質

エンドウやショウジョウバエの遺伝形質はよく研究されてきた経緯があり，書物によく紹介されている．ところがヒトの遺伝形質についてはあまり紹介されていない．実は，ヒトの遺伝の方がエンドウやショウジョウバエに比べて，思ったように資料が集まらず，よく分かっていないものが多いのが実情だからである．また，ヒトを例に取ると，ヒトを実験動物的にみなしがちになることもあるかもしれない．いずれにせよ，世代が短く，実験室での交配実験で大量なデータを集積できるショウジョウバエとは大いに異なり，ヒトでは世代が長く，人為的な遺伝子間の掛け合わせはもちろんとんでもないことである．

次に示した形質の内，遺伝するもの，しないもの，あるいはどちらとも判断を下せないものに区分してみていただきたい．

①髪の毛の色，②巻き毛，③二重まぶた，④ひとみの色，⑤鼻の高さ，⑥唇の厚さ，⑦つむじの巻き方，⑧えくぼ，⑨左きき，⑩体重，⑪ねこ舌，⑫寒がり，⑬せっかち，⑭おしゃべり，⑮ヒステリー，⑯音痴，⑰才能．

上に示したの①から⑨までは比較的強く遺伝的傾向が認められるもので，⑩以降は遺伝的背景を多かれ少なかれ持ちつつも，あまりはっきりとは遺伝様式が読み取れないものである．実は，メンデルの遺伝の法則にきっちりと従うことが確認されている形質は多くはない．それゆえヒトの場合，遺伝率という概念を導入し，その形質の遺伝のしやすさを数値で表す場合が多い．遺伝の計算問題に習熟している人は，これでは遺伝の計算ができないではないかといぶかしく思うかもしれないが，ヒトと言うより，生物の表現型の発現の仕方は複雑な様式のものが多く，計算問題を解くような単純なメンデル遺伝にはならないものの方が多いからである．私達の持つ表現型

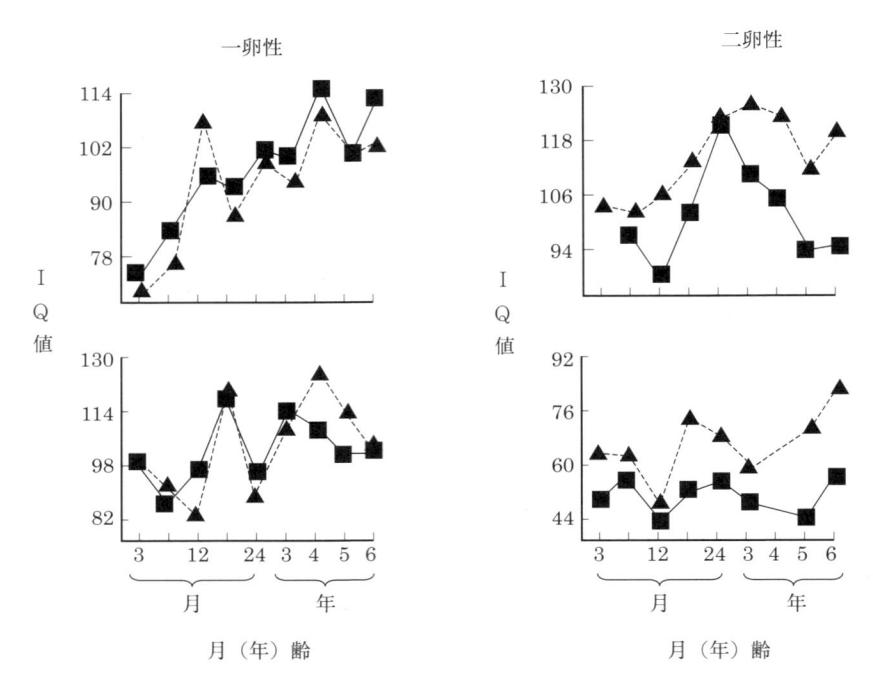

図 1-11-1　一卵性双生児と二卵性双生児のIQ値
左の2つが一卵性双生児を，右の2つが二卵性双生児を示す．(Wilson, 1978を参考に描く)

のかなりのものが多因子遺伝で，多数の遺伝子座が関与し，かつ多数の環境要因も関連しているものが多いことも指摘しておきたい．例えば身長や血圧，あるいはIQなどはこのような複数の遺伝子と環境によって決まると言われている．図1-11-1に一卵性双生児（まったく同一の遺伝子を持つクローンである）と二卵性双生児（兄弟姉妹の関係にあたる）とのIQ値の測定結果を示した．まったく同一の遺伝子組成を持つ一卵性双生児間のIQ値の類似度を，非常によく一致していると判断するか，クローンの関係にある割りにはこの程度の一致率と見るかは読者諸兄の判断におまかせしたい．

表1-11-1　一卵性双生児と二卵性双生児の間の様々な性格測定，身長，体重の相関値

| 形質あるいは特性 | 二卵性双生児 | 一卵性双生児 |
| --- | --- | --- |
| 外向性 | 0.25 | 0.52 |
| 神経症傾向 | 0.22 | 0.51 |
| 男性性－女性性 | 0.17 | 0.43 |
| 順応性 | 0.20 | 0.41 |
| 柔軟性 | 0.27 | 0.46 |
| 衝動性 | 0.29 | 0.48 |
| 身長 | 0.50 | 0.93 |
| 体重 | 0.43 | 0.83 |

1.0は完全な相関を示し，0は相関がないことを示す．
(Bouchard, 1984より)

「マキュージック遺伝子カタログ」という有名なヒトの遺伝子を扱ったリストがある．1994年版のものでは，メンデル遺伝をする形質は6,700種が存在し，そのうち約半数で遺伝子座が判明している．同カタログの1990年版ではこれらの遺伝子は1,656種が掲載されていたことから，近年，この分野での研究が急速なピッチで進んでいる様子がうかがえる．

### (3) 自分の遺伝子型は何か？

メンデルの優劣の法則にある程度従うと考えられている身体の身近な遺伝形質の例をいくつか示しておく．相手の表現型と組み合わせてどのような形質の子供が生まれてくるかを予測するぐらいのことは可能であろう．当然，問題演習のように単純にいかない場合も多く，仮に自分の家系図を作り遺伝子の伝わりを推定した際に矛盾が生じた場合があってもそれが誤りであると単純に断定してはならないことに注意して欲しい．また優性の優は優秀の優とはまったく関係なく，単に遺伝子の発現様式を優，劣という言葉で表現しているだけにすぎない．英語ではdominantとrecessive，中国語では顕性と隠性という言葉を用いており，こちらの方がつまらぬ誤解を招かない点で日本語の優性，劣性よりも優れた表記であると個人的には思っている．日本語でも別称として顕性，潜性という言い方がある．

① まぶた： 二重まぶたが優性，一重が劣性とされている．片方が二重でもう一方が一重とか，朝起きた時は一重だが夕方になると二重になる人が結構いるようである．

② ひとみ（虹彩）： 色の濃い方が優性で，黒＞褐色＞青＞灰の順に優劣関係がある．日本人では色彩に変異が乏しく，よって教室で授業中に前から眺めると頭髪，虹彩ともに単一の色彩となる場合が多い．

③ 髪の毛： 色については黒＞茶＞金の順に優劣関係があり，形状については波状毛（いわゆるくせ毛とか天然パーマと呼んでいるもの）が優性で直毛が劣性．ただし日本人では直毛の人の割合が高い．

④ つむじ： 左巻きが優性と言われている．

⑤ 福耳： いわゆる大仏様や大黒様の耳で，耳たぶが葉状に広がったものを言う．優性形質と考えられる．お金の貯まる縁起の良い耳の意味であるが，経済力も遺伝するとは思えない．

⑥ 巻き舌： 舌をU字型に丸めることのできる形質で，優性形質である．できない人は舌の左右をほとんど動かせない．

⑦ 親指の反転： 親指を反り返らせることのできる形質で，劣性と考えられている．

⑧ 腕組み： 腕を組んでみると左か右のどちらか一方特定の腕が必ず上になるはずである．右腕上が優性のようである．同様に指を組み合わせた場合も，左右いずれか特定の親指が上になるはずである．

⑨ 耳あか： 耳にはパサパサしたドライタイプ（乾性）と粘性を持つウェットタイプ（湿性）があり，ABO式血液型同様にメンデルの遺伝の法則に強く適合することでよく知られている．ウェットタイプが優性である．ABO式血液型と同様に人種，民族間で遺伝子頻度が大きく異なる．

その他，鼻は高い方が優性，唇は厚い方が優性であると言われている．

### (4) 遺伝率

実は遺伝現象は複雑で，メンデルの遺伝の法則に非常に高い確立で従う形質は非常に少ない．ABO式血液型や耳あかの遺伝などごく一部である．他の多くの形質はメンデル遺伝に従うとされていても，例外が頻繁に表れてくる．そのため，今日，ヒトの遺伝については遺伝率の概念で表現する場合がむしろ普通である（表1-11-2）．

表 1-11-2　先天異常の遺伝率の推定値

| 先天異常の種類 | 遺伝率（％） |
| --- | --- |
| 口唇裂 | 53±2 |
| 口蓋裂 | 62±6 |
| 心奇形 | |
| 　心室中隔欠損 | 42±8 |
| 　心房中隔欠損 | 60±9 |
| 　ファロー四徴症 | 66±9 |
| 　動脈管開存 | 66±10 |
| 　肺動脈狭窄 | 70±17 |
| そけいヘルニア | 64±3 |
| 先天性内反足 | 72±18 |
| 胃幽門狭窄 | 79±5 |
| 無脳症・二分脊椎 | 60-70 |

**参考文献**

Bouchard, T. J. 1984. Individuality and determinism, S. W. Fox (ed.), Plenum, 147-184.
Trivers, R. 1985. Social evolution, The Benjamin/Cummings Publishing Co.
Wilson, R. S. 1978. Science, 202: 939-948.

## 12. 遺伝学の歴史

19世紀末の1900年にメンデルの遺伝の法則が再発見されると，サットンら（W. S. Sutton et al., 1902）はメンデルの言う遺伝子の動きと染色体の動きが一致することにすぐに気づいた．そして，親から子へ直接伝えられるものは卵，精子といった配偶子であることから，遺伝子は配偶子中の染色体中に存在するだろうという，染色体説を唱えた．さらに，モーガン（T. H. Morgan）はキイロショウジョウバエを用いた遺伝の研究成果から，1926年に特定の遺伝子は染色体の特定の場所に存在するという遺伝子説を唱えた．サットンの染色体説をさらに緻密化したものである．この時代，遺伝子の本体は分からなかったのであるが，染色体中に存在するものとして，ある種のタンパク質が遺伝子であろうと考える学者と核酸が遺伝物質であろうと考える学者とがいた．そのような中で，遺伝子の本体を探る研究がスタートした．「遺伝子」の名称そのものは，ヨハンセン（W. L. Johannsen）が1909年に出版した書物の中で提唱した比較的新しいものである．

### (1) 遺伝子の本体

研究の先鞭をつけたのは，英国の細菌学者であるグリフィス（F. Griffith）であった．グリフィ

スは当時英国で流行していた肺炎連鎖菌を用いて興味深い実験を行った．肺炎連鎖菌には病原性を持つS型菌と非病原性のR型菌の2タイプが存在する．S型菌をマウスに注射すれば発病して死ぬが，非病原性のR型菌を注射してもマウスは死なない．S型菌を試験管に入れ煮沸したものをマウスに注射すれば，S型菌といえども煮沸によって体はばらばらに分解されることから，病原性はない．言わば熱湯消毒である．ところが，煮沸してばらばらにしたS型菌と生きているR型菌を試験管に混ぜ合わせ，この溶液をマウスに注射したところ，マウスは肺炎を引き起こして死んでしまった．マウスを解剖した結果，煮沸して体がばらばらになっているはずのS型菌が存在した．不思議なことにS型菌が蘇っていたのだ．因果関係では，マウスに肺炎を引き起こさせないものの組み合わせであるので，肺炎は起こらないはずのところが，意外な結果となったのである．グリフィスはこの現象を形質転換と名づけ，S型菌の何かが作用してR型菌をS型菌に作り替えたものと判断した．やや時期を遅れて，この実験の重要性に米国のエイブリー，マックロード，マッカーティ（O. T. Avery, C. MacLoad, M. MacCarty）が気づいた．形質転換を引き起こした物質こそ遺伝子そのものであろうと，エイブリーらはS型菌を破砕し，遠心分離器にか

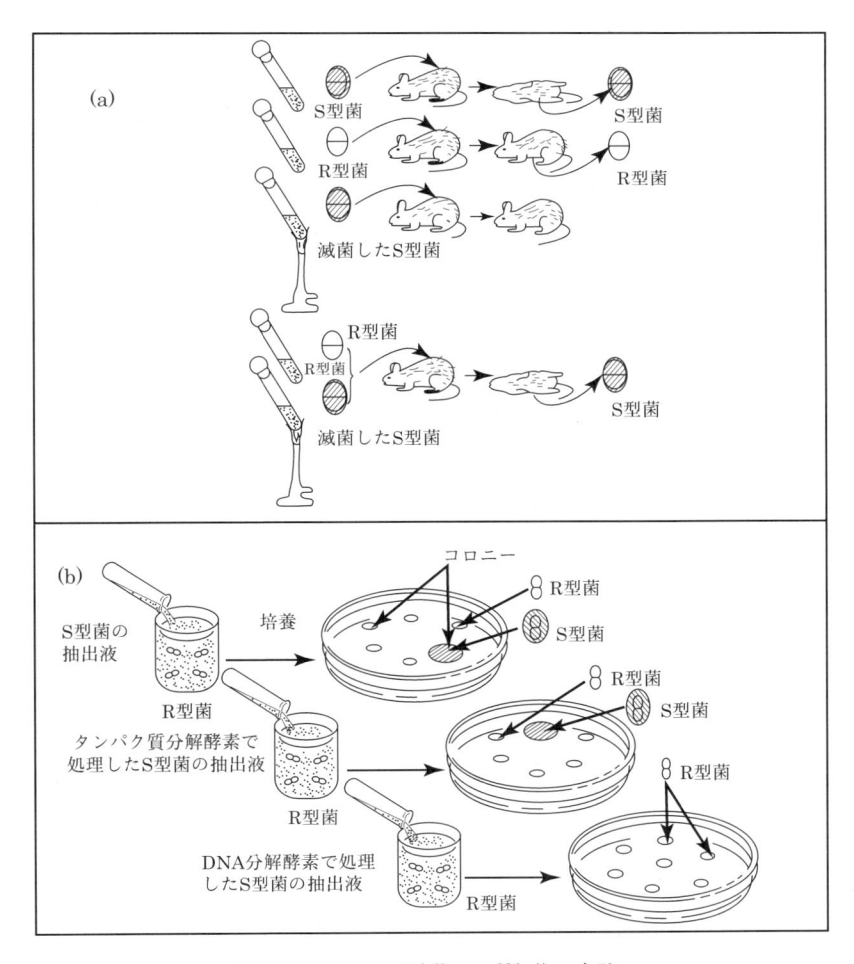

**図 1-12-1　肺炎連鎖菌の形質転換の実験**
(a) グリフィス（1928），(b) エイブリーら（1944）．

け，DNA, RNA, タンパク質，糖の4成分に分け，これらをR型菌のいるシャーレに流し込んだ．またさらにタンパク質分解酵素やDNA分解酵素も加えた実験も行い，形質転換を引き起こすもの，つまり遺伝子はDNAであるという結論に至った．

遺伝子の働きについての研究では，1941～1945年の間にアカパンカビの栄養要求性突然変異株を用いてなされたビードルとテータム（G. W. Beadle & E. L. Tatum）の研究が見られる．この研究から1つの遺伝子は1つの酵素のみを支配しているという一遺伝子一酵素説が完成した．現在では，酵素は4次構造（サブユニット構造）を持つものが多いことが分かっており，かつ1つの遺伝子が支配するものは酵素ではなく1つのポリペプチドであることから，一遺伝子一ポリペプチド鎖仮説と呼んでいる．

1952年には遺伝子の本体がDNAであることを確定づける実験がハーシーとチェイス（A. D. Hershey & M. Chase）によっても行われた．1950年頃からバクテリオ・ファージが大腸菌に感染する際に，ファージの一部だけが入ることが分かっており，その物質こそが遺伝情報を担っているはずである．バクテリオ・ファージ（細菌ウイルス）はタンパク質とDNAの2つの成分のみからなり，かつ大腸菌の体表に取りつき，ある物質を体内に送り込む．それによって，大腸菌体内では新しい子ファージが大量に作り出される．ハーシーとチェイスは放射線同位体の $^{32}$P と $^{35}$S を使い，大腸菌の体内に侵入するのがDNAのみで，そのDNAの情報によって，大腸菌体内でタンパク質を含む完全なファージが作られることを確認した．

エイブリーらの実験やハーシーとチェイスの実験によって遺伝子の本体はDNAであると結論づけられるに至った．そして，ハーシーとチェイスの実験の翌年，1953年に遺伝子の構造が発表された．米国のワトソンと英国の元物理学者のクリックは，①巨大な物質であるDNAは4種類の有機塩基，デオキシリボース，リン酸からなること，②核酸化学者のシャルガフ（E. Chargaff）の研究成果から，有機塩基のアデニンとチミン，グアニンとシトシンの割合がどんな生物でも等しいこと，③ウィルキンス（F. Wilkins）とフランクリン（R. Franklin）のX回折の実験からDNAはらせんを描いていること，という情報を基にDNAの2重らせんモデルを発表した．さらに，アデニンとチミン，グアニンとシトシンがらせんの内側で相補的に結合しており，この塩基が遺伝情報そのものであるという予想を立てた．当初，たった4種の塩基でどうして何千種類もある生体物質が作られ，複雑な機能を有する生物体が作り出せるのかという，根強い

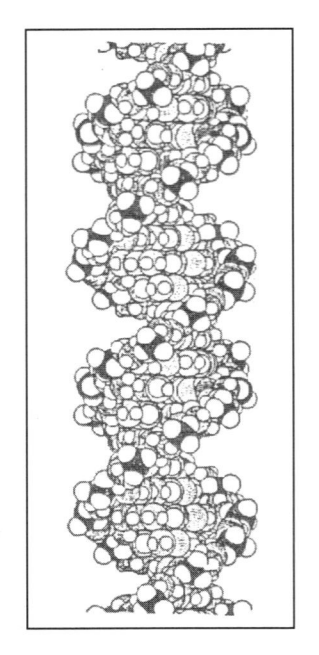

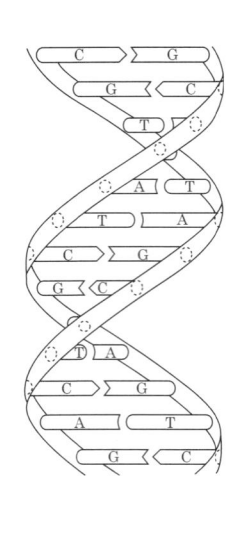

図1-12-2　DNAの構造

反論があった．その中で，物理学者のガモフ（G. Gamow）はもしDNAがタンパク質のみを合成し，かつ無駄のない状態にあると仮定すると，塩基3つ，つまり3文字（トリプレット）で20種のアミノ酸を規定していると予言した．酵素本体はタンパク質であり，酵素を作り出せればタンパク質以外の物質を作り出せ，特定の酵素などのタンパク質を作り出すためには，20種のアミノ酸を規定すればよい．そして，4種の塩基の3連の種類数，つまり$4^3$種，64通りの暗号があれば20種のアミノ酸を規定することができるからである．

| 第一塩基 (5'側)↓ | 第二塩基（中央塩基） | | | | 第三塩基 (3'側)↓ |
|---|---|---|---|---|---|
| | U | C | A | G | |
| U | UUU UUC フェニルアラニン / UUA UUG ロイシン | UCU UCC UCA UCG セリン | UAU UAC チロシン / UAA UAG 終止 | UGU UGC システイン / UGA 終止 / UGG トリプトファン | U C A G |
| C | CUU CUC CUA CUG ロイシン | CCU CCC CCA CCG プロリン | CAU CAC ヒスチジン / CAA CAG グルタミン | CGU CGC CGA CGG アルギニン | U C A G |
| A | AUU AUC AUA イソロイシン / AUG メチオニン・開始 | ACU ACC ACA ACG トレオニン | AAU AAC アスパラギン / AAA AAG リシン | AGU AGC セリン / AGA AGG アルギニン | U C A G |
| G | GUU GUC GUA GUG バリン | GCU GCC GCA GCG アラニン | GAU GAC アスパラギン酸 / GAA GAG グルタミン酸 | GGU GGC GGA GGG グリシン | U C A G |

図1-12-3　mRNAの遺伝暗号（コドン）

ガモフの予言は1960年代になって正しいことが判明した．ニーレンバーグ，マティ，オチョア，コラーナ（N. N. Nirenberg, J. H. Matthei, S. Ochoa & H. C. Khonara）らがこぞって遺伝暗号の解読を行い，1968年には64通りの暗号がすべて解読された．実験方法は基本的に①大腸菌をすりつぶして破壊し，9万Gで超遠心分離を行い，リボゾームやt-RNA群およびタンパク質合成に必要な種々の酵素を含む区分を取り出す．②これに人工的に合成した塩基配列が既知のm-RNAおよびアミノ酸やATPなどの必要成分を加え，新たに作られるポリペプチドを調べる，という手法であった．64種類の暗号は，遺伝情報の読み取り停止や開始を表すものもあり，すべてが使われていた．遺伝情報がm-RNAに転写され，さらに，m-RNAの遺伝暗号がリボゾーム上で翻訳され，特定のタンパク質が合成されるという様式が明らかとなった．

## (2) DNAの複製

DNAの複製様式については，メセルソンとスタール（M. Meselson & F. Stahl）の実験が1958年に発表された．重窒素$^{15}$Nと普通の窒素$^{14}$Nを使い分け，塩化セシウム密度勾配遠心分離

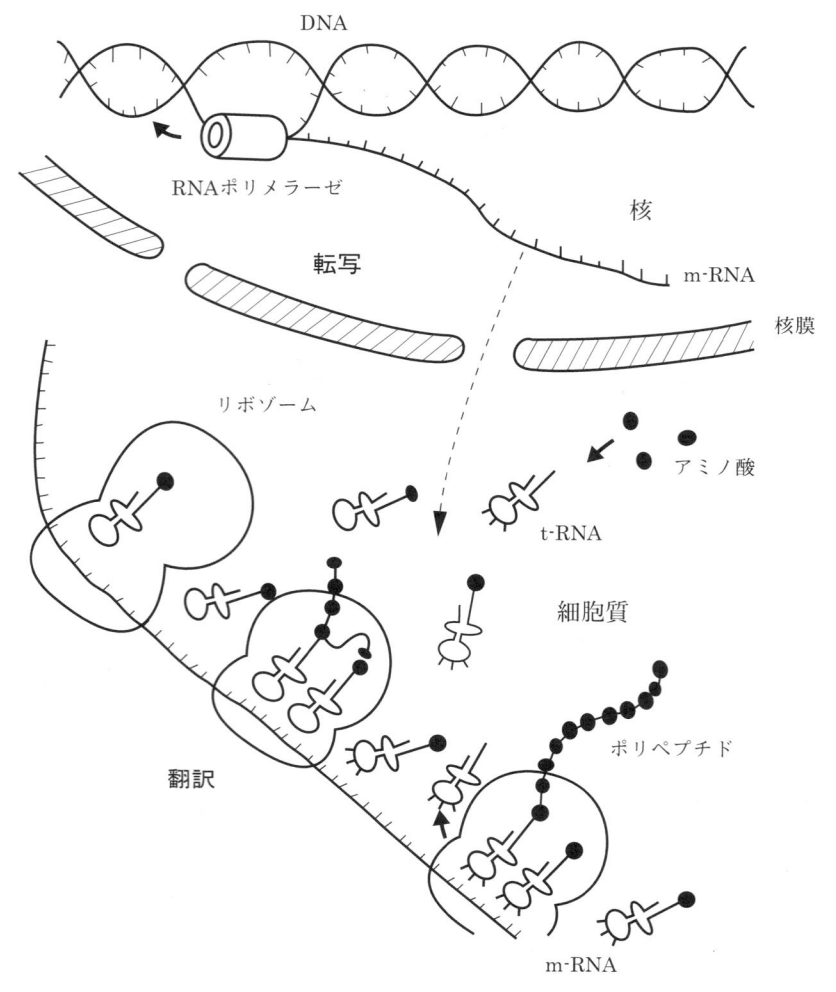

図1-12-4 遺伝情報の転写，翻訳によるタンパク質合成の機構

法と今日呼ばれる方法で，塩化セシウム溶液を4万5,000回転／分で遠心分離をかけると，$^{15}$Nからなる DNA と $^{14}$N からなる DNA を区分できる．DNA の複製様式には，他に全保存的複製仮説や断片的複製仮説があったが，DNA の鎖の一方が鋳型になり，新たに新しい鎖が複製される半保存的複製仮説が正しいことが明らかとなった．

　DNA の複製の際に働く DNA ポリメラーゼ（DNA 合成酵素）はデオキシリボヌクレオチドを 5'から 3'の方向にしか重合させないことが判明した．そうすると複製における方向の問題点が生じる．半保存的複製を行うためには 5'から 3'方向への重合とともに，3'から 5'方向への重合が不可欠である．この 3'から 5'方向への重合は岡崎冷治（1966）による岡崎フラグメントの検出により，不連続複製モデルによる説明が可能となった．

### (3) 遺伝子と染色体

　ヒトの遺伝子で，いわゆる遺伝子本体はわずか 5％で，残りの部分は遺伝子を持たない領域で

表 1-12-1　各生物の染色体数

| 生物種 | 染色体数（2n） |
|---|---|
| 動物 | |
| 　ウマカイチュウ | 2, 4 |
| 　*Myrmecia pilosula* | 2（メス），n=1（オス） |
| 　　（キバハリアリの一種） | |
| 　キイロショウジョウバエ | 8 |
| 　ネコ | 38 |
| 　イヌ | 78 |
| 　ヒト | 46 |
| 　タラバガニ | 208 |
| 植物 | |
| 　エンドウ | 14 |
| 　タマネギ | 16 |
| 　イネ | 24 |
| 　スギナ | 230 |

（2n で表示）

ある．遺伝子領域に対して，それ以外の部分をスペーサーと呼ぶ．また，遺伝子領域であっても，アミノ酸配列をコードしているエクソン部分と遺伝子領域にないイントロン部分が見られる．イントロン部分は，RNA に転写された後，m-RNA に変化するまでに切り出され，これを RNA スプライシングと呼ぶ．その結果，エクソンが直結されてアミノ酸配列を指定する遺伝情報が一つながりになる．エクソンの前方にあるプロモーターに RNA ポリメラーゼが結合し，そこを移動してリーダー配列の先端部から RNA 合成が開始される．転写はエクソン領域を過ぎても終わらず，トレーラー領域を過ぎて終了する．その後半部位には，ポリ A 付加部位と呼ばれる部分があり，m-RNA ができる際にはこの後が切除されて，ここにアデニンが多数連結する．これは m-RNA を安定化させる働きがあると考えられている．

　染色体は核酸とヒストンと呼ばれる糸車状のタンパク質にからみつく形を取り，スーパーコイル構造と呼ばれる．これがさらにコイル状に巻き込まれ，ヌクレオソーム構造を形成している．さらに外側をタンパク質が取り巻き染色体をなす．細胞当たりのヒトの DNA は 1 つの染色体で平均 5cm，よって 46 本の染色体を 1 つにつなげると 1m にも達する．したがって DNA の糸は 1 万分の 1 の長さに小さく折り畳まれていることになる．ヒトの体を構成する細胞は約 60 兆個と言われていることから，もし 1 人の体内の DNA をつないで 1 本の糸にすると，その長さは約 600 万 km にも及び，太陽系の直径を優に超えてしまう．

(4) ホメオボックス

　ホメオティック遺伝子や一群の分節遺伝子などに見いだされた，互いに相同性の高い 180 塩基対からなる塩基配列をホメオボックスと呼ぶ．また，ホメオボックスを持つ遺伝子をホメオボックス遺伝子と総称する．180 塩基対は 60 個のアミノ酸配列をコードし，これは DNA 結合ドメインとして機能する転写制御タンパク質である．形態形成を制御する遺伝子で多くの動物，植物，菌類に見いだされている．

表1-12-2　ゲノム配列が完全に解析された生物種の例

| 種あるいはカテゴリー | ゲノムサイズ | 遺伝子数（タンパクをコードするもの） |
| --- | --- | --- |
| ヒト21番染色体 | 33,606,299 | 224 |
| ヒト22番染色体 | 33,400,000 | 545 |
| ショウジョウバエ | 115,229,998 | 13,600 |
| エレガンス線虫 | 100,096,025 | 16,332 |
| 大腸菌 | 12,069,221 | 6,241 |
| 結核菌 | 4,639,221 | 4,289 |
| 枯草菌 | 4,411,529 | 4,100 |
| ピロリ菌 | 1,667,867 | 1,566 |
| 梅毒トリポネーマ | 1,138,011 | 1,031 |
| マイコプラズマ | 580,073 | 480 |

(5) 抗体遺伝子の発現機構

ヒトの体内に病原微生物のような抗原が侵入した場合，この抗原に反応できる免疫グロブリンというタンパク質を産生し，抗原抗体反応を引き起こすことにより抗原を撃退している（第1章3．生体防御を参照）．自然界には非常に多くの抗原が存在するが，抗体もその抗原の数に対抗して実に多くの種類を体内で作り出すことができる．生まれた時に，すでに約1億種類もの膨大な抗体を作る能力を持っていると考えられている．もし抗体を作る遺伝子が抗体の種類と同数あると考えると，明らかな矛盾をきたしてしまう．ヒトのゲノムでの塩基対の合計は約30億で，しかもその5％のみが遺伝子部分と考えられている．さらには近年，ヒトの持つ遺伝子は2万6,000から4万個と推定されている．

抗体分子は分子量の大きいH鎖と，それより低分子のL鎖の各2本ずつから構成されている．さらに各鎖はアミノ酸配列の変わらない一次構造を持つ定常部と，抗原と結合する可変部とに分けられる．この可変部が抗原ごとに自在に形を変えることができる部分で，これによって抗体の多様性を高めている．

抗体部分の遺伝子を調べてみると，遺伝子は非常に面白い振る舞いをしていることが利根川(1978)によって明らかにされた．抗体のH鎖部分の可変部を形成する遺伝子は，約300種類あるV遺伝子群，10～12種類あるD遺伝子群，そして4～6種類あるJ遺伝子群からなり，それぞれの遺伝子群から1つずつの遺伝子を取り出し，編成し，抗原の形態に対応できるようにしていたのである．単純計算すると300×12×6で2万通り以上の組み合わせが可能である．これにさらにL鎖の可変部も同様の様式で形成され，約1,000通りの組み合わせが可能である事から，H鎖とL鎖が組み合わさると，2万×1,000という膨大な数の組み合わせが可能となることが分かる．そして，抗体産生細胞の元となるリンパ球の段階で，遺伝子突然変異により抗体の多様性は少なくとも100倍程度は増えることが推定されている．これらの機構によって，非常に多くの種類の免疫グロブリンを作り出している．

## 13. 遺伝病と遺伝子治療

　生命科学の急速な発展により，従来は不可能とみなされていた医療が現実的なものとなってきた．分子生物学分野ではヒトのDNAの塩基配列すべてを読み取ろうとするヒトゲノム計画が一とおりの粗読を終え，基礎資料ができ上がった段階にある．同時に近年の分子遺伝学の進展に伴い分子レベルでの遺伝病の原因が解明されつつもある．

　鎌状赤血球貧血症がヘモグロビンをコードしている遺伝子のたった1か所の塩基の相違がもとで引き起こされることはよく知られているが，その他筋緊張性ジストロフィーやハンチントン舞踏病が特定の塩基組みの反復が原因であることが突き止められた．また，フェニルアラニン代謝系に異常を持つフェニルケトン尿症，アルカプトン尿症（黒尿症），白子症や核酸の合成経路であるデ・ノボ経路に異常が認められるレッシュ・ナイハン症候群などはすべて酵素異常であることが明らかにされており，それらの酵素を支配する遺伝子に異常があるはずである．これらの遺伝病では遺伝子の原因部分の解明が行われ，そして遺伝子レベルでの根本的治療が将来的に可能になるかもしれない．

### (1) 遺伝病

　あくまで相対的なものであるが，生まれながらに持っている標準ではない身体的特徴で，治療を必要とするものを先天異常と呼んでいる．その中には，発生途上のトラブルによる先天奇形（胎児障害），染色体数の異常によるものなどがある．これらの形質はその代限りで子孫に伝わることはない．しかし，DNAの塩基に置換，欠失，付加が起こり，塩基配列に変化が起こることによって遺伝子の構造が変化し，そのために形質が変化する場合がある．この変異は子孫に伝わるので多因子疾患も含めて，この変異に起因する先天異常疾患は一定の確率で遺伝することになる．生活していく上で支障をきたすような場合には特に遺伝病とか遺伝子病と呼ぶ．

　遺伝様式で分類すれば常染色体上に遺伝子が存在する常染色体遺伝，性染色体上に存在する伴性遺伝（X連鎖遺伝），Y連鎖遺伝，そして多因子遺伝に区分される．

　X染色体上には約200種類の遺伝子が存在することが知られている．Y染色体上の遺伝子数は少ないが男性化を促進させるSRY遺伝子が存在し，この遺伝子がスイッチとして働くと，他の性に関わる様々な遺伝子を働かせて男性となる．逆にこのSRY遺伝子がなかったり，あるいは働かなかったりすると女性になる．SRY遺伝子は数万から10万分の1の確率でX染色体に乗り換えることも知られている．その他，1993年に合衆国のハマーら（Hummer et al.）はホモ（同性愛者）となる遺伝子がY染色体上のSRY遺伝子のすぐ近くのXq28という領域に存在することを発見している．同性愛者がすべてこのホモの遺伝子によるものだということではないが，同性愛者の中には遺伝的背景を強く持つものも存在するということである．ただし，同性愛が一般的な意味での病気だとは思われない．

　遺伝病についてはこれまでの医学には一種の諦めがあった．原因が分からなければ治療を施

表 1-13-1 先天異常の発生頻度（出生100万人当たり）

| | 1972年国連報告 | トリンブル1952〜72年調査 | 1977年国連報告 |
|---|---|---|---|
| 単純遺伝病 | 12,000 | 1,494 | 11,000 |
| 　優性遺伝 | 9,500 | 480 | 10,000 |
| 　劣性遺伝 | 2,100 | 759 | 1,000 |
| 　X連鎖遺伝 | 400 | 255 | |
| 多因子疾患 | 15,000 | 10,308 | 47,300 |
| 染色体異常 | 4,200 | 1,404 | 4,000 |
| 　常染色体異常 | | 1,343 | |
| 　生染色体異常 | | 61 | |
| 先天奇形（胎児障害） | 25,000 | 20,798 | 42,800 |
| 　出生直後に発見できるもの | 15,000 | | |
| 　出生5年までに発見できるもの | 10,000 | | |
| 原因不明 | | 4,493 | |
| 計 | 56,200 | 38,497 | 105,100 |
| 先天異常出生率（%） | 5.6 | 3.8 | 10.5 |

（木田，1982をもとに寺山，2002作成）

せないのが現代医学の基本であり，歴史的に見ても原因不明である疾病に対する経験による治療は，今日的に見た正しい治療行為の枠からは大方はずれてきたと判断できよう．中世から19世紀に至るまでヨーロッパで盛んに行われた「瀉血（しゃけつ）」はその際たるものである．原因となっている遺伝子そのものを操作することが不可能な状況下では，基本的にできることは，より過ごしやすい環境を準備して病気を抑える「優境」のみであろう．しかしながら，近年の分子生物学の著しい進展により，遺伝子部分の異常の検出が可能となりつつある．1つの遺伝子の不調により1つの酵素とかある物質が欠けているために起こる代謝異常疾患を単因子遺伝病と呼び，特に現在の遺伝子治療の標的となっている．以下に代表的な遺伝病の例をいくつか挙げておこう．

### 1）鎌型赤血球貧血症（鎌状赤血球症）

　鎌状赤血球症のヒトの赤血球は，酸素が不足すると鎌状（三日月形）に変化する（図1-13-1）．これは遺伝子に突然変異が生じて，ヘモグロビンの性質が変わってしまったためである．鎌状赤血球症は，この1つの劣性遺伝子によって遺伝し，劣性ホモ接合体は血行障害を起こしたり，溶血して重い貧血症を患う．また心臓，腎臓，脳，肝臓，肺の機能障害や血栓を生じ死に至る．ヘモグロビンは$\alpha$鎖と$\beta$鎖の2種のタンパク質4分子から構成されるサブユニット構造をなし，$\alpha$鎖の遺伝子は16番染色体に，$\beta$鎖は11番染色体に存在し，かつそれぞれ141個と146個のアミノ酸からなる．この突然変異は，ヘモグロビン分子を構成する$\beta$鎖の6番目のアミノ酸がグルタミン酸からバリンに置き換わったために生ずるもので，このアミノ酸を指定するDNAの塩基配列に変化が生じたことに起因する．つまり，通常DNAの塩基配列CTCがm-RNAにGAGと転写され，グルタミン酸ができるが，DNA上のCTCのTがAに置換された結果，m-RNAにGUGとして転写され，バリンに置き換わってしまったのである．鎌状赤血球症は，東アフリカ地方に特に多く見られる．鎌状赤血球症のヒトは，マラリア病原虫に対する抵抗力が正常なヒトよりも強く，マラリアの多発する地域では皮肉にも環境適応上有利となっている．

2) **フェニルアラニン代謝系の異常**（フェニルケトン尿症，白子症，アルカプトン尿症，チロシン症など）

　フェニルアラニン代謝系ではいくつかの先天的代謝異常が知られている（図1-13-2）．いずれも酵素を合成する遺伝子に欠陥があり，そのために酵素が合成されず代謝経路に異常をきたすことにより生じるもので，逆にこのことが代謝経路の研究には役立つこととなった．

　フェニルケトン尿症は肝臓のフェニルアラニン-4-水酸化酵素遺伝子の変異によりチロシンへの代謝ができず，血液中にフェニルアラニンが蓄積され，心身の発育不全などの障害が現れる遺伝子病である．一部はフェニルピルビン酸やフェニル酢酸に変化し，尿中に排出される．フェニルケトン尿症の乳児にはフェニルアラニンを制限したミルクを与えると，障害を減らすことができる．白子症はモノフェノール酸化酵素の欠損による色素欠乏症で，黒色色素であるメラニンが作られないため，毛や皮膚が白くなる．眼のこう彩は毛細血管の血液で赤く見える．アルカプトン尿症では，ホモゲンチジン酸-1,2-二酸素添加酵素が合成されないことによりアルカプトン（ホモゲンチジン酸）が蓄積され，尿中に排出される．アルカプトンは空気に触れると黒くなる

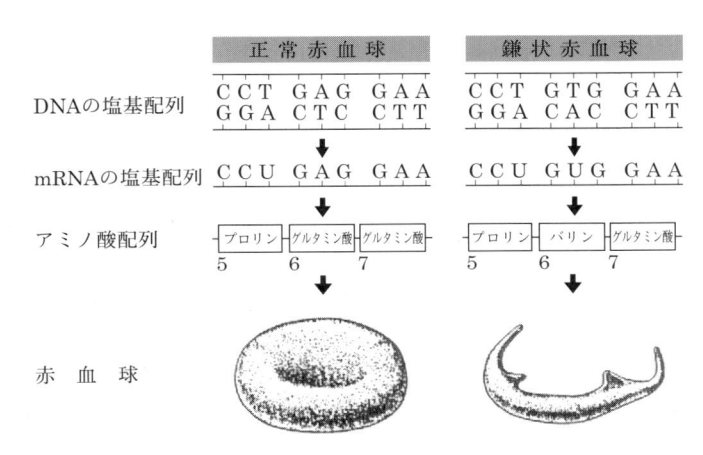

**図1-13-1　鎌状赤血球貧血症**
ヘモグロビン分子を構成するβ鎖の6番目のアミノ酸を指定するDNAの塩基配列の塩基置換に起因する．

ので黒尿症とも呼ばれる．また，チロシンからチロキシンに変化させる部分の酵素P-ヒドロキシフェニール酸酸化酵素に異常が生じると，チロキシンが合成されず，基礎代謝の低下や神経系の発育不全などの障害が現れるチロシン症となる．

3) **ハンチントン舞踏病**

　脳がコントロール機能を失うことで引き起こされるよく知られた病気である．遅発性で30～40歳で発病し，悲惨な最期を遂げる．優性遺伝であることから，親が本遺伝病患者であった場合，平均すると35歳で50％の確率で発病することになる．かつ子供へも50％の確率で遺伝するため，患者の心理的負荷も大きい．遺伝子診断は可能ではあるが，治療法は今のところない．日

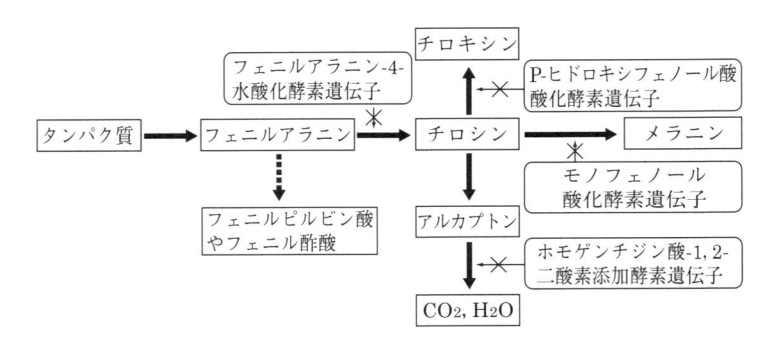

**図1-13-2 フェニルアラニン代謝系異常**

フェニルアラニンやチロシンは生物体にとって不可欠なアミノ酸であり,過剰な場合,肝臓で水と二酸化炭素に分解される.しかし,この代謝系で働く酵素をコードする遺伝子に欠陥があり酵素が合成されない場合,様々な症状や障害が現れる.

本人にはあまり多くなく患者は数百人程度であろう.1994年に問題となる遺伝子の塩基配列が明らかにされた.第4染色体のIT-15と呼ばれる遺伝子の異常で,このハンチントン舞踏病遺伝子にはCAGという塩基配列が60回以上反復している部分が見られ,このことが原因で発症すると考えられている.

### 4) 血友病

血が止まらない遺伝病としてよく知られているが,いくつかのタイプに区分される.原因は血液凝固に必要な血しょう成分の先天的欠如によるが,血液凝固に関与する第VIII因子を欠くものを血友病A(古典的血友病),PTCや第IX因子を欠くものを血友病B(クリスマス病)と呼ぶ.いずれも,X染色体上にある遺伝子の変異によって引き起こされ,劣性遺伝をする.重度の場合には内出血や外傷で死亡するケースが現在でもある.今日狭義の血友病には含めないが,常染色体上にある第XI因子(PTA)欠乏症や第V因子欠乏症(パラ血友病とも言う),血管性血友病なども血友病類縁疾患と総称している.

### 5) ウェルナー症候群

日本人に多く,これまでの患者約1,000人のうち800人が日本人である.劣性遺伝で,おそらく第8染色体上に問題の遺伝子がある.ハンチントン舞踏病と同様にDNAの塩基配列のCAGの異常な反復部分の存在により起こることが判明している.原因部分の様式から,これらをまとめてトリプレットリピート病と呼ぶ.CAG反復が20~30まではほとんど発病しないが,40を超えると異常なタンパク質が急速に生産され,これが核を殺し,死に至らせしめる.10歳代で大人のように見え,30歳代で80歳に見え,40歳以内に死亡する特徴的な症状を示す.

### 6) レッシュ・ナイハン症候群

レッシュとナイハン(Lesch & Nyhan)により1964年に報告された先天性代謝病で,重度の知能障害を引き起こし,唇,指などの自分の体を傷つけ,かみ切ってしまう自傷行動が見られる.

激しい苦痛があるはずなのに止められない．おそらく耐えられないほどの異常な感覚がよぎるのであろう．本遺伝子病は2つある核酸合成経路のうちの1つであるデ・ノボ経路の酵素，ヒポキサンチン－グアニンホスホリボシル転移酵素をコードする遺伝子異常によって引き起こされる．X染色体上に問題となる遺伝子があり伴性遺伝する．

### (2) 遺伝子治療

　遺伝子治療とは，正常な遺伝子を細胞に補ったり，遺伝子の欠陥を修復・修正することで病気を治療する手法である．遺伝子操作の技術の著しい進展の結果可能となった．言わば生命活動の根幹を制御する治療法であり，遺伝子疾患だけでなく，がんやエイズ，そしてその他の難病など，様々な病気の治療への可能性が出てきている．ハンチントン舞踏病やレッシュ・ナイハン症候群のような遺伝子病の悲惨な病状を思い浮かべると，遺伝子治療や遺伝子診断の可能性に寄せる期待の高さは無理からぬことであろう．

　遺伝子治療では，遺伝子そのものを直接操作して治療を行うわけであるが，異常遺伝子そのものは直接の害を引き起こさず，異常遺伝子によって作られるタンパク質が有害だということは注意すべき点であろう．遺伝子治療には外来のDNAを細胞内に運ぶ役目をするベクター（運び屋）が必要である．通常，ベクターは増殖能を失わせたヒトに無害なウイルスを用いる．また，遺伝子を細胞に入れて働かせることを遺伝子導入と呼ぶ．

　遺伝子そのものを直接操作する手法として，正常な遺伝子を新たに加える方法と，異常遺伝子

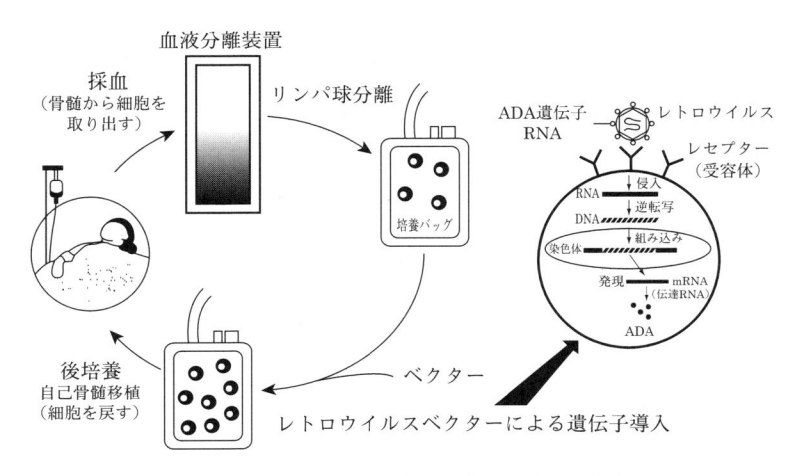

**図1-13-3　後天性免疫不全患者に対する遺伝子治療の例**

の働きを止める方法とが考えられる．正常な遺伝子を新たに加える方法は，現在実用化が急速に進められている手法であり，異常遺伝子はそのままにして，正常な遺伝子を新たに細胞内に加えて働かせる．遺伝子治療の中では手法が割合簡単であるが，異常遺伝子が有害タンパク質を作らない，つまり遺伝子が必要な働きをしないために起こる病気の場合など，いくつかの条件がそろった時だけに利用が限られる．

異常遺伝子の働きを止める方法としては，特定の遺伝子配列に結合する人工的な遺伝子配列を異常遺伝子に結合させて，異常遺伝子の転写を阻止して異常遺伝子が働けないようにすることが考えられる．言わば，DNAの塩基対が必ず特定のペアになる性質を逆手にとって，異常遺伝子にフタをする手法である．異常遺伝子の働きを止め，細胞に害を与えるタンパク質の合成を阻むことで，病根を断つことを狙いとしている．

実践的な医療戦術としては，患者の体外に細胞を取り出し，そこに遺伝子を導入し，その細胞を体内に戻すエクスビボ法と，ベクターを介して直接体内の細胞に遺伝子を導入するインビボ法に大別され，現在，正常遺伝子を新たに細胞内に導入する方法として用いられている（図1-13-4）．

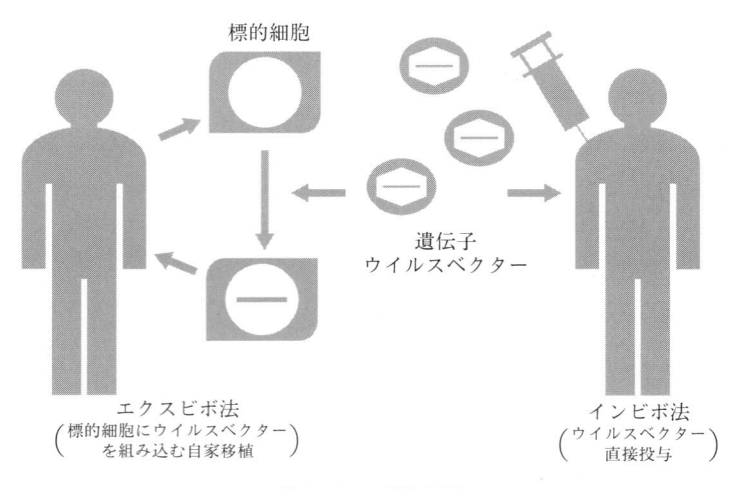

図1-13-4　遺伝子治療

### (3) 遺伝子治療の歴史

遺伝子治療の実施は，1980年に合衆国カリフォルニア大学でクラインら（Cline et al.）が，無承認でサラセミア（地中海貧血症）患者に世界初の遺伝子治療を試みたことから始まるが，この臨床試験は周囲の批判を受ける結果となった．1985年には合衆国国立衛生研究所（NIH）が，遺伝子治療は組み換えDNA諮問委員会（RAC）での審議を経て許可を受ける必要があるとの判断を下した．1990年代に入り本格的な遺伝子治療がなされるようになり，1990年，1991年に合衆国のNIHでADA欠損症患者と悪性黒色腫患者にそれぞれ遺伝子治療が実施された．この時の臨床的な試みは失敗に終わっているが，遺伝子治療そのものは単因子遺伝病について1995年段階で合衆国だけでも約500例，世界では2001年には4,000例以上がすでに実施されている．日本の動きでは1993年に厚生省による遺伝子治療のガイドラインが，1994年には文部省の遺伝子治療のガイドラインが作成され，同時に厚生省に遺伝子治療研究中央評価会議，文部省に遺伝子治療臨床研究専門委員会設置された．同年，北海道大学医学部はADA欠損患者への遺伝子治療計画を文部省と厚生省に申請し，翌年承認を受け，日本初の遺伝子治療が開始された．その後遺伝子治療は，がん末期患者やエイズ患者に対しても試みられようとしている．

(4) 日本における遺伝子治療の臨床研究の状況

### 1) 日本初の遺伝子治療

　1995年に，北海道大学医学部付属病院において行われた日本初の遺伝子治療は，免疫に関係する酵素（化学反応を助けるタンパク質）を作る遺伝子がなくなる先天性の病気「ADA（アデノシンデアミナーゼ）欠損症」に対してであった．ADA（アデノシンデアミナーゼ）を作る遺伝子に異常が生じると代謝に必要な酵素が合成されなくなり，重症の免疫不全になる．北大はエクスビボ法による治療を試みた．つまり，患者の体からリンパ球を取り出し，ベクター（マウスのモロニー白血病ウイルスを用いた）にヒトのADA遺伝子を組み込み，これをリンパ球に感染させて遺伝子を導入した．そして，このリンパ球を培養し増殖させた後に，点滴と共にリンパ球を本人の体内に戻す方法である．これによってリンパ球がADAを合成するようになり，免疫機能の回復を期待する．

### 2) がんに対する遺伝子治療

　以前は原因不明の死に至る恐ろしい病であったがんも，今日様々な治療方法が開発され，かつての死に直結するイメージは薄らいできていると言えよう．また遺伝子研究の進展により発がんのメカニズムが明らかとなり，基本的には老化による遺伝子の異常によって引き起こされることが明らかとなった．遺伝子関連の病であれば，遺伝子治療が可能ということになる．がんを引き起こすがん遺伝子は23対の染色体の中で15対以上の場所に存在する．これらは実質的には細胞分裂の調節に関与する遺伝子であり，これが変異することによって細胞増殖を刺激し続けることになる．これに第17染色体上にあるp53と呼ばれるがん抑制遺伝子が壊れることによって実質的に細胞ががん化することが分かっている．がんは転移が見られた場合，回復は甚だ困難となるが，遺伝子治療ではそのような末期がん患者に対しても治療の可能性を示している．

　岡山大学医学部では1999年に肺がん患者に対する遺伝子治療が行われた．治療はp53遺伝子を組み込んだアデノウイルスベクターを肺がん病巣部に直接注入するインビボ法で行われた．これにより病巣部ではp53タンパク質が大量に発現されるようになり，その結果，がん細胞がアポトーシス（細胞死）を起こして縮小することを期待している．p53遺伝子は，欠陥部分の修復が不可能となった細胞にアポトーシスを引き起こさせ，除去する働きも持つ．このp53遺伝子による臨床試験は2001年3月段階で，いくつかの大学や医学研究所で計11症例の治療が行われている．ま

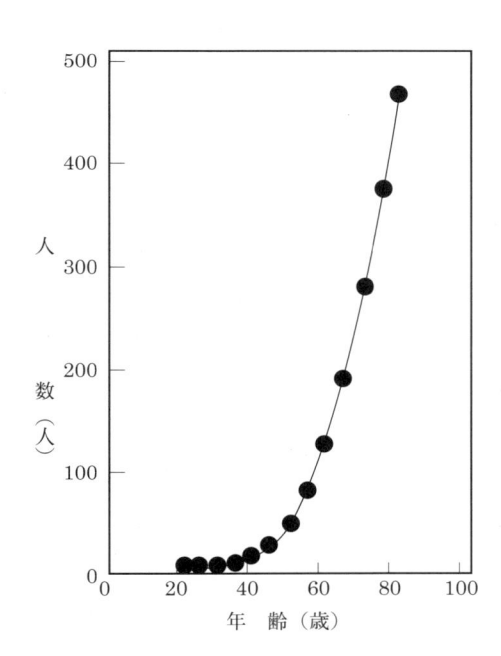

図 1-13-5　100万人当たりの年齢別がん死亡者数

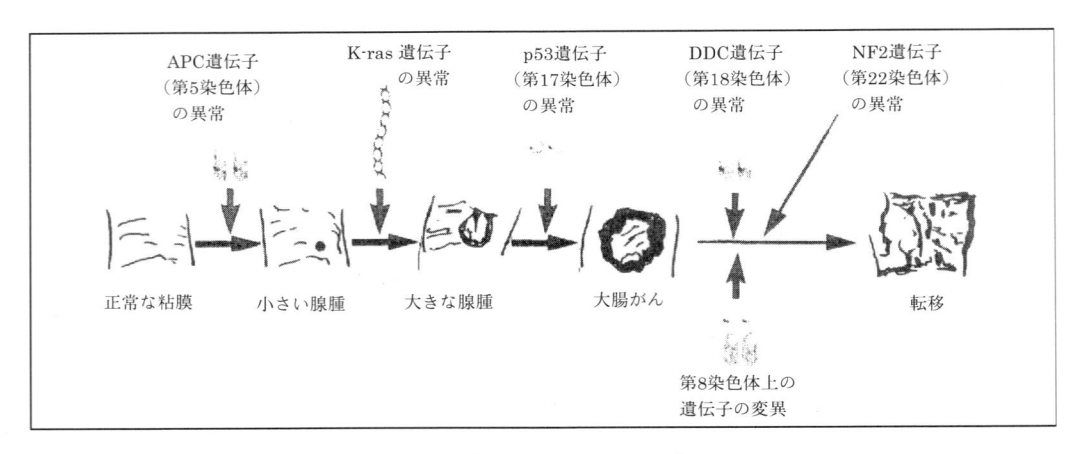

図1-13-6　大腸がんの発生メカニズム

た東京大学医科学研究所で1998年に免疫システムを利用したがんに対する遺伝子治療が実施された．これは患者の体からがん細胞を取り出し，放射線照射により増殖を止め，レトロウイルス経由でGM-CSF（顆粒球マクロファージコロニー刺激因子）遺伝子を取り込ませ，このがん細胞を体内に戻す方法である．戻されたがん細胞がGM-CSFを出し，これによって免疫系細胞が免疫力を一層強めると同時にがん細胞を記憶し，後に体内のがん細胞，特に転移巣のがん細胞を次々と攻撃することを期待している．

さらに近年では，ウイルス（例えば単純ヘルペスウイルス）の遺伝子を組み換え，これをがん細胞に潜り込ませてがん細胞の内部から破壊する広義の遺伝子治療とみなせる試みも始まった．

### (5) 遺伝子治療の可能性と限界

北海道大学が実施したタイプの遺伝子治療では，常時遺伝子を組み込んだリンパ球を補充せねばならず，言わば薬の投与と同じ対象療法にあたり，根本的治療とはなっていないことと，現状では遺伝子導入効率が低すぎること，遺伝子発現レベルが低すぎることで，それほど大きな効果が出ていないことが問題点として指摘されている．しかし，遺伝子を組み込んだ細胞を補充する必要のない骨髄の造血幹細胞を用いる試みもなされており，フランスでは1999年にX連鎖重症複合免疫不全症（SCID-X1：インターロイキンレセプター遺伝子の不調）に対して造血幹細胞を用いたエクスビボ法による治療が試みられ，翌年経過報告がなされた．遺伝子治療の試みはすでに多くなされているが，厳しく判定した場合の遺伝子治療の有効例は2000年になってやっと現れてきた段階で，上述のX連鎖重症複合免疫不全症の例と，やはり2000年に合衆国から報告された血友病B患者に対しての第IX因子遺伝子を含むベクターを注入する治療例ぐらいであろう．がんに対する遺伝子治療が近年盛んになされるようになってきたが，現状では挑戦的な治療であり，成功率は基準を緩く取ってもせいぜい1％といった状況である．また，遺伝子を組み込む際のベクターの効率や安全性についても未解決問題の範疇にある．遺伝子治療により患者の遺伝病を克服できたとしても，現状の治療方法では遺伝子病そのものを絶やすことはできない．生殖細胞や受精卵などの生殖系列の細胞の遺伝子治療を行わない限り，次世代への遺伝は止めることが

できないからだ．しかし，生殖細胞系列への遺伝子の加工に関して，今のところの倫理的見解は，許されるべきでない行為という意見が優勢である．

しかしながら，今後の基礎科学の進展に伴い，遺伝子研究はヒトゲノムの詳細な解析や，遺伝子の発現機構の解明が盛んになされてゆくであろう．これによって現在治療困難な多くの疾患の原因が究明され，遺伝子治療の適用の幅は大きく広がると推定する．少なくとも，遺伝子治療により病状進行を停止させる可能性はかなり期待されると判断できよう．また，遺伝子診断により発病前に，より具体的に出産前に遺伝子病の診断が可能となる．これによって，受精卵の時点での出生前診断で遺伝子異常が見つかった場合に，遺伝子治療を行い，遺伝病を発症前に治療できる可能性も具現化されようとしている．

このような分子レベルでの医学，生物学の進展に対して，社会はどのように反応するであろうか．ヒトゲノム計画，遺伝子治療の社会へのインパクトとして，1つに本来分子から生態系までのいく層もの階層構造をなしているはずの生物世界を，すべて遺伝子に還元してしまい，遺伝子優先の社会となる危険性があることを指摘しておきたい．さらに，遺伝子研究の進展に伴って，現在の社会に，遺伝子が分かれば生命が分かるといった思い込みが浸透しつつあることを危惧する．

遺伝子の発現機構の解明が今後盛んになされていくという青写真を描きつつも，2万6,000から4万あると言われているヒトの遺伝子のうち，現状で役割が判明しているものは，わずかに10%程度である．マキュージックの遺伝子カタログには約7,000の遺伝子が収録されているが，遺伝子座が判明しているものはほぼ半数である．また，遺伝子治療に効果のある単因子遺伝病として約5,000種が知られているが，これらのうち，病気の発生メカニズムが判明しているものはわずかに250種ほどというのが現状である．

遺伝子治療のような先端科学の成果を，科学の中に押し止めておいてはならないだろう．それらは常に社会問題や倫理問題の中で吟味され批判されつつ進められるべきものである．例えば，遺伝子診断が技術的に可能となってきている中で，これによって遺伝子病が発見された胎児は本当に中絶すべきだろうか．あるいは中絶すべきか否かはその遺伝子病の重篤度によるのだろうか．広く社会の意見を反映させるための情報公開，インフォームドコンセントはもちろん必要としているが，さらにそれらを常に吟味し，常に修正する努力すら必要となってくると考えている．少し先の時代を考えると，遺伝子病以外の通常遺伝子を操作するといった遺伝子改造を大いに行える社会にも技術的には可能となり得るだろう．現にDNA操作技術は遺伝子組み換え作物の例のように，家畜や栽培作物といったヒトを除く生物にはすでに実施されている．次にヒトの遺伝子に手をつけることはあり得ないことではない．このような社会を一概に否定するつもりはない．しかし，医療をどうするのかは，医学，生物学の技術的に可能か否かにではなく，むしろ私達がどのような社会をつくろうとしているのかにかかっていると言えよう．

**参考文献**
木田盆四郎 1982．先天異常の医学，中公新書（中央公論社）．
寺山　守 2002．21世紀の先端医療，Lattice, 1: 76-84．
山本　雅・鬼頭昭之（編）1996．発がんとその予防，放送大学教育振興会．

## 14. 生命工学

　現代生物学は，今日生物体そのものに操作を加えることによって，ヒトの役に立つ性質を持つ生物を作り出すことを可能にしつつある．極端な状況としては，自然界には決して存在しない生物をも創出することが可能である．これらの技術は一般に生命工学と呼び，農学面では作物や家畜の品種改良に，医学面では病気の治療を目的に研究が進められている他，絶滅に瀕した生物を救う目的でも研究が進められている．この生命工学（Biotechnology）という言葉は，Biology と Technology を1つに合わせたもので，1970年代後半から使われ出したものである．特に医学分野では，先端研究分野の1つである組織や器官の人工的な創出を試みる再生医学の研究として著しい進展が見られる状況にある．

　本節では操作の対象により，細胞単位を取り扱う組織・細胞工学と，遺伝子を操作する遺伝子操作に大別して述べておく．

### (1) 組織・細胞工学
#### 1) 組織培養

　組織を試験管内で培養して新しい個体にまで作り上げる方法で，植物の分裂組織を用いて培地中で育て上げることが可能である．組織片はいったんカルスと呼ばれる未分化な細胞塊となり，その後に分化して器官を形成し完全な個体となる．この方法を用いれば1個体から，同一遺伝子を持つクローン個体を大量に生産することが可能である．増殖率の低いラン科植物の特定の種では，成長点を培養することで個体の増殖がなされている．また，1株のみが現存するような絶滅に瀕した植物にも応用が可能である．植物での個体形成はそれほど難しくないが，この手法で動物を個体にまで形成させることは現在のところ不可能である．植物では葯（やく）中の花粉を培養し，完全な個体を作り出すことも可能である．この場合，培養によって育てた植物体の染色体構成は単数体の n である．カルスの状態から分化して芽が作られた際に，コルヒチンで処理をすれば 2n の植物体となる．この植物体はペアとなる遺伝子がすべて同じタイプのホモの状態となる．

#### 2) 細胞融合

　1978年にドイツでトマトとジャガイモの間の子となる雑種植物，ポマトが作り出された．適切な浸透価の溶液中で，植物の細胞壁を酵素的あるいは機械的方法を用いて強制的に除去した場合，細胞は一般的に球形化する．これをプロトプラストと呼ぶ．このようなプロトプラストは，外力，化学物質，電気刺激などによりプロトプラストどうしが融合しやすい性質を持つ．

　細胞を融合させる基本的な操作手順は，植物ではそれぞれの組織を切り出し，細胞壁間の接着を切る酵素ペクチナーゼを作用させ，さらにセルラーゼを作用させることによって細胞壁を溶解させ，一見，動物細胞のようなプロトプラストの状態にする．2種の植物のプロトプラストに細胞融合を促進させる融合促進剤，例えばリゾレシチンやポリエチレングリコール6000を働か

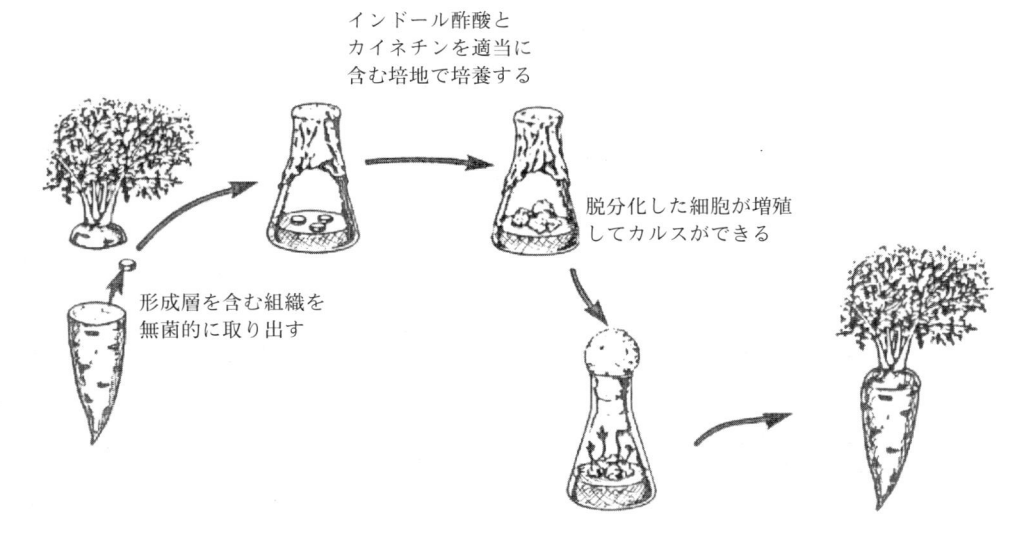

図 1-14-1　植物の組織培養

せると，融合細胞ができる．この融合細胞を組織培養につなげると雑種植物ができ上がる．最初のポマトの例では残念ながら，地上部にトマトがなり，土中からポテトが収穫できるといったようにはいかなかったが，様々な種間での組み合わせが可能であり，自然界では絶対に存在しない生物の人工的創出が可能となっている．

動物細胞では植物細胞ほど簡単に種間の細胞を融合させることができなかった．しかし東北大学で，宿主細胞の融合を高頻度に誘発させる変わった性質を持つセンダイウイルス（HVJ; hemagglutinating virus of Japan）が発見されたことにより，細胞融合が可能となった．HVJはおたふくかぜのウイルスと同類のRNAウイルスであり，これを用いて1957年に初めて大阪大学で動物の細胞融合に成功した．その他，今日DNA型のパラムクソウイルスやヘルペスウイルスも融合を誘発させる能力があることが分かっている．動物の雑種細胞をハイブリドーマと呼ぶ．現在，融合促進剤を用いて動物細胞と植物細胞との融合にも成功している．

### 3）胚融合

ホ乳類のような調整卵では発生初期の段階での卵の割球を分割しても，調節能力を発揮してそれぞれが完全な個体に育つことが可能である．これを利用して8細胞期の2種の卵，例えばオス個体になる卵とメス個体になる卵をいったん分解し，1つに融合させて発生させると，体の部分がそれぞれの個体の部分がモザイク状に混ざるキメラ個体が作り出せる．この胚融合では異種間でも成功しており，例えばニワトリとウズラのキメラ個体を作り出している．

### (2) 遺伝子操作

特定の遺伝子を組み込み，特定の性質を発現させる研究が進行している．例えばウイルス抵抗性遺伝子や除草剤耐性遺伝子，害虫抵抗性遺伝子を組み込んだ作物の開発がなされている．これら

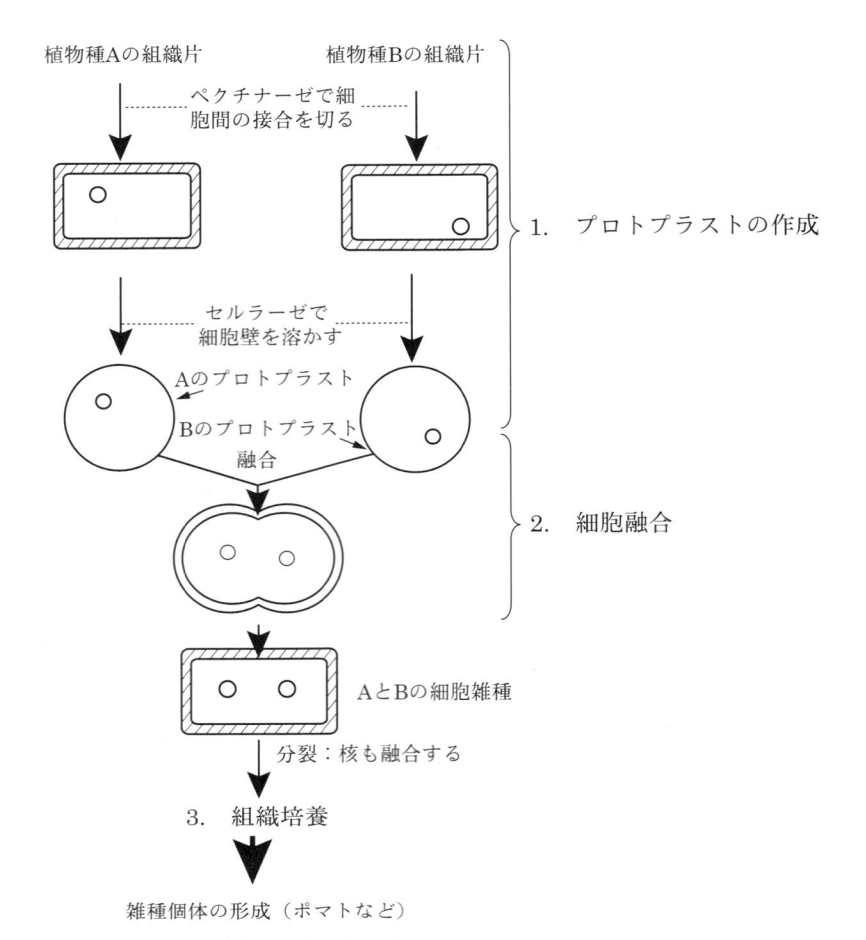

```
          植物種Aの組織片        植物種Bの組織片
                  │   ペクチナーゼで細  │
                  │   胞間の接合を切る   │
                  ▼                    ▼
              ┌─────┐              ┌─────┐
              │  ○  │              │     │        ┐
              │     │              │  ○  │        │
              └─────┘              └─────┘        │ 1. プロトプラストの作成
                  │   セルラーゼで      │            │
                  │   細胞壁を溶かす    │            │
                  ▼                    ▼            │
              Aのプロトプラスト                       │
                ○        Bのプロトプラスト            │
                         ○                         ┘
                   融合
                    ╲  ╱
                   ┌────┐                          ┐
                   │○ ○│                          │ 2. 細胞融合
                   └────┘                          ┘
                     │
                   ┌─────┐
                   │ ○ ○ │  AとBの細胞雑種
                   └─────┘
                     │  分裂：核も融合する
                     ▼
                                                  3. 組織培養
                     ▼
              雑種個体の形成（ポマトなど）
```

**図1-14-2　植物の細胞融合の手法**

の技術は，60億の人口に達し，慢性的な食糧問題を抱えている状況で，食糧問題を解決する突破口となることが期待される．その一方で，このように人工的に遺伝子を組み込んだ作物の安全性が問題にされ，また，遺伝子が他の植物に入り込む遺伝子汚染を引き起こすことが危惧されてもいる．

遺伝子組み換え作物の第1号は，合衆国で1994年に商品化されたフレーバーセーバートマトである．このトマトは日持ちが非常に良くなっており，普通のトマトであれば10日ほどで腐りだすところを1か月経ってもそれほど痛まない性質を持つ．トマトの実の成熟はペクチン分解酵素の一種であるポリガラクツロナーゼによることが判明している．そしてこのトマトには，この実を成熟させる遺伝子をブロックさせる遺伝子が組み込まれている．

遺伝子レベルでは動物の遺伝子を植物に組み込むことも可能である．例えばホタルの発光遺

表1-14-1　日本で認可されている遺伝子組み換え作物の例

| 対象種 | 性質 |
| --- | --- |
| ダイズ | 除草剤耐性 |
| ナタネ | 除草剤耐性 |
| ジャガイモ | 害虫抵抗性 |
| トウモロコシ | 除草剤耐性・害虫抵抗性 |
| ワタ | 除草剤耐性・害虫抵抗性 |
| トマト | 日持ちの向上 |

（大岩，2000より）

伝子をタバコに組み込み，光る植物を作り出している．この遺伝子をマウスに組み込めば，光るマウスができ上がる．

遺伝子を組み込んだ動物を遺伝子導入動物（トランスジェニック・アニマル；Tg動物）と呼び，受精卵の核中に特定の遺伝子を組み込むことによって作り出す．マウスにマウスよりも大型のラットの成長ホルモン遺伝子を組み込んで発生させると，大型のマウスができる．本章第2節のトランスジェニック・クローンヒツジについても参照されたい．

表1-14-2 トランスジェニック家畜の乳に分泌させることに成功している有用物質

| 導入遺伝子プロモーター | 有用物質遺伝子 | 家畜種 |
| --- | --- | --- |
| ヒツジβ-ラクトグロブリン | 血液凝固第IV因子 | ヒツジ |
| ヒツジβ-ラクトグロブリン | $α_1$-アンチトリプシン（抗血液凝固作用） | ヒツジ |
| ヒツジβ-ラクトグロブリン | 組織プラスミノーゲン活性化因子（血栓溶解作用） | ヤギ |
| ウサギβ-カゼイン | インターロイキン2（抗がん剤） | ウサギ |
| ウシ$α_{s1}$-カゼイン | ラクトフェリン（抗細菌作用） | ウシ |
| ウシα-カゼイン | インスリン様成長因子 | ウサギ |
| マウス乳清産生タンパク（WAP） | 活性プロテインC（抗血液凝固作用） | ブタ |
| マウス乳清産生タンパク（WAP） | 組織プラスミノーゲン活性化因子（血栓溶解作用） | ウサギ |
| マウス乳清産生タンパク（WAP） | 血液凝固第VIII因子 | ヒツジ |

（大岩，2000より）

**参考文献**
大岩ゆり 2000. サイアス2000年2月号，12-23.

## 15. 臓器移植と再生医療

近代科学が成立するのはニュートンやガリレイが活躍した17世紀と言えよう．その中で，デカルトの説くような生物機械論（機械論的自然観）は大きな哲学的伝統となり，現在の西欧思想の骨格の少なくとも一部をなしていよう．デカルトは「心身二元論」を唱えた．つまり，ヒトを肉体イコール機械的な部分と，意識のある精神部分とに分割した．科学的立場としてはアリストテレス以来の経験論的認識論を排し，ヒトの思考が感覚知覚や想像力と独立に働くことを主張した．その一方で，体（肉体）を物体とみなし，よって物体であれば本質を精密に，例えば数学的に規定し得るものとみなした．この生命を数学的，機械論的に理解する自然観は基本的にアジアには育たなかったように思える．日本人を含みアジア文化圏の人々は，一般に遺体に強い執着を持ち，遺体が損傷されることを嫌う．よって死体を利用することへの心理的抵抗が強く，魂が離れた肉体は放っておけば朽ちるだけといった心身二元論を柱の1つに持つ西欧思想から来る発想を受け入れにくい土壌にあろう．例えば，中国と同様の「輪廻転生」の思想は，不足部分のない

死体を完全な形で要求し，大宝律令（702年）以降，1200年間にもわたって人体解剖を禁じる法律が日本で続いた．西欧において，死体からの移植，死後移植が比較的スムーズに受け入れられたのはこのような死生観の相違が多分に影響していると言えよう．合衆国やロシアでは死体から血液，血管，神経細胞などを取り出して利用することがさほど抵抗なく実施されている．

「脳死体の利用法」という報告書が合衆国で発表されたことがある．①医学生の手術の練習用，②薬の試験用，③がんなどの病気を作っておいてそれを治す実験を行う，④血液や臓器などを貯蔵しておく，⑤血液や皮膚を再生させて収穫する，⑥身体を工場としてホルモンを製造する，といった利用法が考えられるとされている．もちろん，このような脳死体の利用は技術的には可能であるが，法的な側面や倫理面から直ちに無条件に許されてはいない．むしろ，機械論的な発想を嫌う人ほどおぞましく感じるのではなかろうか．しかし，一部では，その利用は実際に始まっており，例えば，脳死体に人工心臓を埋め込んだ血液ポンプの性能のテストなどが実施されている．

### (1) 脳死とは

脳機能の一部あるいは全部が停止する状態で，人為操作が加わることによって脳死および植物状態が存在する．脳死（全脳死）とは，呼吸や循環などを制御している脳幹と言われる部分も含めて脳全体が不可逆的に機能を停止した状態を言う．また脳死は人工呼吸器によって人為的に作り出された死でもあり，人は，大病院の集中治療室（ICU）でしか脳死状態は継続しない．つまり，集中治療室の中で，脳死の人は，人工呼吸器や栄養液・昇圧剤などのチューブにつながれ，医師や看護師達の監視によって一定の状態が維持されるのである．そして，人工呼吸器を取り外すとやがて心臓が停止する．全死亡者のうち，脳死になるのは1％未満である．一方，植物状態とは，大脳の機能が停止しているが，呼吸中枢のある脳幹部は完全に，あるいはそれに近い状態で機能している状態を言う．植物状態では，呼吸機能や循環系のコントロールについては，正常

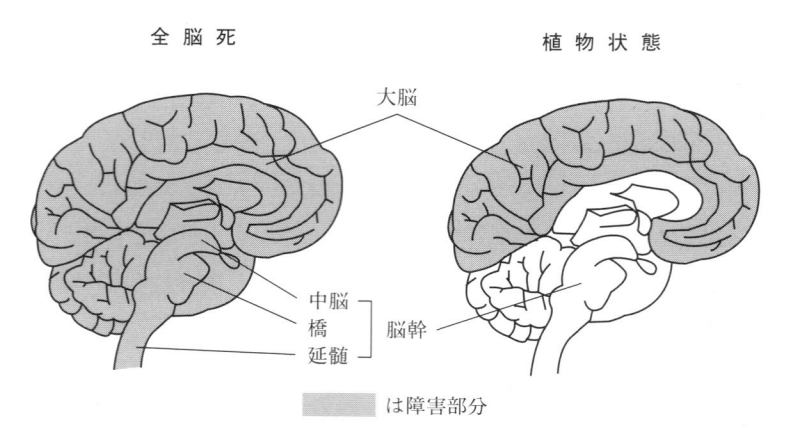

図1-15-1　脳死（全脳死）と植物状態

全脳死とは脳幹，大脳，小脳などすべての脳の機能が停止した状態である．植物状態では思考などの大脳の機能が停止しているが，呼吸や循環などの生命維持に直接関わる脳幹は正常か，それに近い状態で機能している．

に近い状態で働いており，よって人工呼吸器はほとんど使わずに，栄養さえ与えれば肉体を維持できる状態にある．死に至る時間は個人差が大きい．意識のレベルは甚だ低く昏睡状態，あるいはないと言ってよい状態であるが，呼吸，循環といった機能は残っている．したがって，脳死と植物状態は連続したものではあるが，典型的な部分のみでの比較では異なったものとなる．

　人の死は，死の3徴候によって判定されてきた．つまり，①呼吸停止，②心臓停止，③瞳孔散大である．こうして死に至った人からの角膜や腎臓の移植は従来から行われてきた．しかし，心臓や肝臓の移植では，「新鮮な臓器」が必要となる．そこで人工呼吸器などの医療技術の進展に伴って作り出された新しい死体，つまり脳死体からの臓器の摘出を考えるようになってきた．ただし，法的に際どい部分を持つと同時に，西欧に比して日本の社会ではなかなか受け入れられない土壌を持っていよう．もしも，法的に脳死が人の死と認められなければ，移植医は，生きた人の体から臓器を摘出したことになるので，殺人罪で告訴されることもあり得る．

### (2) 臓器移植の試み

　脳死者からの臓器移植は，移植以外の方法では助からない生命を助けられたり，苦しい闘病をしている人の生命の質（QOL；quality of life）を著しく改善させる，最後の手段となる医療行為である．

　1967年に南アフリカで世界初の心臓移植が行われた．その翌年8月には日本でも札幌医科大学で心臓移植が試みられ（世界で30例目にあたる）社会に物議をかもし出した．和田移植と呼ばれるこの移植は，移植当時の大壮挙といった報道の論調が83日後に患者が亡くなった後に，脳死判定や移植を受けた患者の選定に多くの重大な疑問が噴出し，世論は医学の大暴挙といった論調に代わり，ついには殺人罪での告発にまで至った．しかしながら，医学界は和田移植を総括せず，むしろこれを封印した．これに対する日本の社会の応答は根強い医学，医療不信として長く尾を引く結果となった．以降，臓器移植にからんだ告発事例が相次ぎ，脳死からの移植は見合わせる状態が長く続いた．世界の動向も1968年に盛んに試みられた臓器移植は翌年になるとほとんど行われなくなった．拒絶反応の壁を越えることができず，移植はことごとく失敗に終わったからである．

　1980年代に入ると強力な免疫抑制剤サイクロポリンAなどの開発があり，アメリカ合衆国ではまた盛んに臓器移植が試みられ，1990年の段階で2,000件以上の手術例を数えるに至った．一方，それと対照的に日本では和田移植の影響が社会に色濃く残り，なされることはなかった．法的には1979年に施行された「角膜及び腎臓の移植に関する法律」により死体からの摘出，移植を可能としていた．1980年代，国内で手術を受けられない患者が，高額の医療負担とドナー（臓器提供者）が見つからないかもしれないという不安にもかかわらず，海外渡航する例が相次いだ．そこで，脳死移植の道を開くために政府は脳死臨調に答申を求めた．1992年，脳死臨調は，「脳死は人の死であり，脳死を死とすることはおおむね社会的に受容され，合意されている」と答申した．また，答申は脳死の判定として厚生省の研究班がまとめた基準（竹内基準）が妥当であるとした．しかしながら，脳死は人の死と言えず，社会的合意もできない，という意見も根強く

存在する．

　1997年6月17日，脳死下での臓器提供を可能とする「臓器の移植に関する法律」（臓器移植法）が成立し，同年10月に施行され，臓器移植に対する法的整備は問題を残しながらもとりあえずはなされたことになる．この法によれば，臓器の提供は，日本人が脳死判定に従う意思と臓器提供の意思を生前に書面で表示していることに加えて，家族が脳死判定と臓器提供を拒まないという条件があれば認める，としている．脳死を一律に人の死とするには十分な社会的合意はないとして，臓器移植の場合に限って，認められることになった．一方，心臓死と脳死の2つの死を認めることによる他の法律への影響，脳死判定での死亡時刻や家族の範囲などが不明確，という問題点も指摘されている．

　世界の先進国ではほとんどの国で脳死が人の死とすることが認められ，脳死者からの臓器移植が日常的な医療として行われている．日本の臓器移植法は移植に関する条件がおそらく世界で最も厳しく，この法の成立ですぐに脳死移植が日常的に行われるとは言えそうにない．1999年2月に第1例目の臓器移植がなされ，2004年までに，27例（法的脳死判定は29例）の臓器移植が行われている．

### (3) 脳死の諸側面

#### 1) 脳死が発生する状況

　交通事故の報道などで「頭を強く打ち，意識不明の重体になった」人が，数日後に死亡したという状況では，脳死である可能性がかなり強い．頭部外傷や脳内出血などによって脳に血腫が生じ，血流が止まることによって脳死となる場合が多いのである．脳死というのは，救急患者が様々な高度医療を受けた結果，最悪の場合に発生する事態である．脳死であるとの判定は，その人は確実に回復しないことを意味する．こうして，脳死者と家族は集中治療室（ICU）で出会うことになる．

#### 2) 家族の選択

　医師から脳死の説明を受けたとしても，言葉としてはそのことが理解できるかもしれないが，別れの実感はわかない場合が少なくないだろう．集中治療室で脳死の人に実際に出会えるのは，ごく近親者だけである．そして，死を今だに実感できない家族に次の3つの選択が迫られる．①その人の死を無駄にしたくないと，臓器提供を申し出る，②蘇生する見込みがないのでこれ以上医療行為を続けるのはいやだとして，人工呼吸器を止める，③心情的に諦められないので，心臓が止まるまで人工呼吸器は動かし続ける．しかし，この選択は，次のような深い問題点を含んでいる．①脳死の人の心臓停止を人工的に早めてよいか，②家族はその決定をしてもよいのか，③脳死の人の治療と看護を家族が望むとき，蘇生する見込みもない患者に貴重な薬などの医療資源をつぎ込んでもよいか，という問題点である．

　脳死者がドナーカードを持っており，本人自身に臓器提供の意思があったとしても，奇妙なことに，日本の臓器移植法では家族の最終的な合意を必要としている．

### 3) 効率性とかけがえのなさ

臓器移植を前提に置く脳死問題とは，脳死者に対してどのような関わり方が望ましいのかという問題であろう．脳死になった人を取り巻く救命救急医，移植医，臓器移植コーディネーター，看護する人，そして，突然当事者になってしまった家族がその脳死者と関わる．その望ましさを表すキーワードが「効率性」と「かけがえのなさ」であろう．「効率性」にのみ価値を置いた場合，具体的には，脳死の人からできるだけ多くの臓器を，できるだけ「新鮮な」状態で，できるだけ組織適合性のよいレシピエントにできるだけ高い成功率で移植することを目指すことになろう．これと相反するのが看護の医療であり，効率性の追求と相容れない「かけがえのなさ」を大事にする医療である．家族の立場から見れば，「いのちのかけがえのなさ」に最後までこだわり，効率性の追求を受けつけないというのが真実であろう．臓器移植を是認するならば，臓器や医療資源の適正な配分と効率性を追求していかなければならないというのも正論であろう．

### (4) 臓器移植の限界

### 1) 越えられない拒絶反応の壁

臓器移植は，優れた免疫抑制剤の出現によって1つの治療法として確立されてきたが，免疫拒絶という難題は相変わらず存在する．また，供給される臓器の慢性的な不足という深刻な問題も抱えている．臓器移植では，移植された非自己の臓器が絶えず移植を受けた者の免疫機構による攻撃対象となり，これらの問題解決にこれまでに多大な研究努力が注ぎ込まれてきたが，残念ながら期待されたような結果は得られていない．この拒絶反応の壁を乗り越えるためには，人工臓器開発に力を注ぐか，自身の組織や器官を用いて欠損組織や器官を治療するしか方法がないように思える．そもそも脳死体からの臓器移植そのものの是非を考えると，基本的には医学の本道からはずれていると判断せざるを得ない．しかし，本人に贈与の意思が強くあればこれを妨げる理由はなく，かつこれに代わる方法がないのであれば実施せざるを得ないところで成り立っている，際どい医療行為と言えよう．

### 2) 死の判定

先に洋の東西の思想の相違について述べたが，多くの文化が存在するほど，死生観は複雑になる．もちろん多文化的価値観の相違は尊重すべきである．しかし，ヒトの死といった普遍的であり，かつ社会に強く直接的に関わり，倫理的に厳粛なものに対しては，これからの時代を見すえると社会の間に差があってはならない部分ではなかろうか．にもかかわらず，関連を持つ先端医学の中ですら，研究や医療技術が進展し，分野が細分化することに伴って揺らぎが生じてきているように思える．例えば生と死に対する理解が発生工学は生を主軸に考えるのに対して，脳死，臓器移植は死を主軸に考えきつつある．社会的，法的，生物学的に一致せず，しかも個人的不一致すら多い難しい部分を持つ死の多元論性については，日本でも今日まで多くの意見が見られる．しかしながらそれらが未だに総括されない理由として，日本人の体質からくる要素が強く影響しているように思えてならない．日本人は事実，あるいは現実を直視する体質が特に備わって

いないように見える．何とか厳しい現実に触れずに済まそうという体質が備わっているように見受けられるのだ．しかし，これからの社会は国際標準で振る舞わなければならない時代のはずである．死に対して国家間，研究領域間，個人間に大きな揺らぎがあってはならず，脳死を含めてヒトの死に対するユニバーサル・ルールの制定が是非とも必要であろう．さらに付け加えるのならば，死体からの臓器摘出をどう捉えるのかは個人の自由な信条の範疇のものであり，臓器移植という行為が決して強制されてはならないはずである．

(5) 生命工学と再生医療（再生医学，再生医工学）
1) 欠損した生体組織や器官の修復

　生命工学のスタート点は細胞を培養する技術であり，1940年代にはマウスの結合組織の長期間培養にすでに成功している．1951年になるとヒトの子宮頸がんからのがん細胞の体外培養が可能となった．ヒーラ細胞（HeLa細胞）が作られ，世界中で研究に使用された．そのような細胞を培養する技術の確立が1970年代後半から始まる皮膚の培養，移植につながってきた．1980年代には高分子膜や金属箔を用いて歯周組織と顎堤の再生がなされている．1981年にはガン細胞と同様に増え続け，染色体の異常は見られず，そしてあらゆる組織や器官に分化する能力を持つ胚性幹細胞（ES細胞）がマウスで発見された．その後ES細胞はミンク，ハムスター，マーモセット，ブタ，アカゲザルなどのホ乳類で発見されていき，1998年に，ついに胚盤胞の内部細胞塊中にあるヒトのES細胞が合衆国ウィスコンシン大学のトムソン（J. Thomson）によって発見され，移植医療を一変させる大きな進展が期待されることとなった．

　再生医療の目的は，組織あるいは臓器を失った患者をその組織あるいは臓器の再生によって治療することにある．失われた組織や臓器に対する今日の主な治療法は臓器移植と人工臓器であるが，臓器移植には免疫拒絶という難題がある，臓器移植では生体の精緻な機能を再現できないという問題に悩まされ続けている．再生医学あるいは再生医療といった場合，具体的には，①ES細胞あるいはTS細胞（組織幹細胞）から分化させた機能細胞の移植による組織や器官の再生，②内在性組織幹細胞の活性化による組織や器官の再生，③組織幹細胞の移植による組織や器官の再生，を試みる手法がある．ただし社会やマスメディアの取り上げ方は現状では①に片寄りすぎているようだ．

2) アクチビン，ES細胞の発見と臓器再生

　近年，カエルやイモリなど両生類の初期胚の組織から，分化の方向性を決める誘導物質で処理することにより，心臓や腎臓，膵臓などの様々な臓器を試験管内に作り出すことに成功している．特に以前から存在が知られていたが長く役割が不明であったアクチビンと呼ばれるタンパク質の働きが近年明らかになったことにより，これらの研究の展開が急速に可能となった．アクチビンは発生途上で未分化細胞を誘導する働きを持つ物質であった．そして，最近では試験管で作成した心臓や腎臓を生体へ移植する試みもなされている．さらに，多能性を持つヒトのES細胞（胚性幹細胞）が樹立されたばかりの現在，このES細胞とアクチビンを組み合わせることによって，

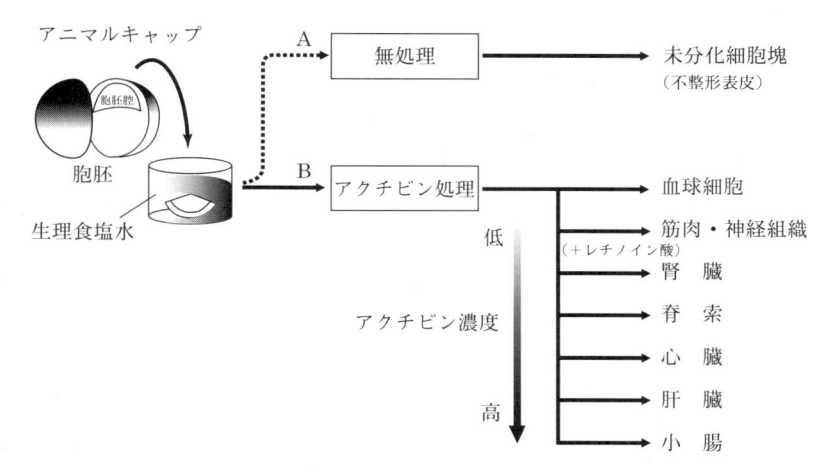

**図1-15-2 両生類のアニマルキャップの多能性**
アクチビンを中心とした誘導物質の濃度を変えて処理することによって，受精卵の一部から多くの臓器を作り出せる．

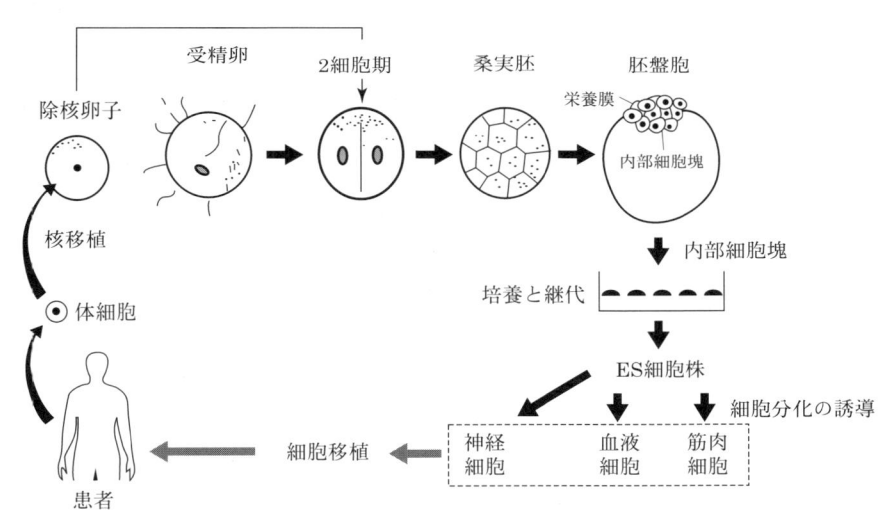

**図1-15-3 ヒト胚性幹細胞（ES細胞）の作り方とそれを利用した再生医療**
患者の体細胞核移植クローン胚を用いれば，免疫拒絶のないES細胞を作ることが可能である．
（寺山，2002より）

試験管内で神経，筋肉，骨などの組織を作り出すことが可能となり，さらには臓器形成や組織の開発といった再生医療の可能性が見えつつある．

　早期の実現可能性の高いものとして，パーキンソン病のような特定の細胞障害による病気の治療がある．パーキンソン病は中脳の黒質にあるドーパミンを作る神経細胞が失われて運動障害や記憶障害などが起こる病気で，本人の体から取り出したES細胞を培養し，目的とする細胞に分化させた後，細胞移植を行えば拒絶反応の壁もまったくない（グリア由来神経栄養因子（GDNF）遺伝子を含むウイルスベクターを投与するといった遺伝子治療の研究も試みられつつある）．その他に骨細胞，軟骨細胞，神経細胞，そして心筋細胞などが有効な候補として研究が進められて

いる．医療用の生体組織を再生する具体的方法は大きく2つに分けることができる．1つは生体外の培養系で組織を再生してしまうインビトロ法で，もう1つは患者の体内で自然治癒力に頼りながら再生を試みるインビボ法である．さらに，胚盤胞から取り出したES細胞を用いる場合，ヒトの受精卵由来の初期胚から取り出すということで，倫理的に非常に微妙な部分を持ってしまうが，そのような倫理面や拒絶反応の問題を避けられる骨髄の間葉系幹細胞を用いる研究や，一般細胞を初期化させる研究も進んでいる．

(6) 21世紀の医療

今まで純粋な基礎研究領域であったES細胞の研究分野が，急速にヒトへの臨床研究に移りつつある．つまり，イモリやマウスの場合と同様に，ヒトES細胞から各種臓器細胞を試験管内で作ってヒトに移植するということが現実味を帯びてきたのである．2020年にはこれが可能という技術予測すらある．しかし，技術的にも倫理的にもまだ多くの課題を抱えており，かつ本分野の研究成果のヒトへの適用の是非は大きく問われている．国内ではヒトのES細胞を用いての基礎研究は指針で規定を受けている．イギリスやフランス，ドイツではヒトのクローン胚を作る実験が法律で全面的に禁止され，これによってクローン胚からES細胞を取り出し，臓器や神経細胞を作り出し，臓器移植の代わりに使うといった研究ができなくなっている．その一方でイタリアでは，ヒトの体細胞から核を取り出しヒトの卵子に移植してクローン胚の作成を試みるクローン人間計画が公表され，実施がなされたものもある．

ES細胞から分化誘導した細胞，組織を移植しようという新たな治療法は様々な疾病に対して応用が可能であろう．特に再生医療は，臓器移植で越えられない拒絶反応の壁という厳しい問題を回避できることと，脳死・臓器移植というヒトの死を待つ，極めて際どい医療から決別できる点で，これに取って代わる医療としての大きな期待が寄せられている．

しかし，社会やマスコミの期待や取り上げ方とは裏腹に，この分野においては，まだヒトへの適用の範囲を示す基準の整備や安全面での評価がなされておらず，上述のように国家間での認識の相違が表出している．合衆国も含めイギリスなどのの動きは，研究に対する具体的な予測がつかないので取りあえず禁止しておこうといったところであろうか．マウスやイモリにおける移植の結果をもとに，ヒトで移植を行った場合の効果を推定することは危険であり，その意味ではヒトへの有効性や安全性に関する検討は行われていないと言える．文化の相違として地域による多様性と捉えてはならない部分が社会の中に存在すると判断する者にとっては，やはりユニバーサル・ルール，つまり国際標準を必要とする領域のように映る．今後，医療上の成果や公共の福祉と倫理上の多くの問題点が十分に論議されなければならないであろう．

再生医療の将来の具体的な可能性を考えるのならば，まず第1段階として，細胞，あるいは皮膚，軟骨，骨，角膜といった容易に再生でき，かつ移植が容易な細胞や組織の移植が実現し，第2段階として心臓や肝臓，すい臓といった臓器の移植がなされよう．この段階で，脳死者からの臓器移植が消滅する．さらに可能性を考えていくと，遺伝子操作の技術と組み合わせて，不都合な遺伝子を取り除き，より好適な遺伝子を組み込んで作り上げた'より良い臓器'を移植する段

階が来るかもしれない．

　遺伝子改造，臓器改造，共に今日の科学の進展状況を見ると夢物語ではなく，急速に現実味を帯びつつある話題となりつつある．しかし，その中で常に医学や生物学を含めて科学が扱う内容が，社会の中に位置づけられつつ評価が下されるべき時代であり，同時に価値に対する吟味や社会の中での論議が科学技術に遅れをとってはならない．


**参考文献**
小松美彦 2004．脳死・臓器移植の本当の話，PHP新書（PHP研究所）．
寺山　守 2001．21世紀の先端医療，Lattice，1: 76-84．


## 16．生殖工学

　雌雄の産み分けや人工受精は，今日一般化した技術となった．育種を目的とした獣医学では現在普通に行われている技術である．子供ができない夫婦は10組に1組の割合で存在する．生殖工学の技術は重要であるが，しかし家畜などを対象とする育種学分野とは異なり，これをヒトへ適用する段階になると，これらの技術が社会問題に発展しがちな際どい位置にあり，当然様々な倫理，法律上の問題がのしかかってくる．

### (1) 生殖工学

　畜産学の世界では，有用な形質を持つ個体どうしをかけ合わせる人工受精や，胚盤胞を分割し複数個体を子宮で発生させること，雌雄を産み分けることなどは普通に行われている．

　雌雄の産み分けでは，一般にパーコール法が使われている．精子をパーコール液に入れ，1,250回転／分で15分間ほど遠心分離を行うと，約80%の確率でY染色体を持つ精子とX染色体を持つ精子とが分離できる．例えば肉牛ではメスの肉量は少ないのでオスを作る方が好ましいし，乳牛では逆にオスは不要となり，雌雄を産み分けることに積極的な意味を持つ．

　生殖工学の応用として，約1万年前に絶滅したマンモスを蘇らせようという研究もある．このプロジェクトはシベリアの永久凍土から出てくるマンモスのオス個体から精子を取り出し，その精子をゾウの卵と受精させ，発生させようという試みである．マンモスとアジアゾウは系統的に非常に近縁であることが分かっており，かつ死んだ精子でも現在の技術で受精させることが可能である．このようにして受精，発育させた個体の50%はマンモスの遺伝子である．そして，50%マンモスの遺伝子を持つ個体どうしをかけ合わせて子供を作れば，その子供は75%のマンモスの遺伝子を持つことになる．さらに，75%のマンモスの遺伝子を持つ個体どうしをかけ合わせれば約88%のマンモスができ上がる．このようにしてマンモスに近づけることが可能となる．

## (2) 生殖倫理

医学では，不妊治療を中心とした生殖工学に関連する技術を，生殖補助医療技術と呼んでいる．人工受精は配偶者間人工受精（AIH: artificial insemination with husband's semen）と，夫に不妊の原因があるために他者の精子を使う非配偶者間人工受精（AID: artificial insemination with donor's semen）とに分けられる．後者は日本では1949年に初めて慶応大学医学部で実施された後，現在1万人以上が受けている．試験管ベビーの名でよく知られる体外受（授）精の技術は，1978年に英国で初めて実施され，現在は一般的なものになっている．日本では年間8,000人が受けている．体外に卵と精子を取り出し，人工的に受精させた後，2, 3日後に子宮内に戻す．

人工受精，体外受精ともに第三者が関わる際に問題が生じてくる．例えば代理母問題や精子売買の問題である．

現在，日本では法的整備がひどく遅れている状態で，厚生科学審議会の専門委員会による討論も意見の統一がなされていない．これまでに，産婦人科学会の「会告」がある程度である．以下の組み合わせで受精，出産を考えてみる（加藤，1999）．

① 不妊でない夫婦の出産：精子夫婦　卵夫婦　子宮夫婦．
② 借り腹（ホスト・マザー）による出産：精子夫婦　卵夫婦　子宮他人．
③ 卵の提供を受ける出産：精子夫婦　卵他人　子宮夫婦．
④ ドナーによる人工受精（AID）による出産：精子他人　卵夫婦　子宮夫婦．
⑤ 代理母（サロゲート・マザー）による出産：精子夫婦　卵他人　子宮他人．
⑥ 精子と子宮の提供による出産：精子他人　卵夫婦　子宮他人．
⑦ 精子と卵の提供による出産：精子他人　卵他人　子宮夫婦．
⑧ 他人の出産：精子他人　卵他人　子宮他人．

①と⑧は自然な出産で，②〜⑦が人工的な出産である．さらに，②，③，④は夫婦因子が2つあるが，⑤，⑥，⑦は夫婦因子が1つのみである．他人の精子で受精させる④は日本ではコンセンサスが成立している．ではなぜ他人の卵を用いる⑤はだめなのであろうか．長野県では⑤のパターンで妻の妹の卵を用いての人工受精が実施された．実施した医師はこのために学会除名処分を受けているが，共有遺伝子で考える血縁度は2分の1で，まったくの他人のものを用いるよりも夫婦に遺伝的には近づく微妙な状況にあると言えよう．

不妊治療において，子供が欲しいと言う依頼者の要求を満たそうということ自体に非倫理的要素はない．しかし，法的な側面を詰めていくと，第三者の介入により，子の出自を知る権利と，子を持ちたい親の幸福追求権との対立が生じてしまう．もし⑦による出生がなされた場合，法的両親とは別に遺伝的両親が存在することになる．スウェーデンでは遺伝上の父を知る権利を認めている．また，このような血統主義的要素についてどこのレベルまでを可とするかという問題とは別に，子供を持つ直接的な動機や間接的な意図が健全であるかどうかという問題も存在する．

① 優性主義的な動機：優秀な遺伝子を入手したい．
② 金銭的な動機：遺産の相続を受けるために子を作り有利な条件を作りたい．
③ 搾取を目的とする動機：子供を働かせることで親が利益を得たい．

④ 親の養育を目的とする動機：老後の世話をさせるために子供を持つ．
⑤ 人間関係を維持するための動機：離婚を避ける目的で子供を持つ．
⑥ 臓器移植の提供者を得るためのもの：例えば第1子のドナーとして子供を持つ．

しかし，いかに不純な動機であっても，子供を持つことに対して禁止や制限はつかない．そこで，第三者が関わる場合に限って，子供を持つ動機の純粋性を問うことが可能となるだろうが，そのような制限そのものが正当かどうかの問題や，動機を正しく読み取ることが可能かどうかといった多くの問題がある．

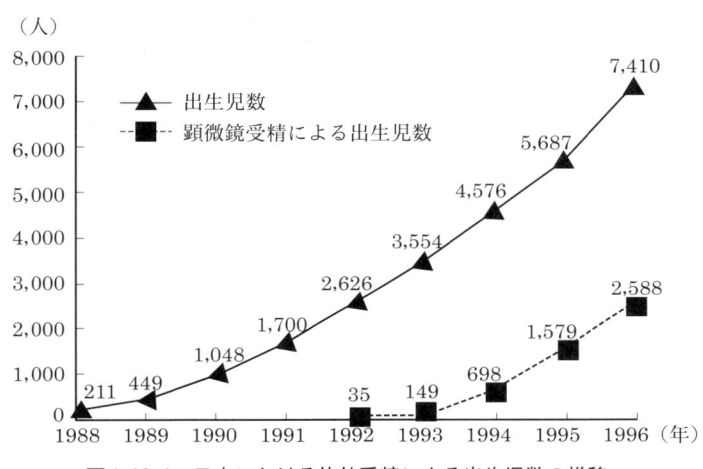

図1-16-1 日本における体外受精による出生児数の推移
（高久，2000をもとに作成）

### (3) 出生前診断に関する問題

今日，遺伝子分析や遺伝子診断がなされるようになってきた．特に体外受精とリンクさせて，受精卵の8細胞期の際に1つの割球を取り出し，遺伝子の診断が可能である．日本ではこのような着床前遺伝子診断について，「重い遺伝病に限り可」ということが1998年に日本産科婦人科学会で承認された．このことは，遺伝子診断を実施して，もし異常が認められた場合，そのような先天性異常児に対しては人工流産が念頭に置かれることになる．このような遺伝子診断に対して，賛否両意見が見られる．反対意見としては，先天性異常といえども，それはその子を表現する人格の1つであり，親がそれを理由に人工流産することはできない．これは障害者に対する差別意識を生み出し，社会的弱者の存在を否定する行為であると主張する．この論理は受精した段階で人格を認めていることになる．これに対して，重篤な異常が見つかった場合，それにより本人や親が社会的に最低限の生活もなすことができなくなる可能性がある場合に，親は事前に危険を回避する権利を持つという意見もある．この場合，胎児あるいは胚は母体の一部に帰属する前提をとる．

ヒトでも男女の産み分けは可能である．ただし，性比が一方に傾くことによって社会問題に拡大する可能性や，精子を遠心分離器にかけることに対する安全性の問題が存在し，認可されてい

ない．しかし，性染色体にリンクした伴性遺伝病を子供が持つ可能性がある場合，パーコール法を応用して伴性遺伝病を回避することは可能であろう．さらに，現状では確実性や安全性の問題は大きいが，クローン技術を無精子症の男性と妻との間でなぜ作成を禁じねばならないのかといった意見も見られる．以上の可能性や問題は，技術的に安全に実施可能な範囲も，社会の中で法的，倫理的に許される範囲も定まっていない段階にある．

**参考文献**
加藤尚武 1999．脳死・クローン・遺伝子治療，PHP新書（PHP研究所）．
高久史麿 2000．生殖倫理．現代医学と社会（井村裕夫・高久史麿編），岩波書店，199-211．

# 第 2 章　進　化

## 1.　生物の進化

　生物が時間と共に変化していくことを進化と呼ぶ．クジラの後足やヒトの尾骨など痕跡器官の存在や，オットセイの胸びれ，コウモリの翼，ヒトの手などのホ乳類の前肢と判断できる相同器官の存在，あるいは化石資料などを見ても，時間と共に生物は変化してきたことが読み取れよう．生物進化は自明のことと思われる．ところが，生物が変化していく様子を直接目で確かめることは難しい．しかし，中には比較的短期間のうちに形態や特徴が変化した例も知られている．

### (1)　工業暗化
　18世紀にいち早く産業革命に成功した英国では，工業化が進み盛んに石炭が使われるにつれて，工場からの煤煙のために樹木の幹が黒くなった．英国では樹皮に白い地衣類が付着している場合が多く，多くの樹皮は白く見える．オオシモフリエダシャク *Biston betularia* は白いガで，白い樹皮に対して白い色彩は保護色の効果を発揮していると考えられる．本種は日本でも北海道や本州中部山地に多産する．
　英国の工業地帯のマンチェスターでは，白いオオシモフリエダシャクの中に1848年の段階で，1％程度の黒色のタイプ（暗色型とここでは呼ぶ）が交ざるようになった．これが50年後の1898年には白い明色型1％，暗色型99％と白いガが黒いガに変わってしまった．原因は樹皮を中心とした環境が白から黒に変わり，そのために，保護色の効果を持っていた白いガが逆により目立つ状態となり，その結果鳥の捕食圧が高まり，黒いガがむしろ保護色の効果により鳥からの捕食から免れるようになったためと判断される．環境の変化により異なった自然選択が働き，急速に遺伝子頻度の変化が起こった例である．翅を黒色にする遺伝子は，単因子の不完全優性とされているが，自然選択の結果，30～40世代で暗化型遺伝子が98～99％になり著しい遺伝的構成の推移を示したことになる．このような工業暗化の例は昆虫では100種以上が知られている．真っ先に産業革命に成功した英国では，19世紀末という早い時期に大気汚染や河川汚濁などの環境問題を引き起こしている．そのようなことからイングランド北部の湖水地方を起点としてナショナルトラスト運動が起こり，煤煙防止法を世界で最初に制定するなど，早い時期から環境問題に取り組みだすことにもなっている．1940年段階でも工業地帯では暗色型が95～98％を占めていたが，ロンドンのテムズ川にサケが100年ぶりに戻ってくるようになった現在，オオシモフリエダシャクは暗色型よりも明色型の方が多く見られる．ただし，都市部では田園地帯に比べて暗色型

の得られる割合が高いことも知られている．

　他に，抗生物質に対する耐性菌の出現や殺虫剤に対する耐性種の出現なども，工業暗化の例と同様に，短期間のうちに特定の遺伝子を持つ個体が急激に数を増やした例として理解できよう．

### (2) 進化論と本質主義

　アリストテレス（Aristoteles）以降，生物学的自然観をなしていたものは，創造説や自然発生説であった．進化論が登場する以前の科学は，いわば物理科学でありこれは実在論的思考（類型的思考）が基本をなすものであろう．事物は不変の特徴で定義されるもの，あるいは境界が明瞭なものとの思考から発していた．このような思考を本質主義（essentialism）と呼ぶ．この本質主義は進化を否定する．中世ヨーロッパにおける宗教対科学の対立構造は，一般に言われていることとは裏腹に，当時の科学が本質主義的自然認識にあったことから，それほど関係は悪くはなかったという意見もある．むしろ宗教と科学の真の対立は，ダーウィン（C. R. Darwin）の進化論が出てから始まったとも考えられている．

　ダーウィンの自然認識は，種個体群の変異性を大前提に置いた，言わば個体群思考（population thinking）であろう．ダーウィンの進化論は，プラトン以降2,000年以上も支配していた本質主義に貫かれた西欧的思考に対立する．それゆえ，当時の科学の基礎であった本質主義的自然認識から，生物学あるいは生命科学を引き離すことに成功したと考える．この類型的思考（typological thinking）から個体群思考（population thinking）への転換はダーウィンの最大の功績と考えており，20世紀に入ってからの生物学における自然認識の基本となっている．もっとも今日の複雑化する社会の中では，科学に対する視点も様々で，科学の客観性や科学の土俵などは存在せず，私達が科学と呼んでいるものは社会の変化に応じて変わり得るものという，科学を相対主義的に位置づけようとする見方まである．

### (3) ラマルクの進化論

　今日，用不用説でよく知られるラマルク（J. P. Lamarck）は，若い時代はパリで医学と植物学を学んでいる．ラマルクの名は当初，『フランス植物誌』(1778)を著した人として知られるに至った．1789年には自然史博物館の昆虫学と蠕虫（ぜんちゅう）学の教授となり，1793年には動物学の教授となった．用不用説は『動物哲学（Philosophie zoologique）』中に記載されたものである．ラマルクの業績は無機物から原始生命が自然発生し，生物進化がなされたことを主張した点であろう．用不用説はむしろ進化の必然的傾向を解くための副次的要因として唱えられたものである．まだ教会勢力の強いこの時代において，生物は時間と共に変化することを主張したラマルクは，進化のメカニズムとして，使う器官は発達し，それが子孫に伝わるという今日的に見れば誤った見解を示したとしても（しかもこれは，ラマルクが進化のメカニズムとして考えた要因の1つにすぎない）高く評価されるべきであろう．その他ラマルクは，無脊椎動物（Invertebrata）や生物学（Biology，仏語 biologie）の用語を作っている．後者はブルダハ（K. F. Burdach）が1800年に初めて作ったものであるが，これとは別にラマルクおよびトレヴィラ

ヌス（G. R. Treviranus）によっても1802年に用いられている．ラマルクは『動物哲学』の発刊以降，無神論者，唯物論者として激しい非難を受け，後に失明し，不幸な一生を終えている．

(4) ダーウィンの進化論

ラマルクの『動物哲学』の出版とダーウィンの『種の起原（The origin of species by means of natural selection, or the preservation of favoured races in the struggle for life）』（1859）の出版（学会での発表は1858年7月で，ウォーレス（A. R. Wallace）との共同発表の形を取っている）の間は約50年であるが，50年間の社会の変化は著しいものがある．まず産業資本主義の発達期にあり，自由競争による発展が著しかった．また特に英国では知的土壌が向上し，スマイルズやミルが登場している．また，マルサスの人口論はダーウィンに大きなヒントを与えた．人口の対数的個体数の増加と限定された資源量を考え合わせれば，個体間の生存競争の実在が見えてくる．

ダーウィンは自然界の様々な現象を収集し，①生物は生存できる個体数以上の多くの子（卵）を産むこと，②個体変異が存在し，多くの個体変異が遺伝し得ることを家畜や園芸作物をもとに確認し，近縁な生物が存在するという事実から生物には自然選択がかかり，変異を持つ個体の中から適者がより多く生存し，その個体が子孫を残す．これによって生物は時間と共に変化し，新しい種も形成されると考えた．

20世紀に入ると，ダーウィンの自然選択説に遺伝学の研究成果が取り入れられ，不適切な部分

A：用不用説

B：自然選択説

図2-1-1　用不用説と自然選択説によるキリンの首と前足の進化の説明
A：キリンの祖先は木の葉を食べていたが，高いところの木の葉を食べるために前足と首を伸ばすことをくり返すうちに前足と首が伸びてきて，この形質が代々積み重ねられて現在のキリンとなった．
B：背の高い個体と低い個体が生まれるが，前足や首の長いものほど高いところの木の葉を食べるのに有利で，このような個体が自然選択によって残り，それが代々くり返されて現在のキリンとなった．

が修正されつつ生物進化の総合説として現代生物学の脊梁を形成する．特に進化の基本単位は個体や種ではなく，遺伝子にあり，遺伝子構成の変化が生物の変化を引き起こしている点に注意しなければならない．

### (5) その他の進化論

今日，多くの進化学説が提唱されている．自然選択説の一部を補強するものは多いが，その中で定向進化説は，自然選択は作用せず，あるいはほとんど作用せず，生物の進化は方向性を持つという点で，真っ向から自然選択説に対立する学説である．アイマーとコープ（T. Eimer & E. D. Cope）によって1885年に唱えられたこの説は，主に化石資料をもとにしたもので，化石を年代順に並べるとウマの化石は小型から大型の一方向的にサイズが変化し，指の数が5本から現在の1本に減っていく．ゾウも小型のものから次第に大型化し，オオツノジカの角も大きくなる方向へ進化している．サーベルタイガーの犬歯も一方向的に発達し，ついには大きくなりすぎて機能しなくなったと主張する．今日，定向進化を信じている人は少ないだろう．ただし，遺伝子レベルで見た生物進化については，木村による中立説（1968）が遺伝子の塩基置換速度が一定であることを述べている．また，総合説が種分化は長期にわたる連続的な変化の積み重ねによると基本的に主張するのに対して，エルドリッジとグールド（N. Eldredge & S. J. Gould）は断続平衡説（1972）を唱えている．化石資料からの検討では生物進化は断続的で，変化するときは一気に変化を生じ，あとはそれほど変化しないという学説である．

### (6) 現代の進化論

今日の進化理論は集団遺伝学や生態学をもとに，生物学の様々な分野の成果の統合を目指し，進化要因を総合的に捉えようとしたもので，総合説と呼ばれている．理論的に総合説は，自然選択だけでなく，遺伝子浮動，突然変異，発生的制約，隔離などの様々な要因を考慮しつつ生物進化を考える（図1-1-3）．総合説をネオダーウィニズムと呼ぶ場合があるが，ネオダーウィニズム

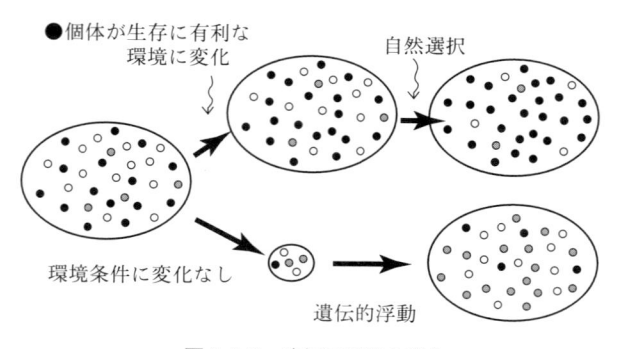

**図2-1-2 遺伝子頻度の変化**

進化は集団内の各々の個体ないしは遺伝子の割合（頻度）の変化として表される．その頻度の変化は環境の変化によってあるものが有利になることで起こる．さらに，環境条件が変わらなくとも，一時的な個体数の減少によっても頻度が変化することがある．

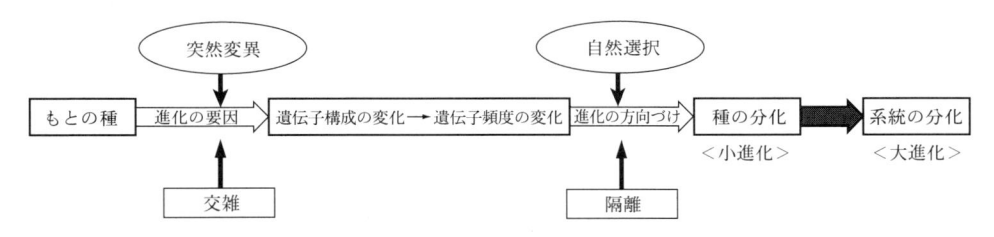

図2-1-3 現在の進化論
総合説と呼んでいる．遺伝子突然変異によって遺伝子構成に変化が起こり，様々な形質が生じて変異性が増大する．それが外部環境によって自然選択を受け，その間に移住や隔離の作用が影響し，個体群の形態が変わる，あるいは種形成が生じる．大進化は存在しないという主張もある．

が自然選択万能という考えに立脚しているのならば，同義とはならない．

## 2. 生命の起源

生命は地球の誕生以降，ただ一度だけ地球上に生じたとされる．その後，長い時間の経過と共に初期の生物は個体数を増していくと共に多くの種に分化していった．現在1,000万種とも1億種とも言われる多くの種が地球上に生息しているが，これらの多くの生物の起源は，真偽のほどは定かではないが，地球上において出てきた1個体であろうと言われている．さらに地球の長い歴史の中で，実に多くの生物，おそらくは現存する生物種よりも多くの種が滅んでもいよう．

### (1) 創造説，自然発生説と生物続生説

現在，生物は生物からのみ生じることが一般に知られているが，中世ヨーロッパでは生物は神という超自然的なものによって創造され，よって生物は不変という考え（創造説）や，生物は神の意思とは無関係に親なしで発生する（自然発生説）といった考えが広まっていた．特に後者はアリストテレス以来の歴史を持ち，また洋の東西を問わず長く信じられてきた．17世紀の顕微鏡の発達は微生物の存在を明らかにし，この考えをかえって助長した．また，泥から動物や植物が発生するといった自然発生の考えと共に，植物から動物が生じるといった，非続生的な考えも一般的であった．17世紀のベルギーの医師ファン・ヘルモント（J. B. van Helmont）は，古着に麦の穂をくるみ込んだものを木箱の中に入れ，屋根裏に置いておいたところ，古着に汚み込んだ動物の成分の働きを受けて，麦の穂がネズミに変わったという実験結果を報じた．その一方で，イタリアの医師レディ（F. Redi）は，ハエが産卵しない肉片にはウジが発生しないことを確かめ，ウジの自然発生を否定した（図2-2-2）．今から見れば，ハエの卵からハエの幼虫であるウジが発生することは

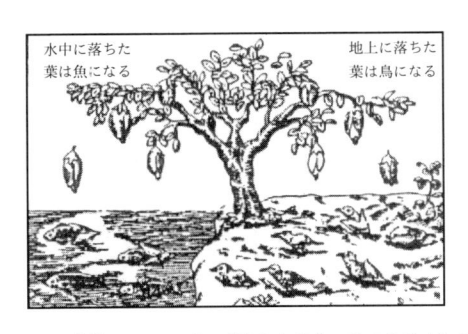

図2-2-1 中世ヨーロッパの"鳥のなる木，魚のなる木"の図

図 2-2-2　昆虫類の自然発生説の否定：レディの実験

自明の理であるが，この時代の生物学の水準はこの程度ということであろう．このような状況から次第に高等動物の自然発生は否定されるようになっていった．18世紀にはニーダム（J. T. Needham）の実験に対するスパランツアーニ（L. Spallanzani）の実験がある．煮沸した肉汁内に再び微生物がわくことを認め，生物の自然発生を主張したニーダムに対して，スパランツアーニは鋭く対立した．一般的に18世紀の段階では微生物は自然発生するという見解が根強く，完全に否定できる実験はなかった．

微生物も自然発生しないことが確かめられたのは19世紀に入ってからのパスツール（L. Pasteur）の実験によってであった．パスツールは，煮沸後密封した容器で微生物が発生しないのは，空気が煮沸によって変化しているからで，新鮮な空気があれば微生物は自然発生するという見解を否定するために，S字管（白鳥の首フラスコ）を考案し，微生物も自然発生しないことを確かめた（図2-2-3）．S字状に曲がっている首の一番低い部分に空気中を漂う微生物が集まり，微生物はスープ（培養液）中には入って行かない．一方，空気は出入りすることから，空気があっても微生物のもとが入り込まなければ自然発生はないと判断された．微生物の発生がないことを確認した後に首の根元を切り離すと，直ちにスープに微生物が発生した．

しかし，自然発生を想定しないと説明のできないものがある．生命の起源である．

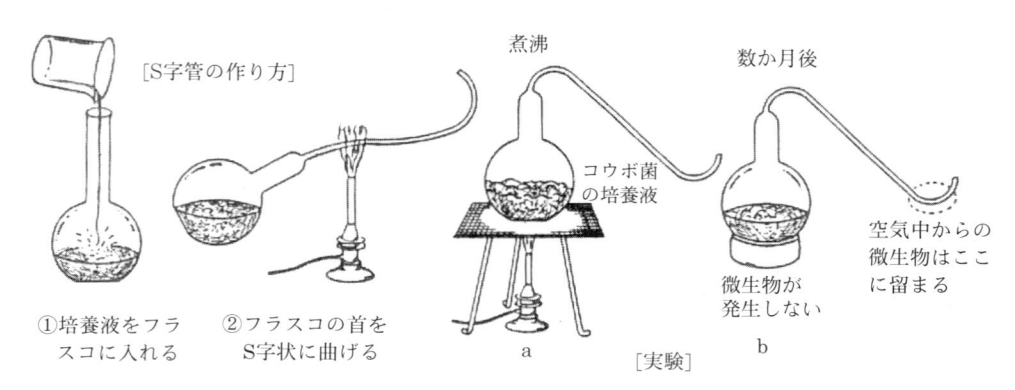

図 2-2-3　微生物の自然発生説の否定：パスツールの白鳥の首フラスコを用いた実験

## (2) 地球の誕生と化学進化

地球の誕生は今から 45.6〜45.5 億年前と推定されており，太陽系の起源と時を同じくする．地球は微惑星の衝突のくり返しによって雪だるま的に次第に大きくなり，でき上がったと言われている．原始大気の主成分は $H_2O$, $CO_2$, $N_2$ で，軽い $H_2$ は大気圏外へ飛散し，その一方で金属鉄は地球の中心部に集まっていったと推定されている．また地球表面は微惑星からの水分が溜まり，地球ができ上がって 5 億年経過した段階で原始海洋ができ上がったと考えられている．原始海洋の形成と共にプレートテクトニクスが始まり，海底に熱水噴出孔が出現した．そして，生命はそこで誕生した可能性があると言われている．当初は無機物のみが存在した原始地球で，無機物から生命体を構成する有機物が化学反応によりでき上がり，そしてそれら有機物が組み合わ

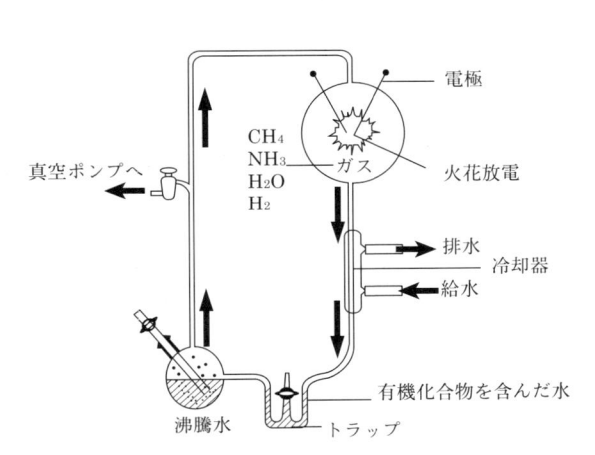

図 2-2-4　ミラーの実験装置

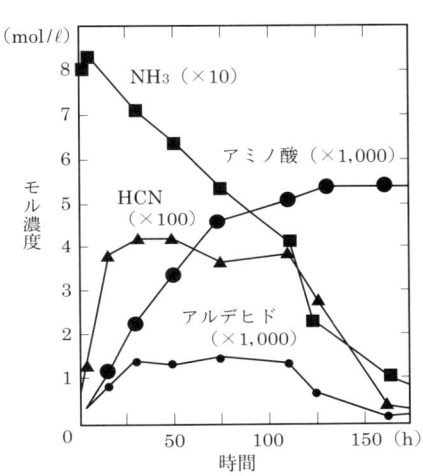

図 2-2-5　ミラーの実験による時間の経過と生成物
（Miller, 1957 より）

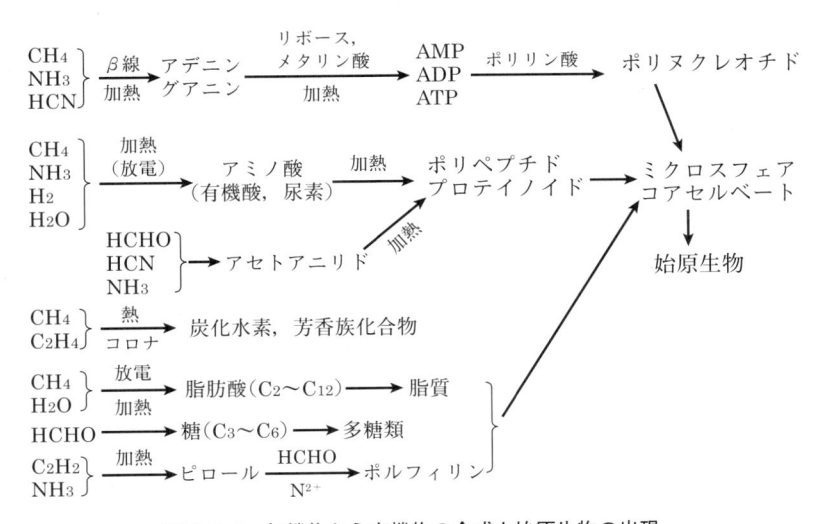

図 2-2-6　無機物から有機物の合成と始原生物の出現
（生物学資料作成委員会（東大・教養），1992 による）

さって複雑な機能を持つに至るといった一連の化学進化の結果，非常に低い確率，おそらくはただ一度だけ地球上で生命が生じたと考えられている．

無機物からアミノ酸のような有機物が生じることは，ミラーとユーリ（S. L. Miller & H. C. Urey）の放電実験（1953年に予報的報告，1955年に詳細報告）で明らかにされ，さらに生物体を構成する他の有機酸や糖，塩基なども無機物から合成されることが判明している．現在ではアミノ酸のような有機酸は宇宙の至る所で存在が確認されており，無機物から有機物への化学反応は地球だけで起こったことではない汎宇宙的なものであることが分かっている．

アミノ酸からタンパク質のようなより大きな有機物が生じるとどのようなことが起こるだろうか．オパーリン（A. I. Oparin）はタンパク質粒子が一定の環境条件下で集合し，境界膜を形成するコアセルベートと呼ばれる構造物になることを明らかにした．このコアセルベートが酵素として機能するタンパク質や遺伝子として機能する核酸などを取り込み，生物へと進化したとされている．前述のように，化学進化による生命の発生は非常に低い確率で，おそらくただ一度だけ地球上で起こり得た著しく希有な事象とこれまでは捉えられていたが，今日，広く宇宙空間からもアミノ酸などが存在することが判明してくると，生命の発生はそれほど稀な事象ではない可能性も想定されるようになってきた．

地球上での生物の出現がただ一度だけであると推定される論拠は，タンパク質を構成するアミノ酸が基本的に20種に限定されており，しかもそれらはすべてL型のアミノ酸で，D型のアミノ酸からなる生物が存在しないことや，DNAのらせんがすべて右巻きであること，ATPをエネルギー変換物質として用いることなどである．ただし，多起源的に生物が発生し，たまたまD型のアミノ酸から構成される生物は途中で滅んだ可能性は否定できないし，また検証も甚だ困難であろう．

### (3) 始原生物の進化

以上のように，地球での生命の誕生はおよそ36～40億年前に遡ると言われている．最も古いものでは38億年前の堆積岩からの生命の痕跡（生物由来と考えられる炭素の存在）である．ただし，この炭素は非生物由来である可能性も指摘されている．化石そのものとしては，オーストラリアの35億年前の地層から得られたものが存在する．

1996年に，NASA（アメリカ航空宇宙局）は火星から飛来し，南極に落下した隕石中に生命の痕跡を発見したと発表し，世界中の注目を浴びた．この隕石は45億年前に火星で形成され，1,500万年前に火星を離れ，そして1万3,000年ほど前に地球にたどり着いたらしいと判定されているものである．そして，この隕石の中に約36億年前の火星の生命体らしきものが含まれており，火星にかつて原始的な生命が存在したとの結論を下したのである．この隕石中の化石（らしきもの；図2-2-7）が本当に生物であるかどうかは論議の大きな的となったが，決着はついていない．ただし，かつての火星には豊富な水と大気が存在したと推定されていることから，地球で起こったことと同じこと，つまり化学進化による生命の発生があっても不思議ではないと思う．表2-2-1に，生物らしきものがあった際に，それが生物であるか否かを判定する3つの条件を示しておいた．

表 2-2-1 生物と認定する条件

| 条件 | 関連物質 | 役割 |
|------|---------|------|
| 自己複製できる | DNA, RNA | 遺伝子 |
| 代謝を行う | タンパク質 | 酵素 |
| 外界との境界を持つ | 脂質 | 膜 |

3条件がすべてそろえば絶対生物，2つならばまあまあ生物，1つだけなら生物とみなすにはかなり疑問．

3つの条件をクリアすればそれは間違いなく生物である．3つのうち2つの条件を満たしていればまあ生物だろうといったところである．しかし，1つしか条件を満たしていなければそれは生物と判定するにはかなり疑問だということになる．現在の火星では両極付近に氷が存在することから，この辺りに生命が潜んでいないだろうか．NASAの発表以来，多くの生物学者が火星に注目している．生物学が現実的に宇宙に広がる可能性を持つに至ったと判断できよう．

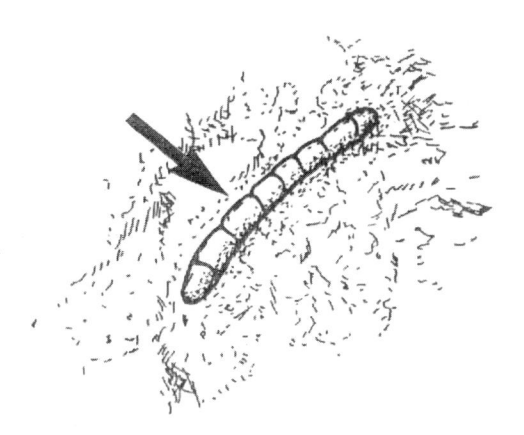

図 2-2-7 火星からの隕石中に見られたチューブ状の細長い細菌のような構造
いくつかの細胞が連なったようにも見える．(NASAが発表した隕石の電子顕微鏡写真より描く)

19世紀から20世紀初頭に，地球の生命の起源は宇宙からやって来たという宇宙生命説（宇宙胚子説）や宇宙飛来説（隕石説）が提出された．これらは生命起源を地球外に一段階ずらしただけと，いったんは棄却された仮説であるが，近年また別の形で宇宙からの飛来が浮上している．原始海洋での化学進化を想定した場合，宇宙線や雷による有機物生成では単位体積当たりの有機物量が微量すぎて，10億年経っても物質間の化学反応がなされず，よって生命の発生はないという計算があるからである．前述のとおり生体分子の生成は宇宙に普遍であり，特に有機物を多く含むものとして，彗星が挙げられる．そして近年，彗星が地球に衝突することによって生命の構成成分をもたらしたという仮説（彗星説）が提唱されている．

地球での最初の生物は，熱水噴出孔で生活する好熱性の細菌か超好熱性の化学合成細菌であった可能性が指摘されている．かつては，最初の生物は，原始海洋に含まれていた有機物を取り込んで生活する嫌気性従属栄養生物であったと想像されていたのであるが，近年，有機物量が生物が生息するためには微量すぎる可能性も指摘されている．もちろん，いずれにせよ生命の祖先型は小型で単細胞の微生物で，現在の細菌類とそれほど違いがなかったものと思われている．その後に，光合成を行う能力を持つ嫌気性独立栄養生物が出現したと思われる．特に光合成生物の活動によって次第に大気の酸素が増加していき，やがては好気性の独立栄養生物が出現したと考えられる．原核の光合成生物であるシアノバクテリアの出現が34億年前と推定され，シアノバクテリアの集合体であるストロマトライトは26億年前の地層に見られ，大気の酸素量を増加させることに大きく貢献したものと思われる．約10億年前に成層圏にオゾン層が成立し，宇宙から

降り注いでくる生物にとって有害極まりない紫外線が遮断されるようになり，約6億年前には大気の酸素量はパスツール点（現在の酸素量の100分の1の量）に達した．酸素呼吸を行う生物が多く出現し，エネルギー効率のよい酸素呼吸を盛んに行うことが可能となったことによって，生物の多細胞化，大型化が促進されたと思われる．さらに，オゾン層が成立したことで，動物も植物も海から陸上への進出が可能となった．

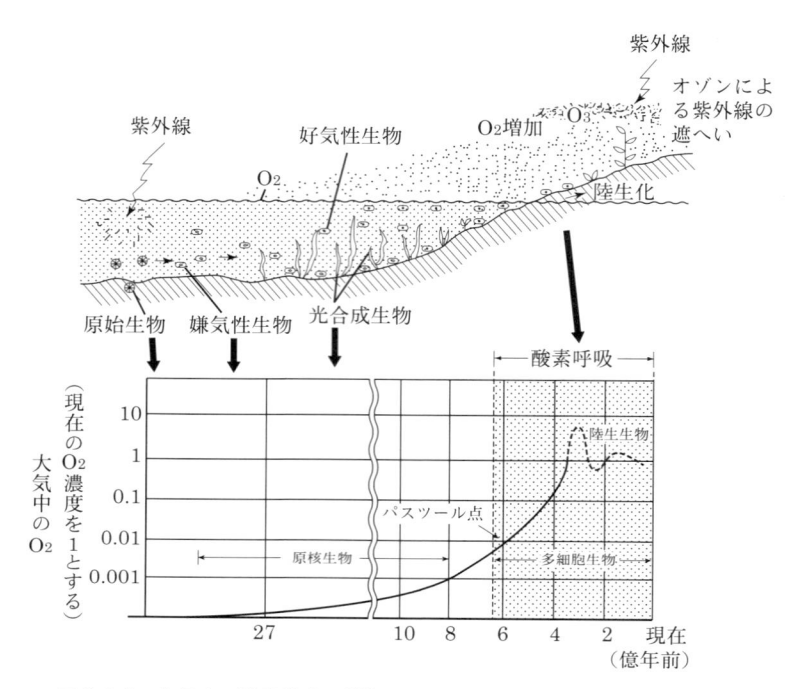

図2-2-8 大気中の酸素濃度の増加，オゾン層の形成と生物の進化
（石川，1987の図をもとに寺山，1997より）

太陽以外の恒星で，惑星を持つかどうかの情報は少ないが，現在約120個の恒星で惑星を持つことが分かっており，決して太陽系が特殊な天体ではないことが判明している．水を持つ地球型惑星は相当多いと思われる．銀河系だけでも1,000億の恒星があり，その中の10分の1，つまり100億個で生命が存在するかもしれない．

**参考文献**

石川　統 1987. 生物科学入門, 裳華房.
Miller, S. L. 1957. Ann. N.Y. Acad. Sci., 69: 260.
生物学資料編集委員会（編）1992. 生物学資料集（第3版）, 東京大学出版会.
寺山　守 1997. 医歯薬進学（玄文社），21(13): 123-127.

## 3. 3超生物世界と生物進化

地球上の生物を大きく動物と植物の2つのグループに分ける従来の考え方に対して，近年，生物を5つのグループ，つまりモネラ，プロトクチスタ（プロチスタ），菌類（カビ，キノコの仲間），植物，動物に分類する考え方が定着してきた．前者のような考え方を生物2界説，後者を生物5界説と呼ぶ．さらに近年，生物の系統を反映させて生物世界を3つの大きなグループに区分する大系が提出され，これを3超生物世界と呼んでいる．ここでは巨視的に認識された生物群の進化を眺めてみる．

### (1) 生物5界説とその周辺

生物を動物と植物の2つのグループに区分する見方は，目に見える見近な日常生活を強く反映させた世界であると言えよう．この分類システムを生物2界説と言う．ただし，生物2界説で地球上の全生物の分類を試みると，多くの矛盾が生じてしまうことは古くから指摘されてきた．有名な例ではミドリムシや細胞性粘菌の存在が挙げられる．ミドリムシは葉緑体を持ち光合成を行うが，一方でセルロース含む堅固な細胞壁を持たず，体形を容易に変えることができ，かつ鞭毛で盛んに動き回る．また，光受容体として機能する眼点まであり動物的特徴を兼ね備えている．さらに一般的な植物と異なり，光がなければないで他の原生動物と同じように周囲の有機物を栄養分として取り込んだり，他の微生物を捕食することでしっかりと生きていける．細胞性粘菌では胞子のうや胞子を形成する一方で，生活環の中にアメーバ状の単細胞状態の時代が存在する．これらは，生物2界説では動物に含ませるべきか植物に含ませるべきか困惑する生物である．

それに対して，近年の細胞生物学や生化学，あるいは分子生物学に基礎づけられた見方が生物5界説である．生物5界説を適用すれば，ミドリムシや細胞性粘菌は動物でも植物でもなく，プロトクチスタであるといった位置づけがなされうまく区分される．生物5界説は厳密に系統関係を反映させた分類区分ではないが，生物の大枠を理解するにあたっての有効な枠組みを提供していよう．

現在，最も一般的に用いられている生物5界説から生物の進化をまとめると，原核段階の細菌類やシアノバクテリアから真核段階の生物に移行し，その際に細胞内共生によって複雑な体制を進化させ，さらにこの真核単細胞生物，つまりプロトクチスタから3つの方向で多細胞化に成功し，それぞれ独自に進化の道を歩んできたのが動物，植物，菌類ということになる．特に植物，動物，菌類は生態系における栄養摂取から見た3大生態戦略，つまり，生産（同化），消費（摂食），吸収（分解）をそれぞれ分け合って繁栄しているところが興味深い．ただし，より厳密に系統関係を論じた場合，真核単細胞生物は最低8か所で多細胞化を引き起こしている．

生物の大分類については様々な主張がなされてきており，3つに大分類することを主張するものから，4界説，6界説，8界説さらには13界説までもが存在する（表2-3-1）．中には5界説

表 2-3-1 生物の界（Kingdom）レベルでの分類体系の例

| 界の数 | 2 | 3[1] | 3[2] | 4[3] | 5[4] | 6[5] | 13[6] |
|---|---|---|---|---|---|---|---|
|  | 動物 | プロトクチスタ | モネラ | モネラ | モネラ | 古細菌 | モネラ |
|  | 植物 | 動物 | 動物 | プロトクチスタ | プロトクチスタ | 真正細菌 | 紅藻 |
|  |  | 植物 | 植物 | 動物 | 動物 | プロトクチスタ | 植物 |
|  |  |  |  | 植物 | 植物 | 動物 | ミドリムシ類 |
|  |  |  |  |  | 菌類 | 植物 | 粘菌 |
|  |  |  |  |  |  | 菌類 | 菌類 |
|  |  |  |  |  |  |  | 不等毛類 |
|  |  |  |  |  |  |  | 鞭毛藻 |
|  |  |  |  |  |  |  | ハプト藻 |
|  |  |  |  |  |  |  | クリプト藻 |
|  |  |  |  |  |  |  | 双鞭毛藻 |
|  |  |  |  |  |  |  | 中生動物 |
|  |  |  |  |  |  |  | 動物 |

1) Curtis, 1968　2) Dodson, 1971　3) Copeland, 1956　4) Whittaker, 1969　5) Woese et al., 1977
6) Leedale, 1974.（寺山, 1997 より）

でプロトクチスタ界として1つにまとめている生物群だけに着目しても，系統関係に忠実に従って分類し，20の界に細分すべきだという意見すらある．5界説においても，プロトクチスタを真核単細胞生物とするホイッタカー（R. H. Whittaker）の考えや，緑藻，褐藻，紅藻などの藻類をプロトクチスタに含めるマーグリス（L. Margulis）の考えが存在する．褐藻類のコンブは長いものでは100mに達するが，そんな大きなものとゾウリムシやアメーバが同じグループに含まれるというのにはやや感覚的に不整合が生じそうであるが，組織・器官の発達度を基準に取るとこうなってしまう．6界説では一般に古細菌を一般的な細菌類（真正細菌）とは別のものと判断し，生物を6つに分けるものである．その他，サカゲツボカビ類，卵菌類，ラビリンツラ菌類をクロミスタ界（Kingdom Chromista）として独立させ6界説とする考えもある．

　いずれにせよこれらは，地球上の多様な生物を体系的に区分しようとする，言わば分類の試みで，系統関係を厳密に反映させる必要はないという考えに立脚する．それゆえ，最も理解しやすく，応用性の高いものが一般参照体系として定着し，一般社会に広く受け入れられていくものと考えられる．今後，様々な領域の研究による情報が提供されていくにつれて，生物5界説あるいは6界説の参照体系が他の考え方に入れ代わることもあり得よう．化石群を除くと，動物界は約30の門に，植物界は9の門に，そして菌類界にはツボカビ門，接合菌門，子のう菌門，担子菌門の4系統群が認められる．

(2) 3超生物世界

　近年，系統を反映させて生物を3つのグループに大別して生物界を鳥瞰しようとする試みが見られる．つまり，この図式では生物を3つの大きなグループ（この単位をスーパーキングダムと

かドメインと呼ぶ），つまり真正細菌類，古細菌類（アーキア），真核生物（ユーカリア）に分けるものである．古細菌は1977年にウーズ（C. W. Woese）によって発見されたもので，超高熱細菌，超好塩細菌，好アルカリ細菌，メタン細菌など非常に特殊な環境に限って見られる生物である．これらは，普通の生物では生存できない100℃近い熱水とか，pH1という強い酸性の厳しい環境に生息している．また，これらは原始の地球環境に適応した性状とされており，より原始的な生物である可能性が指摘されている．遺伝子を用いた系統解析では面白いことに，真核生物の起源が，真性細菌ではなく，古細菌であるという結果が示された．

### (3) 共生説

真核生物の出現は20億年前程度とされている．生物の細胞は，共通の細胞内の構造を多く有している．これらの生物体を構成する細胞はいかにして生物の共通単位となったのであろうか．

マーグリスは1967年にミトコンドリアや葉緑体などの細胞小器官は，かつては独立に生活していた細菌類で，それらがアメーバ様細菌類と共生関係を結び，やがて必須の段階にまで達した結果でき上がったのが今日の多細胞生物の細胞であるという「共生説（細胞内共生説）」を発表した．発表当初は一笑に付されたが，後にミトコンドリアや葉緑体から独自のDNAが発見されるに及んで，この仮説は強く支持されるようになった．実はこのアイデアの存在は1世紀以上も前に遡るもので，生物学者の中でわいては消えることをくり返していた考えなのである．

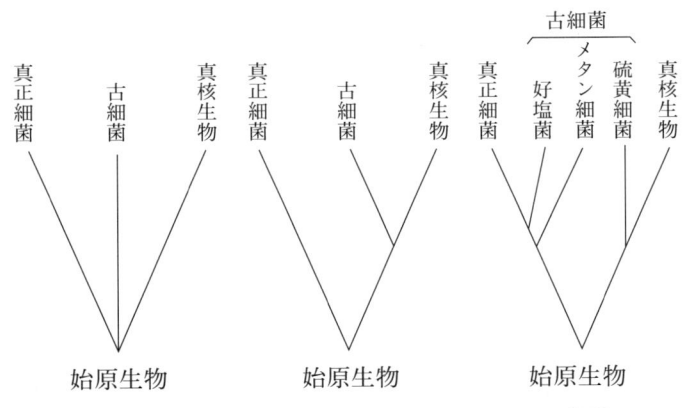

**図2-3-1 超生物界の系統関係についての3つの仮説**
（宮田，1996より）

今日，共生説を裏づける証拠はかなりそろってきており，ミトコンドリアの起源はオムニバクテリアのような好気性細菌，葉緑体の起源はシアノバクテリア（ラン藻類），中心体の起源はスピロヘータ様細菌類と推定されている．図2-3-2に共生説の骨子を示した．次のような流れとなる．①原核生物（可能性として古細菌）が細胞壁を失い，細胞は変形しやすい膜のみによって包まれたものとなる，②それによって巨大化しアメーバ様細菌類となり，細胞膜は原形質に入り込み核膜を形成する，③好気性光合成細菌が入り込む，またスピロヘータ様細菌が共生関係を結ぶ，④シアノバクテリアが入り込む，⑤多細胞化して動物あるいは菌へ進化する，⑥多細胞化し

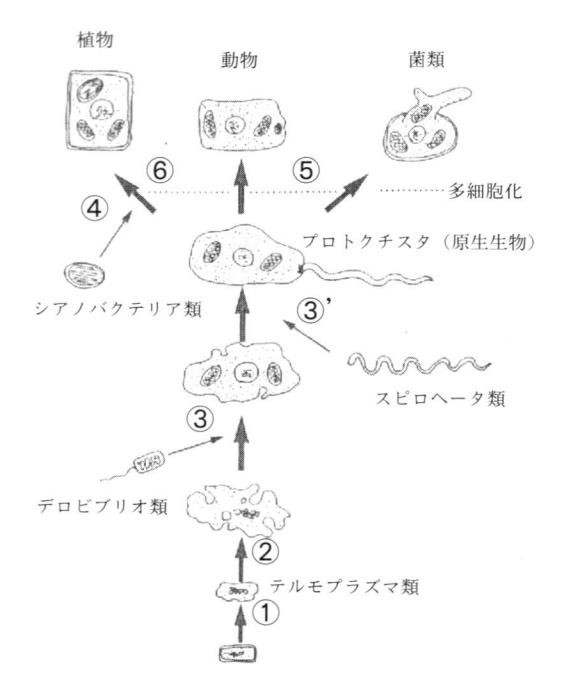

図 2-3-2　共生進化説（共生説）の模式図

て植物へと進化する．

### (4) 核ゲノムの進化，新共生説と系統網

しかしながら近年，多くの生物の遺伝子組成が解析され，比較されるようになり，生物進化について認識を新たにすべき展開が見られる．核ゲノムを比較すると古細菌から派生したと考えられている真核生物には，古細菌よりも真性細菌のものに似た遺伝子が少なからず存在することが判明した．可能性として，かつてトランスポゾンやウイルスなどにより遺伝子が頻繁に個体から個体へと移動して核ゲノムの中に入り込むといった，遺伝子の水平転移が多くなされた可能性があり，もしそうであれば，現在の生物のゲノムは，多種の遺伝子が混ざり合ったキメラであるということになる．

さらに真核単細胞生物においては，真核単細胞生物どうしが共生したようである．例えば，クロララクニオン藻類，ハプト藻類（プリムネシウム藻類），褐藻類のそれぞれの一部の種には紅藻類が共生しているし，ミドリムシの実態はトリパノソーマに緑藻類が共生した後に，この共生者が退化的となったもののようである．年間に270万人もの死者を出すマラリアの病原微生物であるマラリア病原虫には，近年葉緑体の遺伝子が存在することが分かり，緑藻が共生したようである．このような図式でプロトクチスタを見ると，共生説に主張される始原的真核生物に，真正細菌やシアノバクテリアといったモネラが細胞内に共生して細胞内構造の複雑性を増した第1段階に加えて，プロトクチスタ間での共生によりさらに複雑化を増した共生進化の第2段階があることが類推される．これは「新共生説」と呼ばれる．

核ゲノムの遺伝子の生物間での頻繁な移動と，新共生説に見られる生物間の共生による生物進化を考えると，原核生物と真核単細胞生物の進化の道筋を追うこと，つまり直線的に系統関係を推定することは不可能ということになる．このような網目状に入り組んだ進化の様式を，ドリトル（Doolittle, 1999）は「系統網」と名づけている．

### (5) 代謝系の進化

代謝系を見てみよう．初期の生物進化で特に着目すべきことは，原核生物のみが生息するこの時代に地球上での生命が展開し得るための基本条件，つまりあらゆる生物の持つ基本代謝系を完成させたことであろう．最初に出現した始原生物は呼吸の最も基本となる解糖系，特にグルコースからピルビン酸までのエムデン・マイエルホーフ経路（EMP経路）を確立し，さらに発酵へ

のエネルギー生成経路を付加させたと推定される．一部の種では，さらにこの発酵系のサブ経路の一部からTCA回路や電子伝達系といった好気呼吸系を確立させていったと推定される．また，グルコースの分解経路には他に，エントナー・ドウドロフ経路，ペントースリン酸経路，ホスホケトラーゼ経路といったものを持つ生物が今日認められるが，面白いことにこれらはいずれもグリセロアルデヒド-3-リン酸からエムデン・マイエルホーフ経路に立ち戻る経路である．やはり，エムデン・マイエルホーフ経路が確立された後に，生物進化に伴って二次的に形成されたもので，エムデン・マイエルホーフ経路の分流として位置づけられるものであろう．

　光合成系は幾多の試行錯誤の結果，既存の代謝系を極めて効率的に，そつなく利用して進化していった結果のものであることがうかがえる．反応式でも分かるように，光合成系が呼吸系の逆反応になって構成されていることは非常に興味深い事柄である．高等植物の中にはカルビン・ベンソン回路の機能をさらに高める役目を持つ$C_4$回路（$C_4$ジカルボン酸回路）を持つものが見られ，これらを$C_4$植物と呼んでいる．高等植物の光合成において，光や温度要因は野外において大きく変動するが，$CO_2$濃度はどこにおいても今日約0.04％でほぼ一定である．また，この濃度は植物においては常に不足しがちな状況にある．高等植物中に限って見られるこのオプショナルな回路は，植物の進化の中でかなり後の時代になって開発されたものであると言えよう．また，$C_4$回路を持つ植物は複数の系統群に見られ，それぞれが独自に獲得した可能性が高い．さらに，$C_4$回路を持つ植物の中には夜間に気孔を開き，$CO_2$を取り込みかつこれをリンゴ酸やオキサロ酢酸といった有機酸の形で体内に貯え，昼間に有機酸由来の$CO_2$を使って光合成を行う植物も知られており，これらをCAM植物と呼んでいる．砂漠のように昼間気孔を開くと体内の水分が奪われてしまう環境に生育する植物に多く見られる．$C_4$回路と異なり，呼吸や光合成といった代謝システムが生物共通であることの理由は，これらの起源が非常に古い時代に確立され，それが今日の生物に受け継がれているからである．

表2-3-2　生物の分岐年代の推定値

| 分岐生物群 | 推定分岐年代（億年前） |
| --- | --- |
| 棘皮動物／脊索動物 | 5.9 |
| 後口動物／前口動物 | 8.5 |
| 菌類／動物 | 11.3 - 12.7 |
| 植物／動物 | 12.0 - 12.2 |
| 原生生物／動物 | 15.5 |
| 古細菌／真核生物 | 24.1 |
| 古細菌／真正細菌 | 37.8（33-40） |

（Feng et al., 1997 より作成）

### (6) 動物・植物の系統進化

単細胞生物から多細胞生物への進化は，少なくとも単独に8か所で生じており，生物5界説や6界説からくる動物，植物，菌類の3方向への多細胞化のイメージとは異なる．プロトクチスタと称されるグループは，完全に多系統であることが18SrRNAの塩基配列に基づく分子系統解析の結果から示されている．動物および植物は単系統と判断される．植物では緑藻類が淡水域に進出し，やがて陸上に進出していったものと判断される．動物では，単系統性が長く問われる状況にあったが，図2-3-3に示されるように，近年の分子系統解析では海綿動物や刺胞動物も含めて単系統性が示され，かつ襟鞭毛虫類が動物の祖先であることが推定されるようになった．

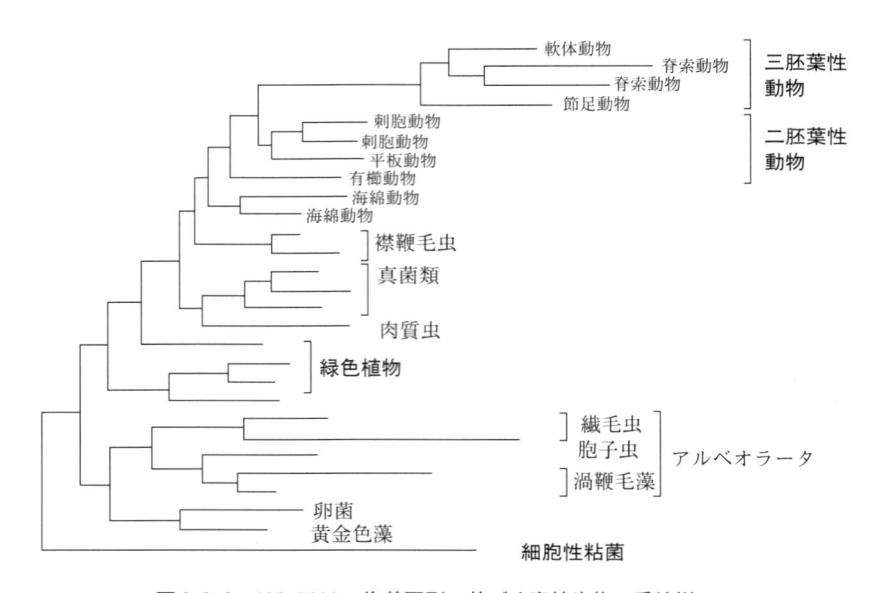

**図2-3-3 18SrRNAの塩基配列に基づく真核生物の系統樹**
二胚葉性動物群が分岐した後，扁形動物を含む三胚葉性動物群の分化が起こった．
（Wainright et al., 1993をもとに作成）

**参考文献**

Bapteste et al. 1992. Proc. Natl. Acad. Sci. USA, 99: 1414-1419.
Feng, D.-F., G. Cho & R. F. Doolittle 1997. Proc. Natl. Acad. Sci. USA, 95: 6854-6859.
宮田 隆 1996. 科学（岩波書店），66: 247-254.
寺山 守 1997. 医歯薬進学（玄文社），21 (13)：123-127.
Wainright, P. O., G. Hinkle, M. L. Sogin & S. K. Stickel 1993. Science, 260: 340-342.

### 4. 地球環境の変遷と生物の歴史

地球で生命が発生した後の生物進化は，非常に緩やかなものであったようである．地球上に急激に多くの生物が出現し，生命で地球表面が覆われだしたのは，地球ができてから40億年を経

過してからで，地球の年齢で比較すればかなり最近ということになる．ここでは多くの生物が出現した，6億年前以降の地球と生物の変遷を見てみたい．

(1) 先カンブリア代後期の地球と生物相

地球に真核生物が出現した頃，ローレンシアと呼ぶ巨大な超大陸が初めて出現した．その後，大陸は分裂と合体をくり返し，7～6億年前に現在の大陸の元となる超大陸ゴンドワナランドが出現した．このゴンドワナランドの出現に呼応して，突然多様な生物が進化した．肉眼サイズの生物は約7億年前に出現している．その後，エディアカラ生物群と呼ばれる奇妙な生物が原始の海に出現，繁栄した（図2-4-1）．この生物は大型のものでは長さ1mにも達する．基本形態は極めて扁平で，組織や器官の分化のない細胞の集合体である．もちろん骨格はなく，エアマットのような形をしていたようである．このエディアカラ生物群を，動物群とみなす研究者がいる一方で，動物でも植物でもないまったく独自の独立した生物群とみなし，動物界，植物界に対し，ヴェンドビオタ界という独自のグループを設定する研究者もいる．当時の生物世界に捕食者は不在で

図2-4-1　捕食者不在の平和なエディアカラ生物群

あったであろうから，今日の捕食－被食関係が強く関わって形成される生物群集とはずいぶん異質なものであったと思われる．このエディアカラ生物群は6.1～5.7億年前まで見られ，その後，消滅している．一説に捕食者の出現によって滅びたと言われている．この時代，地球は冷えて完全に凍結したという研究結果もあるが，それが絶滅に関係したかどうかは分からない．系統的にも生態面でも謎の生物群である．

5.6億年前には，硬い殻を持つ世界初の無脊椎動物群が出現し，トモティ動物群と呼ばれている．ほとんどは体長0.5mm以下の小型のもので，現在数百種類が発見されている．

### (2) カンブリア大爆発

5.3億年前の古生代のカンブリア紀に入ると，いきなり動物の爆発的な大適応放散が起こり，生物進化の大実験にも例えられる，ありとあらゆる試作品とも呼べそうな多様な動物が爆発的に進化した．このことをカンブリアン・バースト（カンブリア大爆発）と呼んでおり，この時代の動物をバージェス動物群と呼んでいる．この段階で，脊椎動物以外のほとんどの動物門が出そろったと思ってよい．それに加えて，現在存在しない多くの奇妙な動物も多数出現している．有名なアノマロカリス，オパピビニア，ハルキゲニアなどがこれにあたる．これらは絶滅した独自の動物群で，この時代にうまく勝ち残ったものが現世の生物に続いていると言えよう．

### (3) 大絶滅

化石資料を整理していくと，古生代から現在まで，少なくとも生物世界は5回の大量絶滅を被っていることが分かる（図2-4-2）．最も有名なものは白亜紀末期の恐竜の大量絶滅であろうが，大量絶滅を招いた理由は分かっていないものが多い．ただし，天変地異的な異変がある程度一定の時間スケールで地球を襲うと考えてよかろう．

第1回目のものはオルドビス紀末のもので，海産生物の57%の属が絶滅した．原因は不明である．2億5,000万年前のペルム（二畳）紀から三畳紀にかけて，地球上の生物は最も激しい打撃を被った．海洋では80～95%の種が滅び，陸上では78%のハ虫類の科，67%の両生類の科が絶滅している．昆虫類は小型でかつ移動能力に長けており，大量絶滅の影響をほとんど受けていないが，その昆虫類ですらここで30%の目（もく）が滅んでいる．ペルム紀に27目が存在し，うち8目が絶滅，4目が激しく消滅し，3目はかろうじて三畳紀まで生き残りその後，絶滅した．昆虫の中で翅を折り畳める種の出現や，幼生期に水中生活を送り，成体になると空中生活を送る種の出現には，厳しい季節的変動と気候的不安定性に対する適応様式の可能性があり，昆虫類が経験した唯一の大量絶滅と関係して，環境を乗り切るための形態変化である可能性がある．大量絶滅を引き起こした直接的な原因は不明であるが，少なくとも海水面の低下が起こり，かつ約1,000年の間海洋が酸素欠乏状態となったことと，現在の大陸の原形であるパンゲア超大陸が存在し，陸上では火山活動が活発化したことが判明している．小惑星の地球への衝突による可能性もある．この大量絶滅を境に地質区分は古生代から中生代へ変わるが，大量絶滅はその後すぐに起こり，結果として2度のパルスとなっている．現在の生物はこの大量絶滅をかいくぐったものの

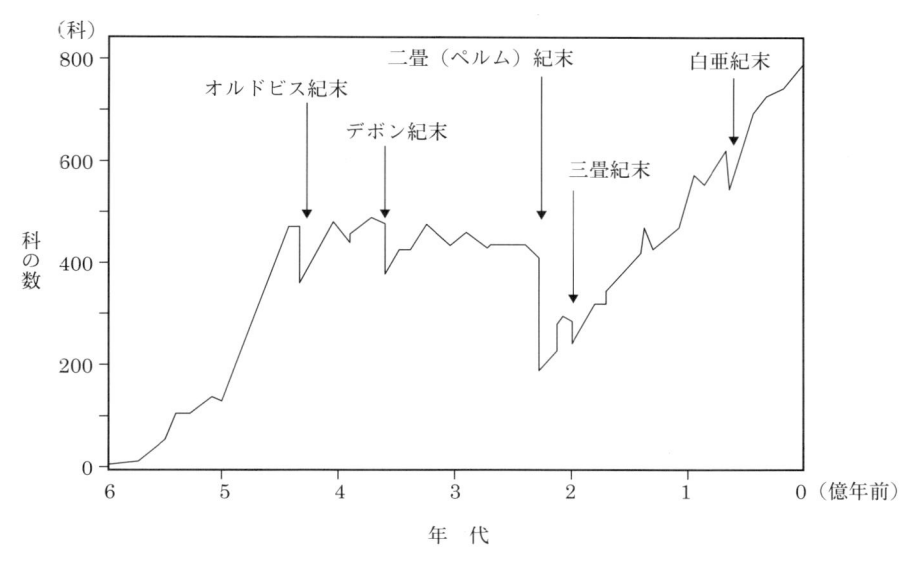

図 2-4-2 地質時代に起きた5回の大量絶滅
海産無脊椎動物の科の数を示す．(Raup & Sepkoski, 1984をもとに作成)

子孫になり，このような大異変が生じた際は，適者が生存するというよりは，単に運のよいものが生き残るようにも思えてくる．

　白亜紀末期に起こった約6,500万年前の大量絶滅では，海洋では47％の動物の属が滅んだ．陸上では恐竜が絶滅している．この恐竜の絶滅にはかつてはいろいろな仮説，細かく分けると100以上もの仮説が提唱されてきた．例えば火山噴火説や海進・海退説，流行病説などが挙げられる．その中で，大隕石の衝突によるという隕石説があり，現在これが正しいとされている．衝突した場所も中米のメキシコ東岸，ユカタン半島，フロリダ半島を囲む部分で，ここは衝突した後のクレーターであるとされている．クレーターのサイズから衝突した隕石の大きさを推定することができる．約1兆t（$10^{15}$ kg），つまり直径約10kmの物体である．実はこの大きさのものは隕石とは言わない．小惑星とすべきサイズである．よって，小惑星の衝突により恐竜は滅びたと推定されるのである．直径10kmの小惑星が地球に衝突すると，小惑星本体は地下30kmの地殻を突き抜け，マントル層にまで達してしまう．衝突の際に地球の地表面は高温状態になり，まず，その急激な変動で多くの生物が死に絶えたに違いない．さらに，衝突によって生じたちりは成層圏を突き抜けて，地上40kmの高さに達し，これらが数年から10年ほども太陽光を遮ると判断される．このために植物の光合成能力は著しく低下し，また地表温度の低下をもたらす．生産者の現存量が急激に減少することによって，生物群集は著しく縮小されたものになり，もともと個体数の少ない，多くの食糧を必要とする恐竜のような大型動物ほど滅んだのであろうという推定が成り立つ．ただし，恐竜は進化学的にすでに弱っていたという見解もある．つまり，内在的に弱っていたところに小惑星の衝突が起こり，とどめを刺されたという図式である．さらに，海の生物群集が大量絶滅をきたす前に，つまり小惑星の衝突する前に，恐竜はすでに滅んでいたという見解もある．

この絶滅を境に，地質区分は中生代から新生代となり，動物ではハ虫類が，植物では裸子植物が栄えた時代から，ホ乳類が適応放散し，様々な環境に進出して栄え，植物では被子植物が陸上を席巻する時代になった．46億年の地球の歴史をもし1年に圧縮して見ると，11月の中旬までが先カンブリア代で，長い間，生物は実にゆっくりとした進化をなしてきたことになる．陸上に生物が進出し，にぎやかな生態系を持つに至ったのは年の瀬の12月に入ってから，そして，人類が出現したのはわずかに12月31日の午後4時半，ヒトが文明を持つに至ってからの経過時間はわずかに30秒というはかない出来事になる．

**参考文献**

石川　統 1992. 太田他（編）生物の起原と進化，朝倉書店．
石川　統 1987. 一般教養生物学，裳華房．
Raup, D. M. & J. J. Sepkoski, Jr. 1984. Proc. Natl. Acad. Sci. USA, 81: 801-805.

## 5. 節足動物と脊索動物の進化

恣意的なものであるが，動物を大きく脊椎動物と無脊椎動物とに2大別する分類区分がある．脊椎動物とは，脊索動物の中でも私達ヒトを含む背骨を持つ動物の総称である．一方，無脊椎動物は脊椎動物以外の動物を呼び，系統的な呼称にはならないが，便宜性が高く頻繁に用いられている．ラマルクが『動物哲学』（1808）の中で初めて用いた言葉である．無脊椎動物の中で陸上で繁栄しているグループは節足動物であり，その中でもとりわけ昆虫類である．

ここでは，陸上で繁栄している2大勢力である節足動物と脊椎動物の進化について見ておきたい．

### (1) 節足動物の進化

節足動物の系統や分類に関しては19世紀の後半から，様々な意見が述べられてきた．しかし，形態形質から系統関係を強く推定することは難しく，有力な系統仮説が提出されるようになったのは，分子系統学の進展したごく近年になってからで，興味深い知見が次々と発表されている．

#### 1) 旧口動物の系統－ユートロコゾア仮説－

昆虫類に代表される節足動物門と環形動物門は，共に体の構造が顕著な体節性を示すことから，体節動物群としてまとめられ，系統的に最も近縁であると古くから考えられてきた．また，両動物門をつなぐ形態を持つ有爪動物門の存在もあり，この節足動物と環形動物が姉妹群を形成するという"体節動物仮説（Articulata hypothesis）"は半ば定説化され，多くの昆虫学の教科書に記述されてきた．つまり，昆虫類の祖先型として体節構造をとった円筒型のミミズのような形態のものを想定し，それが脚を持ち，体を頭部，胸部，腹部に分化させ，複雑な構造の口器を形成させて昆虫類に至ったという図式である（図2-5-1）．ところが比較的近年，ギゼリン

(Ghiselin, 1988) により 18SrRNA の部分塩基配列を用いて旧口動物群の系統解析がなされ，その結果では，環形動物は節足動物よりも軟体動物に系統的に近く，むしろ環形動物，軟体動物，星口動物，有鬚動物などが姉妹群を形成する結果となった．これらの動物群はトロコフォア型の幼生を作ることから，これらの動物門をまとめてユートロコゾア（Eutrochozoa）と呼んだ．その後，RNA ポリメラーゼや 18SrRNA の全塩基配列による分子系統解析がなされたが，いずれの結果でも環形動物は節足動物よりも軟体動物に近縁であることが強く示唆された．

　分子系統分類から提出された"ユートロコゾア仮説（トロコフォア幼生動物群仮説；Eutrochozoa hypothesis)"が正しいとすると，節足動物と環形動物を結びつけていた体節性というボディプランの進化は2通りの可能性が考えられる．1つは体節性が節足動物と環形動物で別々に進化したというもの，もう1つは，節足動物と環形動物が分化する以前の古い段階で体節性が獲得され，それぞれの動物門で引き継がれたが，軟体動物などではそれが二次的に消失したという可能性である（図 2-5-2）．

　近年のギルバートとリベラ（Giribet & Ribera, 1998）による 18SrRNA 遺伝子の 133 塩基を比較した解析の場合，旧口動物は2つの系統群に大別された．1つは上述のユートロコゾアや扁形動物，輪形動物，そして外肛動物や腕足動物を含む触手動物の系統群である．もう一方は脱皮して成長することに特徴づけられる動物群で節足動物，緩歩動物，有爪動物，線形動物，類線形動物，動吻動物，鰓曳動物である．アドットら（Adoutte et al., 1999）は前者の群を触手冠-トロコゾア動物群（冠輪動物群；Lophotrochozoans）と，後者の群を脱皮動物群（Ecdysozoans）と名づけている（図 2-5-3）．従来の系統仮説と比較すると，まず，節足動物と環形動物との類縁

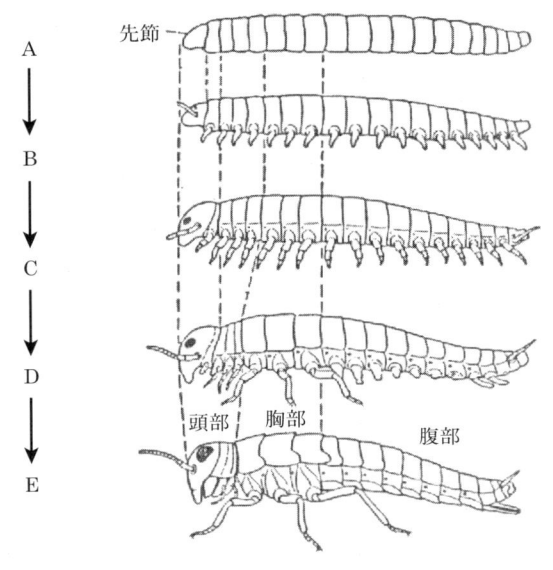

図 2-5-1　従来の環形動物型祖先から昆虫類への進化過程の模式図
（Snodgrass, 1935を改変）

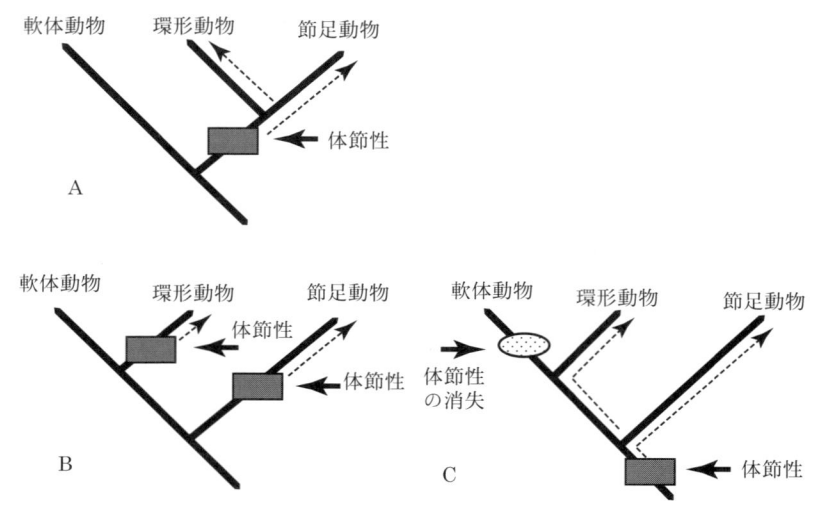

**図 2-5-2 体節性の進化**
A：従来の仮説による体節性の進化，B：体節性が環形動物と節足動物で独立して生じた場合，C：体節性が3つの動物門の共通祖先で生じた場合．

性は低く，大きく隔たったグループということになり，節足動物はむしろ線形動物と系統的に近いことになる．また，線形動物と輪形動物を1つにまとめて袋形動物と呼ぶ場合があるが，系統的にこれらの類縁関係は遠い可能性が高く，不適切な呼称となる．

## 2) ユニラミア仮説

節足動物は，クチクラ層にカルシウム分を付加させさせることによって堅固にしたキチン質の外骨格を持つという特徴で単系統群であるとされている．これに対して，この形質は進化の過程で独立に複数回生じた形質であり，よって節足動物は系統を反映した自然群ではなく，一見類似しているが実は系統的に無関係なグループの寄せ集めであるという見解も存在する．例えば，外部，内部両形態の比較からタイゲス（Tiges, 1947）やタイゲスとマントン（Tiges & Manton, 1958）は三葉虫類，甲殻類，鋏角類を1つの門に，有爪動物（カギムシ類），多足類，六脚虫類（広義の昆虫類）を1つの門とみなす二系統仮説（Diphyletic theory）を提唱している．アンダーソン（Anderson, 1973）やマントン（Manton, 1977）では，外骨格化が独立して複数回生じたとする多系統仮説（Polyphyletic theory；この発想そのものはかなり古くからあった）を提示しており，その中で特に有爪動物，多足類，六脚虫類が単系統で1つのグループを形成するとし，このグループを特に単肢動物門（Uniramia）として1つにまとめている．このユニラミア（単肢動物）仮説に対して，近年 18S や 28SrRNA の塩基配列による解析や遺伝子の配列順位による系統解析がなされている．結果は節足動物は単系統をなし，ユニラミア仮説は否定されることとなった．

節足動物門内の綱間の系統関係はこれまでに，10以上もの系統仮説が提出されてきた．その中で近年の系統解析の結果からの重要な知見として，昆虫類を含む六脚虫類の最も近縁なグルー

第 2 章 進 化　115

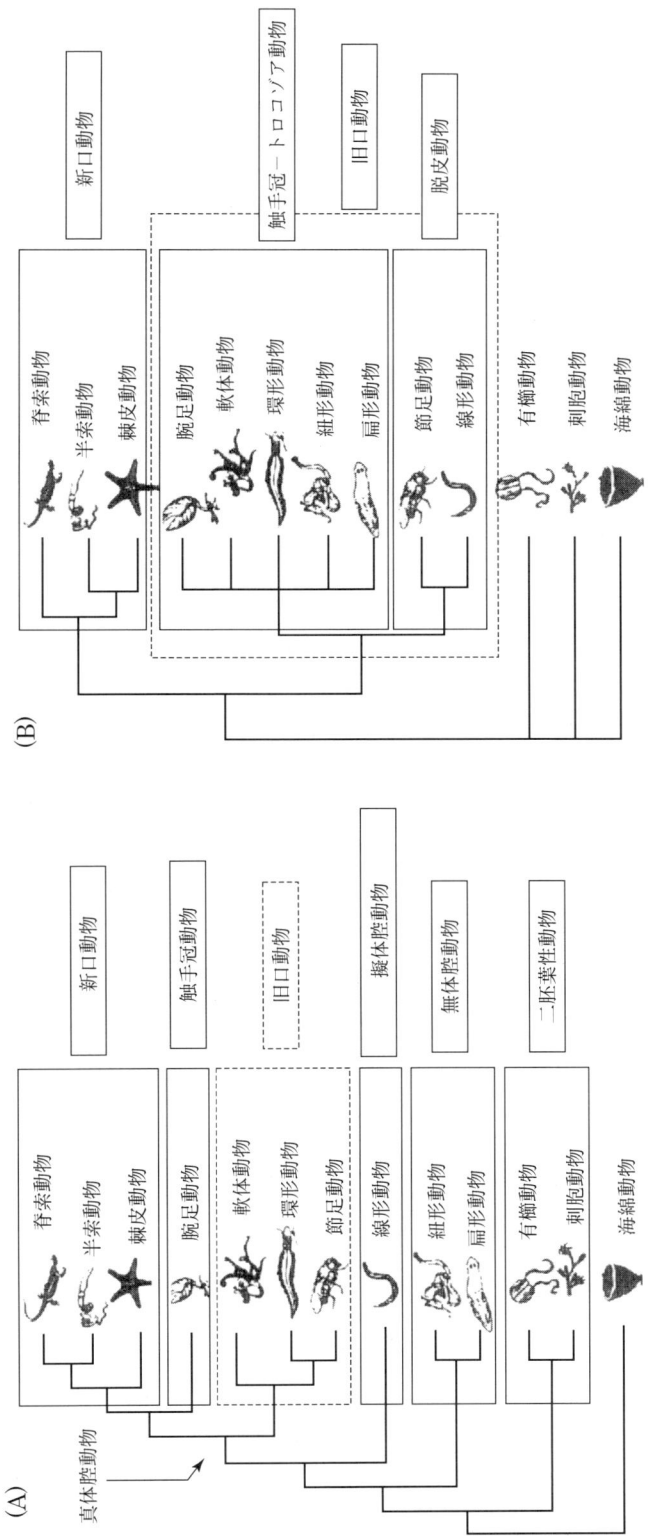

図 2-5-3　従来の旧口動物（先口動物）の系統樹 (A) と 18SrRNA 遺伝子を用いた分子系統解析の結果により提唱された新しい系統樹 (B)
(Adoutte et al., 1999 より)

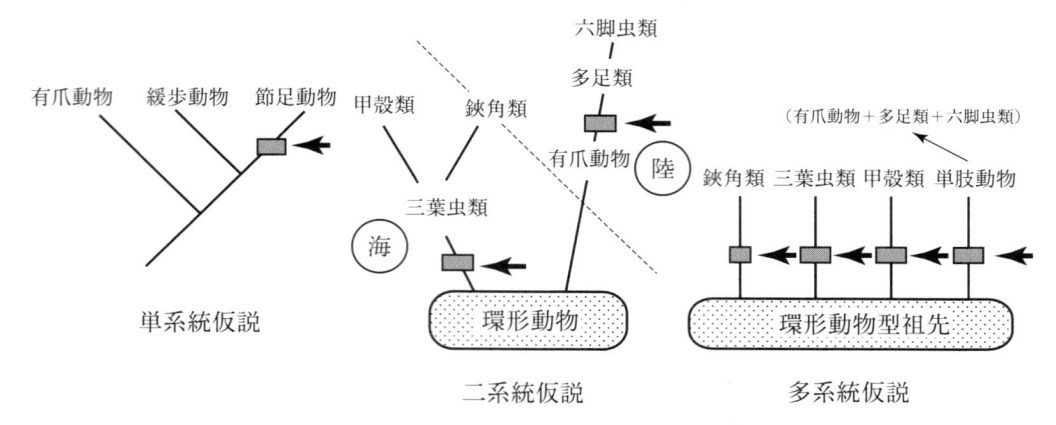

図 2-5-4 節足動物における系統仮説
矢印のところで外骨格化（arthropodization）が生じたとされる．

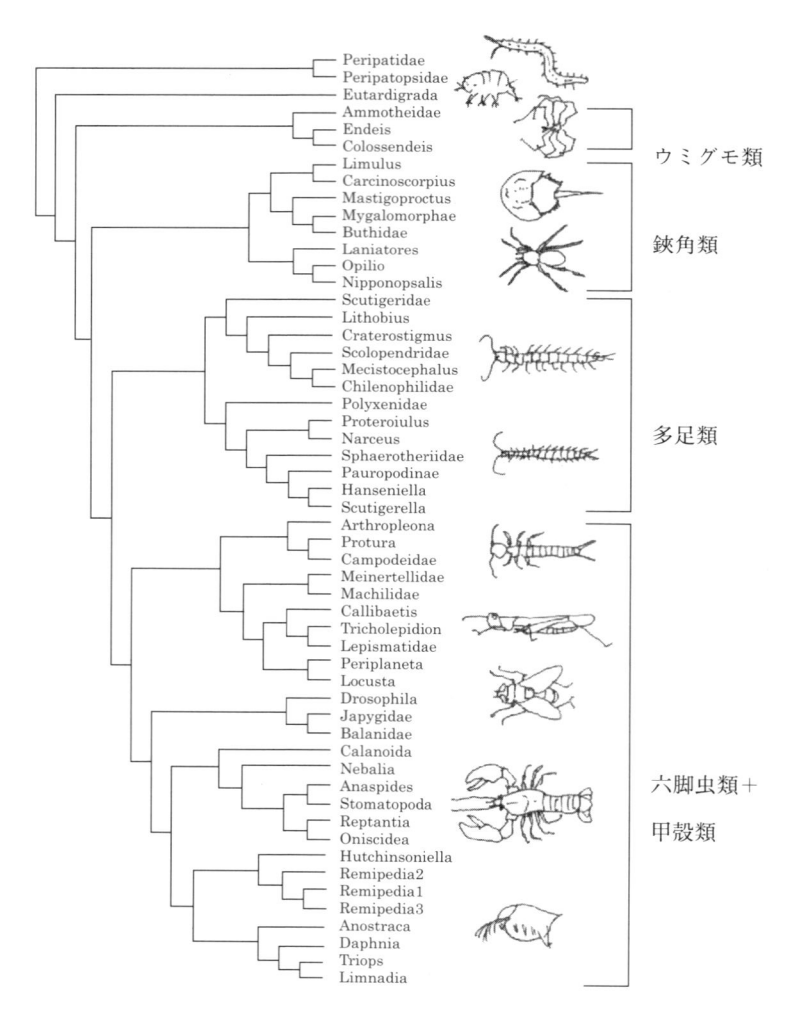

図 2-5-5 いくつかの遺伝子座の塩基配列の比較に基づく節足動物の系統樹
（Hwang et al., 2001による）

プは従来多足類と一般的に考えられていたが，上記のような分子データによる解析では，六脚虫類は多足類よりもむしろ甲殻類により近縁である結果が得られている（図2-5-5）．また，甲殻類や鋏角の単系統性については検討を加えるべきところが多々存在することも分かってきた．六脚虫類は甲殻類の中でもとりわけ鰓脚類に近縁である可能性が指摘され，さらに，鰓脚類の脚を形成する部分の遺伝子と昆虫の翅を形成する遺伝子で共通のものが発見されている．昆虫の翅は胸部背面が突出し，翅として発達したものではなく，脚の鰓が変化して翅となった可能性が出てきている（図2-5-6）．

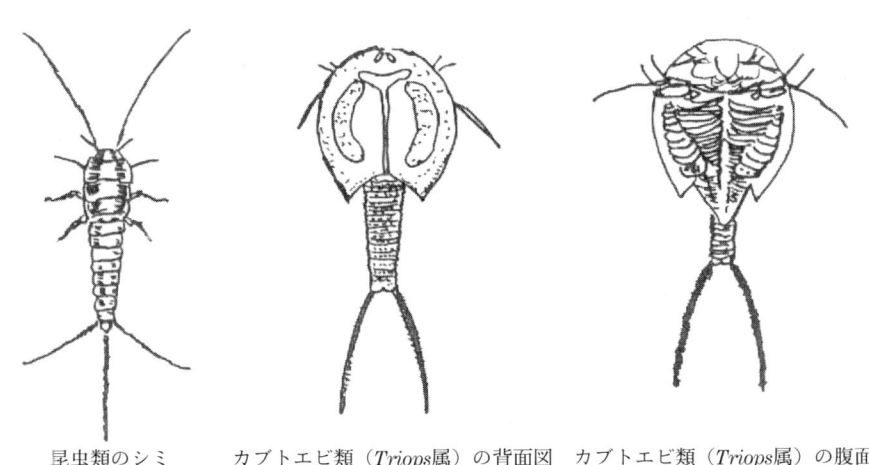

昆虫類のシミ　　カブトエビ類（*Triops*属）の背面図　カブトエビ類（*Triops*属）の腹面図
図2-5-6　六脚虫類と姉妹群を形成するカブトエビ類

**参考文献**
Adoutte, A., G. Balavoine, N. Lartillot & R. de Rosa 1999. Animal Evolution, 15: 104-108.
Snodgrass, R. E. 1935. Principles of insect morphology, McGraw-Hill Book Company.
Hwang, U. W., M. Friedrich, D. Tautz, C. J. Park & W. Kim 2001. Nature, 413: 154-160.

(2) 脊索動物の進化

今日，原索動物と脊椎動物を1つの動物門とみなし，脊索動物門と呼ぶ．脊椎動物は原索動物の頭索類（ナメクジウオ類）から出現した可能性が高い．その後，頭がい骨を発達させ下顎骨を備えるに至った脊椎動物は，大きく放散し，陸上への進出を果たすと，さらに空へも生活圏を拡大していった．

1) 脊索動物の出現

脊索動物の起源はカンブリア紀初期の爆発的な多くの動物群の出現，つまりバージェス動物群にまで遡れる．化石記録に準拠すると，脊椎動物は，今日ホヤやナメクジウオなどが含まれる原索動物から約5億年前に派生したようである．当初の脊椎動物には下あごも歯もなかった．そし

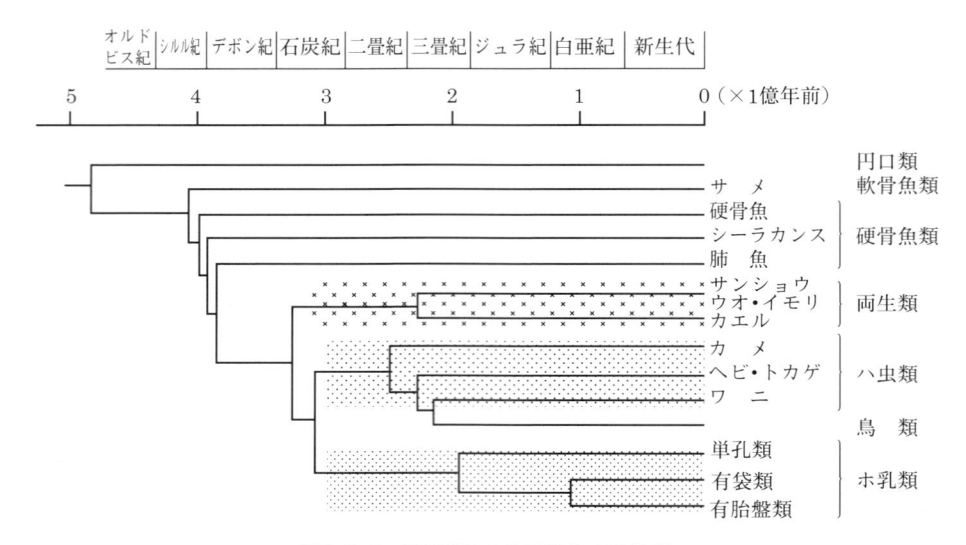

図 2-5-6　脊索動物の有頭動物の系統樹
系統樹を地質年代に対応させたもの．とりわけ円口類のムカシウナギ類は現存する最古の有頭動物で，ヤツメウナギ類，軟骨魚類，硬骨魚類よりも数億年も前に出現している．

て，それらの原始的脊椎動物のほとんどは絶滅してしまったが，当時の形態を残すものとして現在でも見られるものに，ヤツメウナギやムカシウナギ（＝メクラウナギ；これまで用いられてきたメクラウナギの用語は使わない）などの円口類（無顎類）が見られる．これらは下顎骨を欠き，うろこも持たない形状をしている．ただしムカシウナギとヤツメウナギとでは形態的に重要な相違がある．ムカシウナギは体にひれを持たず，背側にはナメクジウオと同様に 1 本の板状の脊索が頭部から尾部まで見られる．その一方，ヤツメウナギはひれを持ち，脊索ではなく軟骨を持つ．

分類学的には今日，脊索を持つムカシウナギ以上を有頭動物と呼び，ヤツメウナギ以上を脊椎動物と呼ぶ．脊椎動物の系統図を図 2-5-6 に示した．ムカシウナギは海に生息し，一見大型の黒いミミズの様な形状をしている．下顎骨を欠く口で，死骸などに取り付いて栄養源を取り込み生活する．ヤツメウナギの方は川に住み，魚類の体から体液を吸い取って栄養とする生活を行う．

## 2) 有顎動物の進化

下あごを備えた最初の動物は，古生代シルル紀に現れた刺魚類で，この下あごの出現は，脊椎動物を大きく進化させるのに重要な役割を果たしたと思われる．つまり上下のあごを持ち歯を備えることで，大型の餌を捕らえ，かつ噛み砕いて飲み込むことが可能となり，これによって摂食効率が著しく高まったと言えよう．刺魚類は絶滅したが，それから軟骨魚類や硬骨魚類が進化した．硬骨魚類の仲間には，肺魚類や総鰭（シーラカンス）類のように口腔とつながる鼻孔を持ち，内部に頑丈な骨のあるひれを持つものも現れ，これらの仲間から両生類が進化したと一般的には言われている．ただし，魚類から両生類への進化の図式には主要なもので 3 つの仮説があり，まだ決着はついていない．

①仮説1：総鰭（シーラカンス）類説
　1980年代までは一般的に本図式で両生類への進化が説明されていた．
②仮説2：肺魚説
　分子系統解析の結果によるもの．12SrRNA遺伝子やシトクロームb遺伝子での解析結果ではむしろ肺魚が両生類の祖先となる．
③仮説3：総鰭（シーラカンス）類・肺魚類共通祖先説
　シトクローム酸化酵素サブユニットI遺伝子の分子系統解析の結果によるもので，両生類は総鰭類と肺魚類共通祖先から進化したとされる．28SrRNA遺伝子による解析もこれを支持している．

3）　鳥類の進化

　両生類として古生代デボン紀に水中から陸上に進出したグループから，やがては完全に陸上生活に適応したハ虫類が進化し，これらは陸上を席巻した．ただし，脊椎動物も他の動物と同じように海中での長い進化の歴史を持つことから，この陸上への適応は並大抵のことではなく，非常に高いハードルを越える必要があったと想像される．体表をうろこで覆う他，陸上産卵のために胚を幾重もの胚膜や卵殻で保護するなど多くの工夫がなされた結果，やっと陸上生活が可能となった．
　ホ乳類は三畳紀に出現し，鳥類がジュラ紀に出現していることから分かるように，鳥類の方がホ乳類よりもかなり後に出現している．ハ虫類から出現した鳥類を，研究者によっては独立したグループ（鳥綱）とは認めず，'空飛ぶハ虫類'としてハ虫類に含めてしまう考え方もある．系統関係を生物分類に厳密に反映させようとすると，このような分類様式となる．鳥類の祖先についての仮説として主なものが3つあり，その中でも現在，恐竜起源説が極めて有力である．
①仮説1：ワニ起源説
　比較形態学的にワニと鳥類の共通部分が多いことから唱えられた仮説である．
②仮説2：槽歯類起源説
　槽歯類は三畳紀に生息していた原始的ハ虫類で3本の足指，2本指の手（前脚）を持つところから鳥類との共通性が指摘された．
③仮説3：恐竜起源説
　特に獣脚類から進化してきたとする説で，鳥類の大きな特徴である手の指では第1，第2，第3指を持ち，かつ半月形の手首の骨，さらに鎖骨では獣脚類では段階的な変化が認められ，癒合しかつV字型となった鳥のものに近づく．
　近年，羽毛を持った恐竜が発見され，恐竜と鳥とをつなぐ証拠になると共に，羽毛が鳥のみに見られる特徴ではないことも同時に判明した（図2-5-7）．恐竜そのものは白亜紀末期の約6,500万年前に絶滅しているが，鳥として空を飛ぶ生活を持った一群は滅びずに現在に至っていると言えよう．それゆえ鳥類を恐竜そのものとみなしても誤りとは言えない．

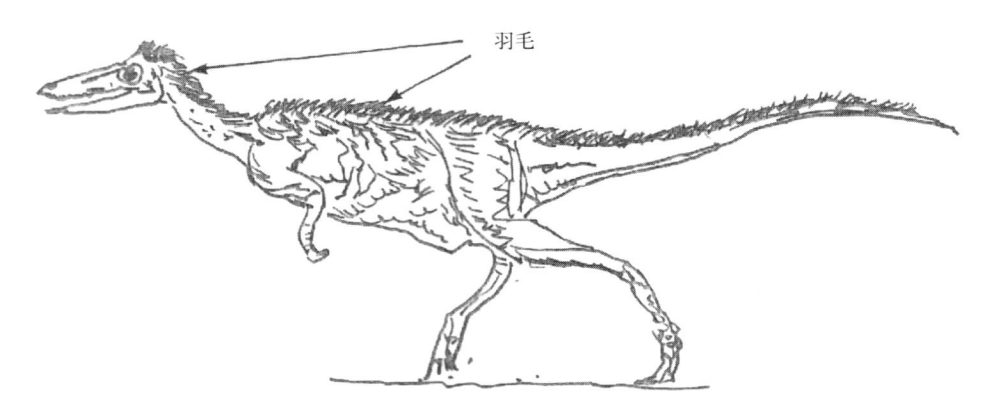

図 2-5-7　中国遼寧省で発見された羽毛を持つ恐竜（*Sinosauropteryx*）の復元図
後頭部から背，尾にかけて多くの羽毛が見られる．
（Barrett, 1999をもとに描く）

## 4）ホ乳類の進化

中生代のハ虫類には無弓類，単弓類，広弓類および双弓類の4つのグループが認められ，単弓類はホ乳類型ハ虫類とも呼ばれている．そしてこの単弓類からホ乳類が進化したようである．

さて，ホ乳類の特徴はというとまず頭に浮かぶのは「胎生」，「恒温性」，「体毛で覆われる」などであろう．しかし，これらの特徴にはすべて例外が見られ，ホ乳類に限られた特徴ではない．「胎生」ではホ乳類内でもカモノハシのように卵生の種が存在する．「恒温性」では鳥類が同様であるし，そもそも絶滅してしまった恐竜類は恒温動物であったと言われている．「体毛」についてもホ乳類型ハ虫類はすでに体毛を生やしていたとされている．一方で，ホ乳類のクジラやイルカには体毛がない．こうして見るとホ乳類を特徴づけるものは「哺乳」，つまり，乳腺から分泌する乳で子を育てることであると言えそうである．分類学の専門家の定義では，ハ虫類のあご関節の下あご側の骨と上あご側の骨がそれぞれつち骨，きぬた骨の形であぶみ骨とともに耳の中に収まっているのがホ乳類であるそうだ（図2-5-8）．どうも一般的な感覚と違ってくるのであるが，私達が思っているほどハ虫類とホ乳類の違いは明瞭ではないらしい．

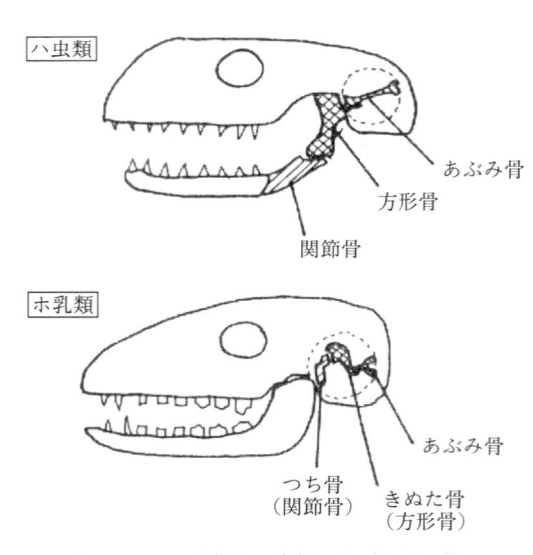

図 2-5-8　ホ乳類とハ虫類のあごと耳の骨

白亜紀末期の大異変により恐竜が大量絶滅すると，それまで森の陰で細々と生き続けてきたホ乳類が多種多様に分化し，ハ虫類に置き換わり繁栄を遂げていった．

ホ乳類は単孔類，有袋類，有胎盤類（真獣類）に大別される．一般的にはハ虫類時代の性質を

受け継ぎ，卵を産み抱卵し，かつハ虫類と同じく輸卵管が排泄口につながっている単孔類が最も原始的で，そこからコアラやカンガルーなどの有袋類が出現し，さらに一般的なホ乳類，つまり有胎盤類が出現したと考えられている（図2-5-9A）．ただしDNAの塩基配列をもとにした分子データによる分子系統分類の研究結果では，従来の系統関係とは異なった結果を示すものもある．有袋類は単孔類により近縁であるという系統仮説も存在する（図2-5-9B）．確かに，有袋類は単孔類と同様に総排泄口となっている（ただし同時に，発達の程度は弱いが有袋類も胎盤を持つことに注意）．また，単孔類と有袋類がオーストラリア大陸のみに生息することの理由として（有袋類の一部の種は南・北米大陸にも見られるが），これらが出現した時期にパンゲア超大陸からオーストラリア大陸が分離し，そのために，後に出現した有胎盤類は海を隔てたオーストラリアには侵入できなかったという説明がなされている．

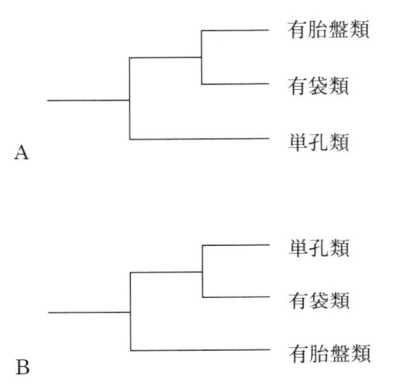

ただし，この説明は怪しい．長い地質学的時間の中で有胎盤類がオーストラリア大陸へ侵入する機会はいくらでもあったはずである．そもそもオーストラリアからも有胎盤類の化石が得られていることから判断すると，むしろ，オーストラリア大陸という環境が有袋類に適した環境であるために有袋類が優占しているといった説明の方が納得がいく．

図2-5-9　単孔類，有袋類，有胎盤（真獣）類の2つの系統仮説

現在，有胎盤類には16グループ（目）が存在する．これらの目間の系統関係の研究が進行しつつある．例えばクジラやイルカなどのクジラ目は偶蹄目のカバの仲間から進化してきた可能性が指摘され，長鼻目のゾウはマナティやジュゴンが含まれる海牛目に近く，クジラとは逆に海から陸に進化してきた可能性を持っている．

## 5）霊長類の進化

中生代に栄えていたハ虫類がその末期に恐竜などの大型ハ虫類を中心に大量絶滅を引き起こした後に，陸上で多様化を遂げ，優勢となったのがホ乳類であった．ホ乳類は陸のみならず，空や海へも進出したが，その中で，森林の樹上に進出し生息圏としたグループがあり，その1つが霊長類（目）である．

霊長目は食虫目から進化してきたようである．現在，霊長類はキツネザル亜目（原猿類）とそれ以外のサル亜目（真猿類）に大別される．原猿類は，原始的な形質を多く持っており，キツネザルやメガネザル，アイアイなどが含まれる．真猿類はさらにクモザル下目（広鼻猿類）とサル下目（狭鼻猿類）に区分され，広鼻猿類にホエザル，クモザル，オマキザルなどが含まれる．また，狭鼻猿類にニホンザルやヒヒなどが含まれ，さらに私達ヒトを含む類人猿科（オランウータン科）が含まれる．この類人猿の共通祖先からヒトに直接つながる古代人類が出現した．

A

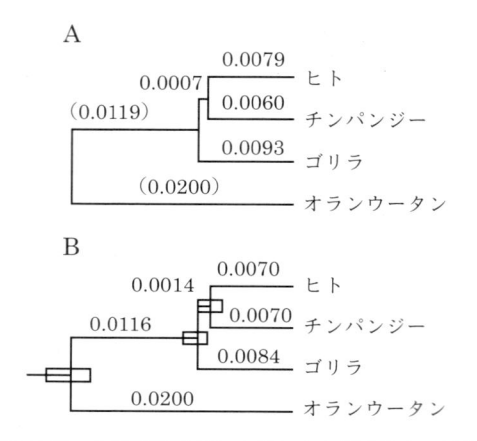

```
         ┌─ 0.0079 ヒト
   0.0007┤
(0.0119) │  ┌ 0.0060 チンパンジー
         └──┤
            └ 0.0093 ゴリラ
(0.0200) ────────── オランウータン
```

B

```
         ┌─ 0.0070 ヒト
   0.0014┤
  0.0116 │  ┌ 0.0070 チンパンジー
         └──┤
            └ 0.0084 ゴリラ
  0.0200 ────────── オランウータン
```

図 2-5-10　分子系統解析によるヒトと類人猿との系統関係
　　　　　A：免疫グロブリン遺伝子，B：CO II 遺伝子
　　　　　（Ueda et al., 1989 をもとに作成）

　霊長類の中でヒトに最も近縁なグループをこれまでは類人猿（オランウータン科）と称し，チンパンジー（2種），オランウータン，ゴリラの4種で構成させ，ヒトはヒト科としてこれらとは独立させていた（図2-5-11A）．しかし最近では，分子系統分類学の成果を取り入れて（図2-5-10），ヒト科に類人猿4種をヒトと共に所属させ，さらに亜科レベルでの位置づけとして，より遠い関係にあるオランウータンのみをオランウータン亜科に残し，2種のチンパンジーとゴリラをヒトと共にヒト亜科に含ませるという分類体系がなされるようになってきた（図2-5-11B）．各遺伝子座のDNAの塩基配列を比較したいくつもの研究があり，大方の結果は，最初の化石人類が類人猿から分岐した年代を400〜500万年前と推定している．古代人類の出現から現代のヒトへ至る進化については「第1章第1節」を参照されたい．

A　ヒト上科 ─┬─ ヒト科　　　　ヒト
　　　　　　│
　　　　　　├─ オランウータン科　オランウータン
　　　　　　│　　　　　　　　　　チンパンジー（2種）
　　　　　　│　　　　　　　　　　ゴリラ
　　　　　　└─ テナガザル科　　テナガザル（8種）

B
ヒト上科 ─┬─ ヒト科 ─┬─ ヒト亜科　　ヒト
　　　　　│　　　　　│　　　　　　　チンパンジー（2種）
　　　　　│　　　　　│　　　　　　　ゴリラ
　　　　　│　　　　　└─ オランウータン亜科　オランウータン
　　　　　└─ テナガザル科　　　　　　テナガザル（8種）

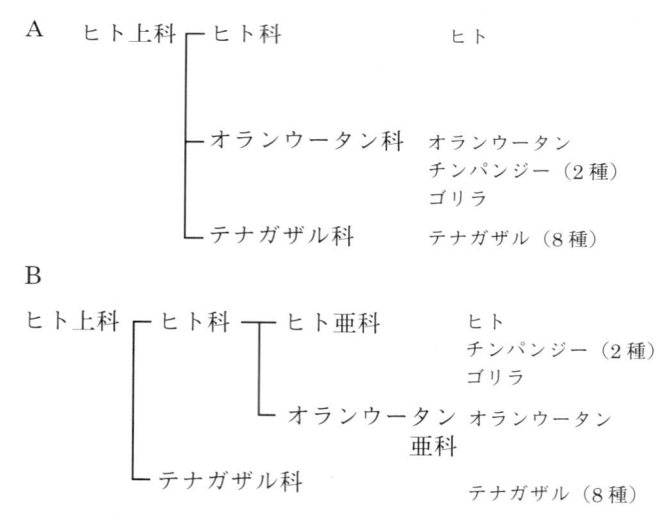

図 2-5-11　ヒトと類人猿における古典的分類（A）と分子
　　　　　系統解析の結果を考慮した現行（B）の分類

**参考文献**

Barrett, P. M. 1999. National geographic dinosaurs, Firecrest Books Ltd.
長谷川雅美 1999．森脇和郎・岩槻邦男（編）生物の進化と多様性，放送大学教育振興会．
Ueda, S. et al. 1989. J. Mol. Biol., 205: 85-90.

## 6. 栽培植物の起源と進化

飽食の時代と呼ばれて久しい．今日の日本では値段に目をつむれば手に入らない食材はないのではないかと思われるぐらい何でも手に入る．その一方で，現在8億人もの人々が慢性的な飢餓に直面している．中国では古くから医食同源の思想があり，日常的な食事に工夫を重ねつつ健康を保つ知恵が脈々と流れている．日本では衣食住と称しているが，一般の中国人の発想では，食がまず優先で次に衣と住がやってくる．日本では歴史的土壌が影響してか，身なり優先というのが日本人の行動様式に定着しているようで，"武士は食わねど高楊枝"などという言葉すらある．中国文化圏を旅すると，しばしば「吃飯了嗎？」という挨拶を耳にする．直訳すればずばり「御飯食べた？」の意味で，食が日常生活の中で優先させる項目であることを示していよう．広東では会食などの夜の誘いを断る言い方として「今天回家喝湯（今日は家に帰ってスープを飲むよ）」と言うのもある．

生物にとって餌資源を確保することは生命を維持するための最も本源的な部分であろう．特に生態学的に消費者に位置づけられる動物は，動物であれ植物であれ他の生物を食べなければ生きていけない生物的宿命にある．ヒトの場合，動物の中でもたぐい稀な雑食性で，何でも食べて今日まで生きながらえてきた．本節では私達の食糧源となる栽培植物と家畜の歴史に触れてみたい．

### (1) 栽培植物

食糧となる植物の栽培化の起源は相当古く遡ると予想される．人類はその誕生の後，狩猟採集の時代を経て，古代文明が興る頃には主食が栽培されていた．栽培植物化や家畜化の歴史は，人類の歴史と社会の形成と強く関わっている．これらの成功によって人類は定住生活が可能となり，集落を形成し，そして人口を増加させていったに違いないからである．狩猟，採集を行っていた時代では，ヒト1人が生活していくためには20km$^2$の面積が必要であったと推定されている．純然たる自然環境の中で生きていくことの厳しさを表す数字である．古代メソポタミアではコムギが主食として栽培されており，アジアのインダス文明，黄河文明では稲作が起こりコメが，少し時代が進むがインカ文明ではジャガイモが，そしてマヤ文明ではトウモロコシが主食といったところである．これら栽培植物の特徴をまとめると①多収穫で栄養に富むもの，もちろん無毒，②種子が非脱落性のもの，③染色体が倍数化したものが多い，④栽培しやすいもの，⑤果実では種なし化，などが挙げられる．

周囲にある多くの野外植物から栽培植物化し，さらに品種改良を重ねていき，今日の栽培植物が存在する．

### (2) 稲作の起源

日本人の主食はコメであるが，このコメを含めてすべての日常的な作物は外来性だと言ってよい（在来のものはワサビ程度）．近年稲作の起源についての知見が大きく進展した．一般的に稲

作の日本への伝来は弥生時代とされていたが，最近の発掘調査によると，縄文時代中期の約4,500年前にはすでに西日本で稲作が行われていたようである．

　稲作の起源はインドのアッサムから中国雲南地方であり（アッサム・雲南起源説）かつ，この地においては現在のヤポニカ米とインディカ米の共通祖先が栽培されており，各地に広まっていく過程で，2タイプのものに分かれていったとする一元説が考えられていた．しかし，近年長江の中・下流域で9,000～1万年前にすでに稲作が実施されていたことが明らかになり，稲作の起源はインド，ベンガル地方からと中国長江流域からの2か所からなる可能性が出てきた．これを二元説と呼んでいる．これによるとインド，ベンガル地方で栽培されていたものがインディカ米となり，中国長江流域で栽培されていたものがヤポニカ米で，2つの品種はもともと系統を異にしている可能性が出てきている．雲南での遺跡の調査からは，約4,000年前の稲作が最も古いもので，雲南地方での稲作は発祥地と言うよりもむしろ，長江から稲作が伝わってきた可能性がある．日本においてもおそらく中国長江流域から約6,500年以前に水稲耕作の技術が伝わってきたのであろう．

　日本人の起源と対応させると，大きく4回の移住がなされた可能性が指摘されており，そのうちの3回目の日本への大移住と附随したものである可能性がある．1回目は約2万年前に低身長の南方系モンゴロイドが台湾，琉球経由で黒潮と共に渡ってきた可能性がある．現在のメラネシア

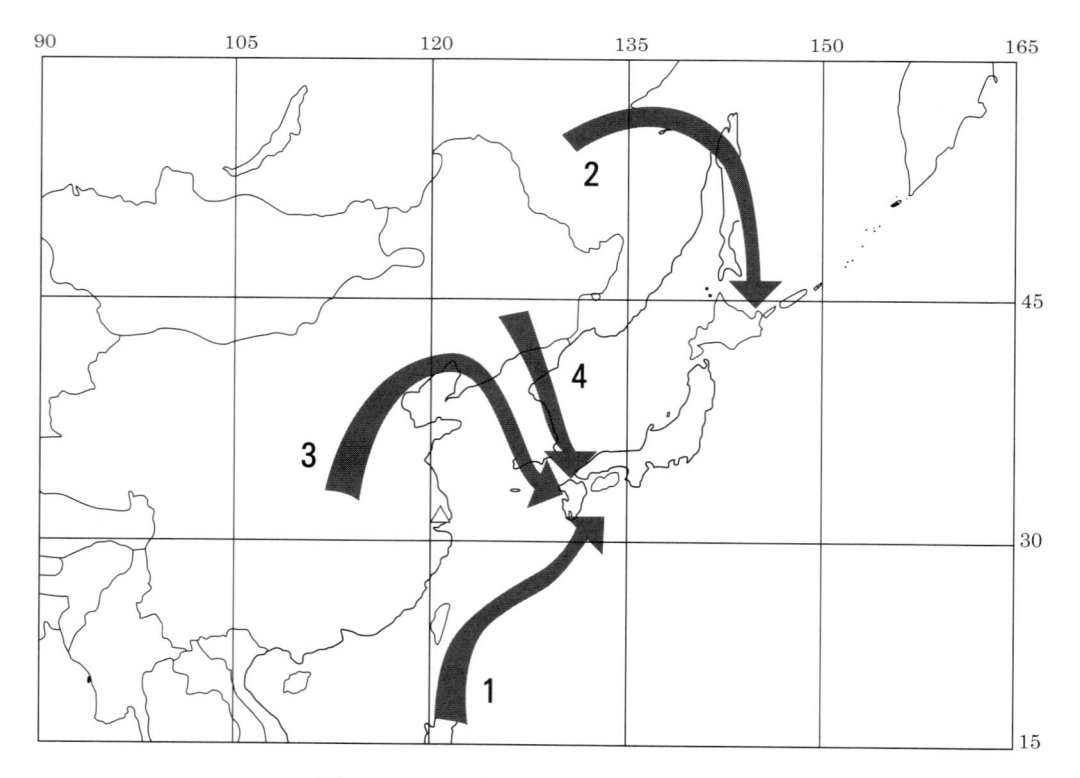

図2-6-1　モンゴロイドの移動と日本人の起源

日本への4回にわたるモンゴロイドの移動を示す．1：南方系モンゴロイド，2：北方系モンゴロイド，3：湖南型，4：渡来系弥生人

やオーストラリア現地人と同類と考えられ，この時にサトイモがもたらされたと考えられている．サトイモは，日本の栽培植物として最も起源が古いと考えられている．2回目の侵入は北方からで，約1万4,000年前に高身長のインド・満州型と呼ばれている北方系モンゴロイドが北海道へ渡ってきた．そして3回目は中国南部に住む湖南型と呼ばれる低身長の人々が約8,000年前に渡ってきている．この際に，稲作と共に，照葉樹林文化，例えば食材では豆腐，味噌，納豆などももたらされた可能性がある．4回目の移入は新しく，約2,000年前の高身長の渡来系弥生人である．

(3) 日本人の食生活

表2-6-1にサトイモ，イネ，トウガラシに加えて，代表的な野菜15種を示した．これらはカブを除いて「野菜生産出荷安定法」によって一年中安定して出回るようなっている主要な野菜である．すべてが外来で，トマトやキャベツ，ハクサイなどは明治期に入ってからの新しい野菜である．江戸期にこれらのものは存在しなかった．弥生時代の主食はイネとサトイモであったようだ．その他，ソバの起源が非常に古い可能性がある．ソバは穀類の中では珍しくタデ科に属する植物（多くはイネ科）で，やせた土地でも育つ植物である．中国の雲南を原産として，縄文時代にはすでに栽培されていた可能性がある．おそらくせんべい状にして焼いて食していたのであろう．

表 2-6-1 日本の栽培植物の渡来時期

| 時代区分 | 栽培植物の種類 |
| --- | --- |
| 弥生時代まで | サトイモ，イネ |
| 古墳時代―平安時代 | ダイコン，カブ，ナス，キュウリ，ネギ |
| 安土・桃山時代 | カボチャ，トウガラシ |
| 江戸時代 | ジャガイモ，ホウレンソウ，ニンジン |
| 明治時代以降 | ハクサイ，キャベツ，タマネギ，レタス，ピーマン，トマト |

さて，昔の日本人はどのような食生活を送っていたのであろうか．一言で言うと質素の一語に尽きるようである．

君がため　春の野に出て若菜摘む　わが衣手に雪は降りつつ　（光孝天皇）

「古今集巻1」に収められている有名な和歌であるが，ここに出てくる"若菜"とはその当時のごはんのおかずである．要するに道端の雑草がおかずになり，玄米を粥にし，この中に食事時になると外から摘んできた雑草を加えたものが奈良，平安時代の上流階級の日常的なメニューだったようである．農村や山村部ではあわ，ひえ，まめ類が主食であった．

鎌倉，室町時代は海外との接触があまりなく，この時代に渡来した作物はあまりない．この時代の武士の食事は，まず1日2食のみでかつ，玄米に一汁一菜である．一菜といっても，通常はたくわんや野菜の漬け物で，一月に数度，野菜の煮付けや焼き魚が出る程度のものである．安土，

桃山時代に入ると南蛮貿易により，カボチャやトウガラシが入ってくる．トウガラシは南米原産の作物であり，ヨーロッパを経由して日本に入り，やがて韓（朝鮮）半島に伝わっていき，韓国料理の必須の食材になっていった．

現在の日本料理の基本様式ができ上がるのは，江戸時代に入ってからである．和食で真っ先に思い浮かぶすし，てんぷら，そば，うどんのこれらすべては江戸期に始まる．日本人の食生活が大きく変化し，現在の和食の原形が作られた時代である．また，この時代に玄米を精白し白米を食べることが江戸を中心に流行った．そのために，米の胚芽部分に多く含まれているビタミンB群が不足し，脚気が多発したようで，当時これを'江戸煩い（わずらい）'と呼んでいた．米は玄米で食べればビタミンB群の不足がなくなり，また麦と比べてタンパク質の栄養価の高い実に優れた食品である．麦のカロリー価は米とほぼ同じであるが，タンパク質の栄養価が低く，それゆえ，麦の文化圏ではパン（麦）と肉を組み合わせて食べる必要性が生じてくる．江戸期は文化の成熟した時代ではあるが，それでも山村部では，あわ，ひえ，あずき，とち，どんぐりが主食の貧しい生活であった．

(4) 品種改良

これまでになされてきた品種改良は，優良個体を選択し，それらを交配して増殖させていく交配法であった．この手法は非常に手間と時間がかかった．

近年の品種改良法として，ガンマー線などを照射して人為突然変異個体を作ることや，ジベレリン処理による種なしブドウの作成などがあり，コルヒチン処理による種なしスイカの作成もなされている．さらに，近年の生命工学の発展は，遺伝子レベルでの品種改良を可能にしており，遺伝子組み換え作物が出回るようになった昨今である（第1章第14節参照）．

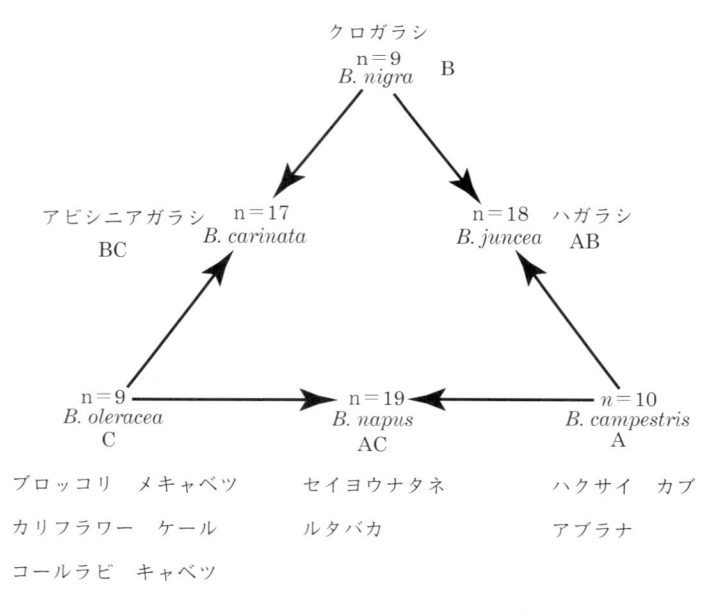

図 2-6-2 ゲノム分析によるアブラナ属の栽培品種の進化
A, B, Cはゲノムを表す．(Ladizinsky，1998より作成)

栽培植物であれ，家畜であれ今日に至る背景には，より有用のものに作り替えようとする莫大な人材が関わった品種改良の長い歴史がある．しかし，遺伝子操作の技術をもとにした現代生物学は，品種改良についてさらに積極かつ果敢な方向を目指している．これまでの手法では及びもつかない夢（?）のような人工的な生物を作り上げようとしている．遺伝子を組み込んだ遺伝子組み換え作物や動物，細胞融合による雑種植物の研究などが進んでいる．

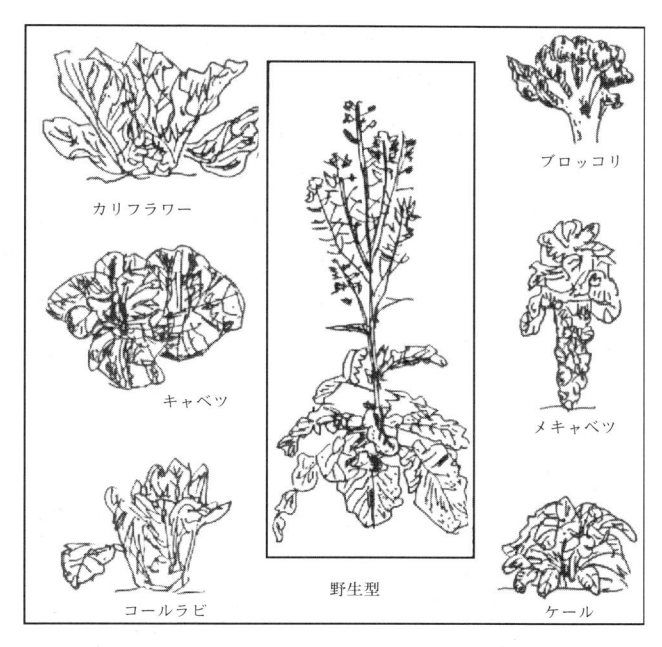

図 2-6-3 *Brassica oleracea* 起源の栽培植物
（Hancock, 1992 より作成）

**参考文献**

Hancock, J. F. 1992. Plant evolution and the origin of crop species, Prentice Hall.
Ladizinsky, G. 1998. Plant evolution under domestication, Kluwer Academic Publishers.
佐藤洋一郎 1997. 日経サイエンス，1999 年 1 月号，32-42.

## 7. 家畜の起源と進化

イヌの祖先はオオカミ，ブタの祖先はイノシシ，ウシの祖先は 17 世紀半ばに絶滅してしまったがヨーロッパに生息していたオーロックスで，これらを長い間飼い馴らしてきた結果，今日の家畜が存在する．歴史的には紀元前 8,000 年から紀元前 1,000 年の間に私達はイヌ，ウシ，ヒツジ，ヤギなどを家畜化している．一番古い記録では，1 万年前にバルチック海沿岸でイヌが飼われており，おそらく猟犬として使われていたものと思われる．ただし，DNA の分子系統解析の結果ではイヌは 6～10 万年前に家畜化されたことが推定され，狩猟，採集の時代におそらく猟犬とし

てすでに家畜化されていた可能性がある．東南アジアではブタやニワトリが家畜化され，次いで中央アジアでヒツジやヤギが家畜化されていった．さらにウシ，ロバ，ウマと家畜化が進んでいった．これらの動物を家畜化する目的は，もちろんまず動物タンパク質を安定して供給するためであり，さらに搾乳により乳製品を作るため，労働力として使役するためである．

家畜化に成功した動物は非常に少なくせいぜい90種，愛玩動物を除くと20種程度である．やはり自然はそう簡単には手なずけられないのであろう．その一方で，多くの人々の莫大な時間をかけた品種改良の歴史が存在する．これらの動物の特徴を引き出してみると，① 偶蹄類が多い，② 草食性の動物が多い，③ 群れを作る動物が多い，などが挙げられる．①はブタ，ラクダ，トナカイ，ウシなどが該当する．②と関連して偶蹄類は草食動物が多い．草食動物に比べて肉食動物では経済的にエネルギーの損失が大きく，また順化しにくいことが挙げられる．②の例外としては，もとオオカミのイヌともとヤマネコのネコが挙げられよう．両者共に肉食性の歯を持つ．家畜化されることによって両者とも雑食性となったが，ネコの方がより肉食の性質が強く残っている．③は群れを作る動物の集団内では順位制やリーダー制が存在する場合が多く，これを利用して人に従わせることを可能としている．

図2-7-1 祖先種と家畜の関係

(1) 家畜の系統

家畜としてのイヌの起源は古く，10万年前に家畜化がなされた可能性がある．イヌの祖先は一般的にはオオカミとみなされているが，ジャッカル説やオオカミから派生した野生犬説もある．しかし，解剖学的な類似性はやはりオオカミであろう．その他，妊娠期間が9週間であるこ

とや，体温調節の際に口を大きくあけ舌をだらりと下げて呼吸する様子もオオカミとの共通部分である．狩猟のために改良されたダックスフントやテリア，牧羊犬のコリーやシェパード，橇犬のシベリアンハスキーやスピッツなど，現在世界に950品種が存在する．古くから日本で飼われていた日本犬は柴犬，甲斐犬，紀州犬，四国犬，秋田犬，北海道犬（アイヌ犬）の6品種で，土佐犬はマスチフとの混血種である．日本犬のルーツはかなり複雑な様子で，複雑な渡来ルートがあったようである．日本での最も古い犬の骨は，縄文時代早期の約9,500年前の神奈川県横須賀市の貝塚から発見されている．

ニワトリの起源には複数の地域個体群に由来する「多元説」と単一個体群が由来となる「単元説」とが存在したが，近年の分子系統解析の結果からは単元説が支持され，約1万年以上前にタイの赤色野鶏を家畜化したことで出現したとされる．

金魚の祖先は，中国南部のフナの赤や黄色になった突然変異個体と推定され，3世紀の晋の時代にはすでに存在した．日本には1502年に渡ってきており，江戸期に飼育や品種改良が大流行した．現在絶滅した品種も存在する．

カイコ *Bombyx mori* から絹糸を取る養蚕は，中国が起源で紀元前3,000年頃に始められたとされ，後に日本にももたらされた．祖先種はクワコ *Bombyx mandarina* と呼ぶ茶褐色の種であることが推定されている．長い期間の品種改良の結果，今日カイコは飛ぶことができなくなっている．

(2) 科学技術の進歩と家畜

現在の科学技術の進歩によって家畜の位置づけも大きく変わってしまった．ウマやロバのように輸送や軍事力の担い手であったものは不要になってしまった．退職して仕事から解放されたといったところである．伝書バトは通信技術の発達により，愛玩動物の位置づけとなった．ただ

図 2-7-2 品種の多様化を示すイヌと祖先種のオオカミ

し，愛玩動物のヒトの精神面への効果は無視できないものがあり，上手に利用すれば医療面で大きな効果が期待できるものであろう．ヒツジやカイコでは化学繊維の発達により需要は激減し，現在高級繊維として細々と寿命を保っている．

# 第3章　生物群集と生態系

## 1. 生態系の概念と基本構造

　ある地域に住むすべての生物と，その地域内の非生物的環境をひとまとめにし，機能系として捉えたものを生態系と呼ぶ．鳥瞰的に表記するならば，生態系は生物群集と無機的（非生物的）環境に大別することが可能である．生態系を構成する生物は，機能面から生産者，消費者，分解者に区分され理解される場合が多い．また生態系のシステムとして，主として物質循環やエネルギーの流れに注目するケースが多いが，これらの他に，第3の流れとして情報量の伝達および維持機能に重点を置く考え方も存在する．

　研究対象となる地域から，海洋生態系，湖沼生態系，砂漠生態系，草原生態系，森林生態系，都市生態系などの区分もあり，その広がりの大きさも，数滴の水から地球を超えて宇宙生態系まで様々である．

### (1) 概念

　生態系 "Ecosystem" という用語は，タンズレー（A. G. Tansley）の1935年の造語で，植物と動物が共同体的な関係を持っているとするクレメンツ（F. E. Clements）らの生物群集の概念を否定し，それよりはバイオーム（生物群系）に環境を加えた力学系を考えるべきだとして提唱したものである．しかし，その後の使用法は様々で，他に，生物は環境なしには生存できないこ

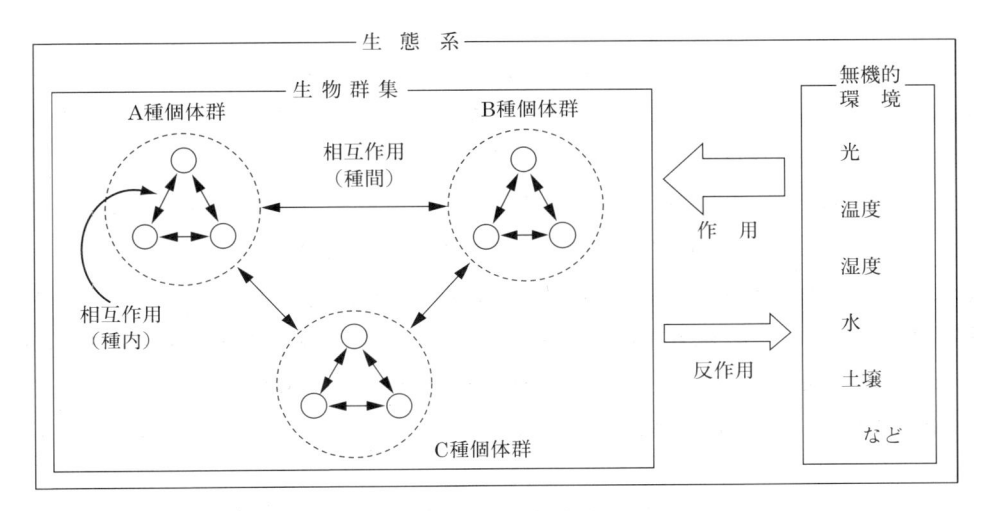

図3-1-1　生態系の概念

とを強調する意味で使用する場合や，個体群とその主体的環境を併せた系（生活系，life system もこれに近い）とする場合などもある．近年では生物種間のつながりの重要性を評価し，共生系という言葉も作られている．

生態系の概念は，歴史的に見ると植物群集の研究からスタートし，やがて動物群集をも取り込む形で発展してきた．さらにはそれらに物理的（無機的）環境を加え，システムを重視する系として理解されるに至っている．

(2) 生物群集の構造
1) 作用，反作用，相互作用

生物は日照，気温，土壌といった周りの無機的環境条件の影響を受けて生息すると同時に，生物間でも互いに関わりを持ちながら生活している．生態系の中で生物に機能する力として，作用，反作用，相互作用が認められている．無機的環境要因が生物に与える影響のことを作用と呼び，生物が環境に働きかけて影響を与えることを反作用（環境形成作用）と言う．また，生物どうしが互いに影響を与え合うことを相互作用と呼んでいる（図3-1-1）．

生物間の相互作用には様々な形のものが存在する．これらはまず同種個体群内に見られる種内相互作用と，異種個体群間に見られる種間相互作用に大別される．種内相互作用は，言わば個体群の内部構造を示すもので，順位制，縄張り制，リーダー制あるいは社会制といったものが見られ，雌雄の関わりや家族形成もそのような内部構造の基本単位の1つであろう．種間の相互作用は生物群集を構成する非常に重要な関係である．特に捕食－被食関係は生物群集の構成に大きく影響を及ぼしているものと考えられる．

2) 基本構造

生物群集を構成する生物個体群は，栄養の摂り方を基準に区分すると，無機物を有機物に合成して生活する生産者，他の生物体を栄養分として取り込み生活する消費者，生物遺体や排泄物から栄養分を取り込み生活する分解者（還元者）に大別される（図3-1-2）．分解者は一般的には，有機物を無機物の段階にまで分解する菌類や細菌類を指すが，実際には消費者と分解者の明瞭な区別点は存在しない．消費者は生産者を食物としている第1次消費者（草食動物）と，他の動物を食物としている第2次以上の高次消費者（肉食動物）とに分けることが可能である．

食う，食われるといった関係の連鎖を食物連鎖と呼ぶ．実際の生物群集の中には多くの生物種が存在し，これらの捕食－被食関係は複雑な網目状に入り組んだ状態にある．このことを食物網と呼ぶ．生産者から高次消費者までの量的な関係は正ピラミッド状となり，生態ピラミッドと呼ぶ（図3-1-3）．また，通常，陸上生態系では緑色植物が食物連鎖の起点となり，特に生食連鎖と呼ばれる通常の食物連鎖が存在すると共に，落葉からスタートし，土壌動物が多く関与する腐食連鎖とに区分される．一方，海や池沼の生態系では量的に植物プランクトンが生産者の役割を果たしている．

特殊な生態系の例としては，深海底で数百度の熱水がわき出してくる熱水噴出孔に見られる熱

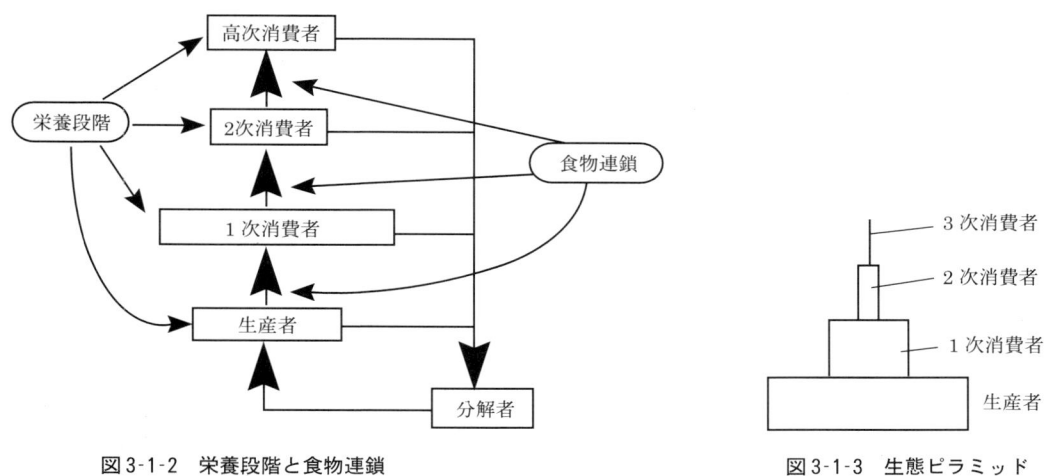

**図3-1-2　栄養段階と食物連鎖**
生物群集内の生体物質の動きを示す．
（石川（編），1994を参考に作成）

**図3-1-3　生態ピラミッド**

水生物群集が挙げられる．これまで，生態系は太陽の光エネルギーによって支えられて存在すると考えられてきたが，暗黒の深海底の世界に多くの動物が集中する熱水生物群集の発見は大きな驚きであった．この生態系は何によって支えられているのか．詳しく調べて見ると，ここでの生産者は太陽光を利用しない独立栄養化学合成細菌で，特に硫黄酸化細菌が重要な役割を果たしていた．これらの細菌は，ハオリムシやシロウリガイの細胞中に入り込み，相利共生を営んでいる．体長1mを超えるハオリムシや30cmのシロウリガイは，体内の細菌類に化学合成に必要な硫化水素や酸素，二酸化炭素を効率よく送り込み，代わりに化学合成細菌が合成した有機物をもらい受けて生活している．ハオリムシのヘモグロビンは酸素以外に硫化水素と結合する部位を持ち，体内の硫黄酸化細菌に積極的に運んでいた．硫化水素は通常の生物にとっては猛毒で，呼吸阻害を引き起こす．ところが付近に見られる深海性のエビやカニでは硫化水素を解毒する機能を備えていて，いずれにせよ硫化水素の多い熱水噴出孔での生息を可能としている．

### 3）個体群動態

生物群集における個体数の変動に着目してみる．生物の雌1個体は一生に多くの産卵を行う．もしこれらの個体のほとんどが成長し成熟すると，個体数は指数関数的に増殖し，膨大な個体数となる．しかし，自然界では個体数の増加を抑制する要因が存在する．これを環境抵抗と呼んでいる．例えば食物や生息場所の制限，伝染病や捕食者の増加，内在的な出生率の低下や死亡率の増加などである．そのために，もしある環境に少数個体を放した際の個体数の増加は，個体数が増加するほど，環境抵抗が大きくかかってくるため，ロジスティック曲線と呼ばれる増加曲線を示す場合が多い．

$$dN/dt = r(1-N/K)N \quad （微分型ロジスティック式）$$

で示される．自然界で生物の各成長段階の生存率を調べると，成体になれるのは産卵された個体のごく一部のみであることが分かる．

生産者では，無機的環境条件が個体数に影響を与える場合がよく見られる．無機的環境条件の変動に対応したケイ藻類の年間の個体数変動は，定常的なパターンを示す．春先は水中の無機塩類が豊富で，温度の上昇に伴い個体数が急激に上昇しだす．夏期では温度要因が春期よりも好適な状況にあるが，春から夏にかけて捕食者が増え，これによってケイ藻類の個体数はむしろ減少する．秋口に捕食者が減少することによって，少し個体数が増加するが，気温は低下し，光合成能力の低下に伴って個体数は減少する．そして，その後，冬期を迎える．合衆国アリゾナ州のシカの例では，捕食者を取り除いた結果，シカが増殖を続け，いったん個体数のピークを迎えた後に，急速に個体数が減少

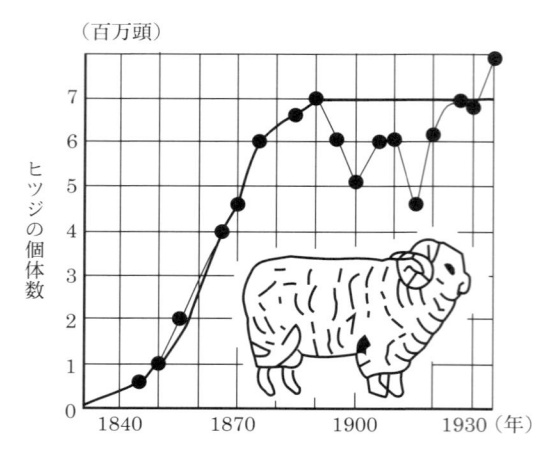

**図 3-1-4 オーストラリアにおけるヒツジ個体群の成長**
個体数の増加に伴い環境抵抗が高まり，一定個体数以上には増加しない．太線はロジスティック曲線による理論値，細線は実際の個体数の変動を表す．

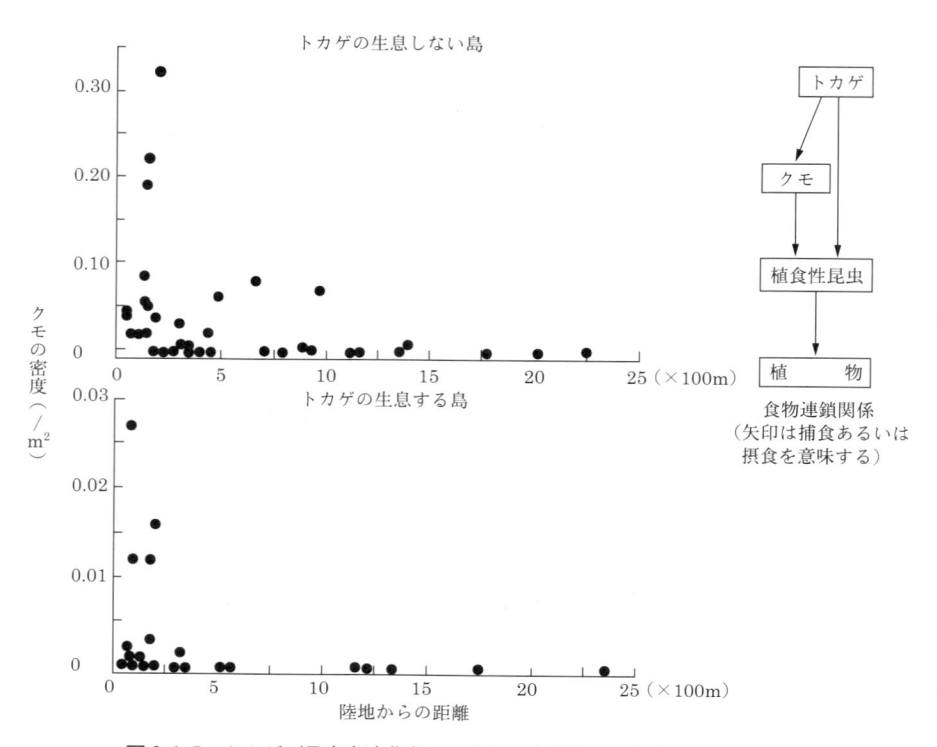

**図 3-1-5 トカゲ（最高次消費者）の有無によるクモの個体群密度の変化**
クモの密度はトカゲの生息する島では生息しない島の10分の1になっている（Y軸の目盛に注意）．また，陸地から離れるほどクモの密度は低下している．（Schoener & Toft, 1983による）

し，個体群密度はむしろ以前よりも小さくなってしまった．捕食者を取り除いたことによって，生態系のバランスが乱されたことによろう．

　草食動物とその捕食者の個体数関係はよく相関している．捕食者の個体数は草食動物の個体数変動に対応している．そのような対応関係が見られることの説明として，草食動物の個体数変動はその捕食者の効果によるものという考えと，捕食者の効果は影響せず，それ以外の要因，例えば餌資源の量や無機的環境条件に対応したものという考えがある．高次消費者がその下の消費者の個体群密度に影響を与えているというデータとして，カリフォルニア州の海岸周辺の島嶼を使った研究がある．島におけるトカゲの有無とクモの密度との関係を見たもので（Schoener & Toft, 1983），トカゲのいない島でのクモの密度は0から$0.30/m^2$であるが，トカゲが最高次捕食者として存在する島では0から$0.03/m^2$を示し，同一の面積の島を比較すると，トカゲのいる島のクモの個体群密度は10倍も低いことが示される（図3-1-5）．

### 4）物質とエネルギー

　生物群集のシステムを，物質の移動やエネルギーの流れで考えていく研究分野を生産生態学と呼ぶ．特に生物にとって重要な炭素，窒素，イオウあるいはリンの動きを探っていくと，このような物質は生物群集と無機的環境条件の間を行き来していることが分かる．

　生物群集で使われるエネルギーは，もとをたどるとすべて太陽からの光のエネルギーで，これを生産者が有機物に取り込み，食物連鎖の関係を経て最終的には呼吸による熱エネルギーとして放出される．よって物質は循環するが，エネルギーは循環せず，生態系外から生態系内を通り，また生態系外へ流れていく．

　熱帯多雨林の総生産量や呼吸量は照葉樹林に比べると，いずれも大きい値となるが，総生産量から呼吸量を差し引いた純生産量で比較すると大差がなくなる．また熱帯多雨林では物質生産が盛んであるが，分解も盛んなため，地表に落ちた枝や葉はすぐ分解されてしまう．その結果，土壌中に含まれる有機物の割合は少なくなる．針葉樹林では土壌に葉や枝を中心とした有機物が地表面を厚く覆うが，熱帯多雨林の落葉土層は以外と薄い．実験的に落葉を置いておくと1週間で約2％が土壌動物に食べられてしまう．特にシロアリの影響が大きく，全体の99％はシロアリによる摂食であった例が報じられている．

**参考文献**

Ehrlich, P. R., Ehrlich, A. H. & J. P. Holdren 1977. Ecoscience: population, resources, environment, Freeman.

伊藤嘉昭 1982．社会生態学入門，東京大学出版会．

石川　統（編）1994．生物学，東京化学同人．

Tansley, A. G. 1935. Ecology, 16: 284-307.

Schoner, T. W. & C. A. Toft 1982. Science, 219: 1353-1355.

## 2. 種間関係

生物間の相互作用には様々な形のものが存在する．これらはまず同種個体群内に見られる種内相互作用と，異種個体群間に見られる種間相互作用に大別される．種内相互作用は言わば個体群の内部構造を示すもので，順位制，縄張り制，リーダー制あるいは社会制といったものが見られる（第1章第10節参照）．「相互作用」の用語を，もっぱら種間の関係のみに限定して用いる場合もある．ここでは，生物群集を構成するための重要な要因となる種間の相互作用について眺めてみたい．

### (1) 相互作用のタイプ

生物群集内で特に密接な関係を持つ2種以上の個体群どうしの関係を表現する場合，その関係を利害関係の形で表現すると理解しやすい．表3-2-1では他種と関係することによって利益を受ける場合を＋，被害を被る場合を－，特に利害に関係しない場合を0で表記したものである．表から生物世界には＋，－，0を使ったすべての組み合わせの種間関係が存在することが分かる．ただし，それらの関係は，自然界において頻繁に見られる関係から稀にしか見られないものまであり，その頻度やその関係が生物群集に及ぼす影響の強さは様々である．

表 3-2-1　2種間の相互作用の分類

| 相互作用のタイプ | 種 A | 種 B | 相互作用の特徴 |
|---|---|---|---|
| 競争 | － | － | 両者が害を与え合う |
| 捕食 | ＋ | － | 捕食者が餌種の個体を殺す |
| 寄生<br>ベーツ型擬態 | ＋ | － | 寄生者が寄主個体を利用し，寄主は害を受ける |
| 中立 | 0 | 0 | 互いに影響を及ぼさない |
| 相利共生<br>ミュラー型擬態 | ＋ | ＋ | 両者共に利益を受ける |
| 片利共生 | ＋ | 0 | 一方だけ利益を受けるが，他方は影響を受けない |
| 片害作用 | － | 0 | 一方だけ害を被るが，他方は影響を受けない |

（Odum, 1979 より）

### 1) 捕食－被食関係

食物連鎖の関係は生態系の構造を決定する重要な要素であるように，捕食－被食関係は生態系において最も普遍的に見られる関係である．2者間の関係で見ると食うか食われるかであるが，3者以上の関係で考えると2者間では見えなかった関係が見えてくる．図3-2-1aではA種とB種の間に捕食－被食関係があり，B種とC種の間に競争関係がある場合である．A種がB種を多く捕食してくれるほどC種はB種との競争に

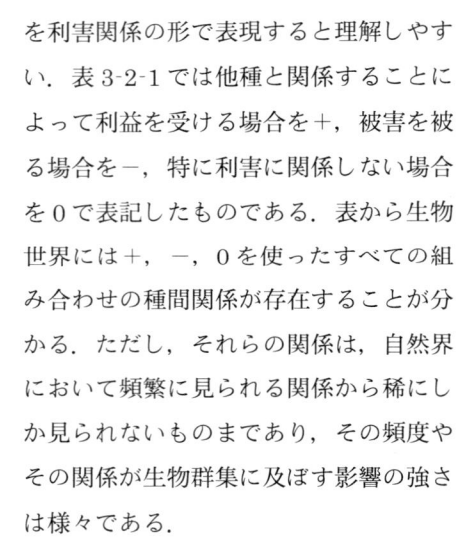

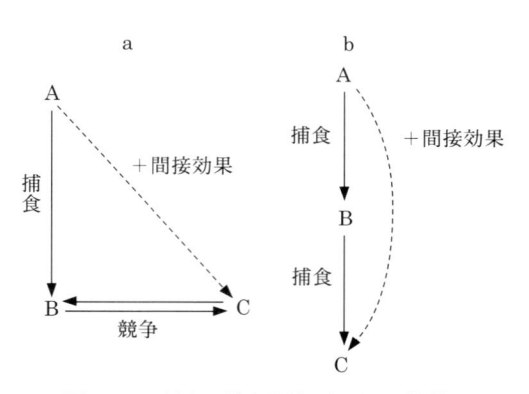

図 3-2-1　捕食－被食関係における間接効果

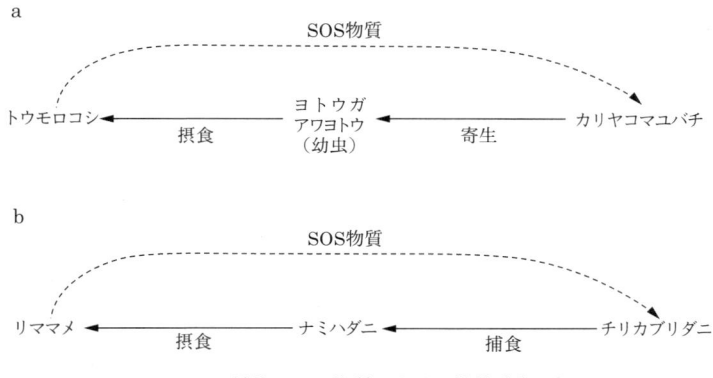

図 3-2-2　植物のSOS物質による間接的防衛の例

有利に立てるという間接効果が表れてくる．図3-2-1bはA種とB種とC種との間に直線的な捕食-被食関係が成り立つ場合である．栄養段階が上位にあるA種が盛んにB種を捕食してくれるほどC種はB種からの捕食を免れやすくなる．要するに敵の敵は味方だという図式が示されている．

　最近植物において，積極的に敵の敵を引き寄せて捕食者を間接的に撃退する振る舞いをするものが知られてきた．例えば，トウモロコシはヨトウガやアワヨトウの幼虫に摂食され始めると，かじられた部分からある種の化学物質を出し，それがヨトウガやアワヨトウの寄生蜂であるカリヤコマユバチを誘因する（図3-2-2a）．リママメにおいてもナミハダニに対して同様に，ナミハダニの捕食者であるチリカブリダニを呼び寄せている（図3-2-2b）．これらの捕食者や寄生者を呼び寄せる物質はSOS物質と名づけられている．植物が植食性動物から身を守るための防衛メカニズムは，毒物質を体内に蓄えるとか刺で武装するといったものが多いが，それらの防御はいずれは植食性動物に破られてしまい，さらに強力なものにしないと防御できなくなる．これが軍拡競争のようにエスカレートしていくと，これに莫大なコストがかかってしまう．もし国家であれば，2大軍事強国が軍拡競争を引き起こし，際限なく軍拡競争がエスカレートしていき，最後には両国ともに疲弊，没落の途をたどることにも似ていよう．言わばボディーガードを雇いSOS物質でボディーガードと連絡を取りつつ身を守る術を見ると，植物もなかなかしたたかなものだと思う．

　図3-2-3では，栄養段階が高次の捕食者がその被食者に与える影響の程度を示している．従来，高次捕食者が餌となる下次の動物の個体数に影響を及ぼすのか，あるいはそのような効果はなく，餌の個体数によって個体数が影響を受けているのかが生態学の重要な問題の1つとなっていた．言わば，トップダウン効果とボトムアップ効果の有無，あるいは効果の大きさが問題にされていた．図に示される岩礁の動物群集での研究例では，ヒトデを取り除くと特定の種が増殖し，多様性はむしろ低くなる．このように，生物群集の構成に大きく影響を与える種を，キーストーン種（keystone species）と呼んでいる．

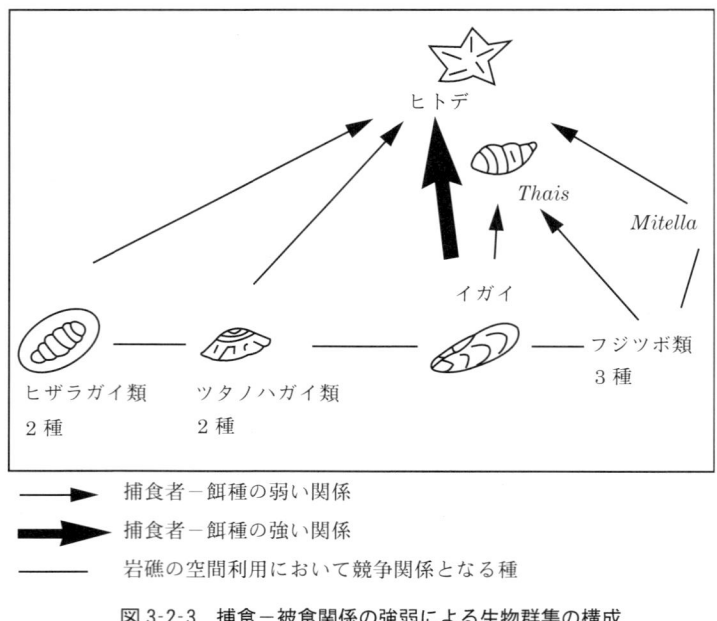

図 3-2-3 捕食－被食関係の強弱による生物群集の構成
（Paine, 1966を参考に描く）

## 2) 寄 生

エネルギーの移動という観点では捕食－被食関係と同じものである．相違点は，捕食では瞬時に相手を倒しエネルギーを奪い取るのに対して，寄生では時間をかけてエネルギーを奪い取っていく点である．時間をかけてエネルギーが奪われていき，最後に寄主が死に至る場合を捕食寄生と呼び，昆虫の寄生蜂に多く見られる．また，寄生者が宿主（寄主）の体表部に取り付くか内部に取り付くかによって，ヒトとシラミのような外部寄生と，ヒトとギョウチュウ，カイチュウ，サナダムシといった内部寄生に分けられる．英国での研究例では，全昆虫の 70％が寄生性か捕食寄生性で相当普遍的に見られる種間関係と言ってよいであろう．また，生物本体に取り付くのではなく，カッコウやホトトギスがモズやウグイスの巣に卵を産み落とし，かえったヒナはモズやウグイスの親から餌をもらって育つという托卵習性や，セイボウ（ハチの一種，漢字で青蜂と書く）がカリバチ類の巣にうまく侵入し，産卵し，孵った幼虫はカリバチが本来自分の子に食べさせるために狩ってきたチョウや甲虫の幼虫を食べて育つといった，相手の労働力を奪い取る寄生様式もあり，これらを特に労働寄生と呼んでいる．

## 3) 相利共生

アリとアブラムシのように，関係を結ぶことによって両者が利益を得る場合を言う．アリとアブラムシの例では，アリはアブラムシが出す甘露（植物体由来の栄養分を多く含む液体）をもらい受ける代わりに外敵からアブラムシを守っている．アブラムシから見ると，外敵から身を守ってもらっている代わりに甘露をアリに与えている．他にワニとワニドリ，クエとホンソメワケベラ，ヤドカリとイソギンチャクの例（図 3-2-4A）などが挙げられる．

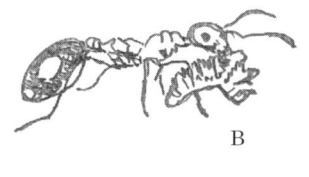

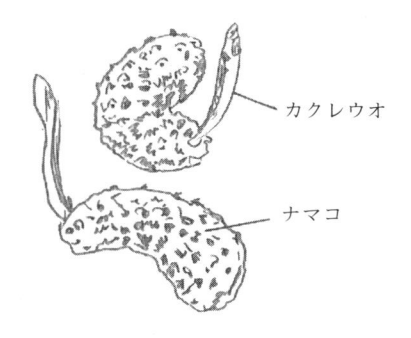

図3-2-4　相利共生の例
A：ヤドカリとヤドカリイソギンチャク
B：クシケアリとゴマシジミの幼虫

図3-2-5　片利共生の例
フジナマコとカクレウオ

4) 片利共生

　一方は利益を受け，他方は利益を受けないが被害も被らない場合を言う．例えば，カクレウオとナマコ，サメとコバンザメ（コバンイタダキ；サメの仲間ではなく硬骨魚類である）といった例が挙げられる．カクレウオはナマコのそばで生活し，危険が近づくとナマコの体内に隠れ，身の安全を図っている（図3-2-5）．コバンザメは後頭部が吸盤状になっており"虎の威を借る狐"よろしくサメの腹部に取り付き身を守ってもらう．またサメによって運んでもらうと同時に，サメの食べ残しにありついて餌としている．

5) 競　争

　生活様式の似た種間で，限られた量の餌や生活空間をめぐって奪い争うことを言い，両種にとってマイナスの関係である．そのため2種間でその関係が長く続いた場合，しばしば互いに競争を回避する方向に進化していく．その結果としてすみわけや食いわけといった現象が見られる．

6) 中　立

　アフリカのサバンナのような環境においては，草食動物どうしは餌資源が同じものであっても食草が十分あることから競争は起こらない．このように同一の環境内に生活していても，互いに利害関係を持たない場合を中立と言う．生物間の関係は常に固定的なものではなく，環境条件が変われば2者間の関係も変化する場合もある．例えば，サバンナでも旱魃などの環境の変化によって餌資源が不足してくると，中立関係であったものが競争関係に変わり得る．

7) 片害作用

　ある生物が分泌物を出し，それが他の生物に不利に働く場合を言う．例えばアオカビの一種がペニシリンを分泌し，周りの細菌類を殺す抗生作用や，植物が化学物質によって他の植物の成長を抑制する他感作用（アレロパシー）がこれにあたる．
　抗生作用は，その名の示すとおり抗生物質の引き起こす作用として医学上重要なものである．

上述のペニシリンが抗生物質としては最初に発見されたもので（フレミング；Fleming, 1929），後にチェインとフロレイ（Chain & Florey, 1940）によってその効果が再確認され，細菌感染症の治療薬として開発された経緯がある．細菌類の細胞壁の合成を阻害することによって細菌の増殖を抑制している．また放線菌からも，様々な抗生物質が開発されており，ワクスマン（Waksman, 1944）のストレプトマイシンに始まり，カナマイシン，カスガマイシン，ナラマイシン，ミノマイシンなど日本で開発されたものも多い．

他感作用では，例えば北米からの帰化植物であるセイタカアワダチソウが根からcis-DMEという一種のエステルを分泌することによって，他種植物を群落から遠ざけている．このように植物が化学物質で武装していることは，かなり広範な現象であることが近年分かりつつある．農業面で，同一作物を連続して同一の畑で育てると二度目は育ちが悪く，収量が減少する連作障害という現象が昔から知られていたが，これもこのような他感物質が畑に蓄積し，それが同種に作用する自家中毒の結果だと言われている．

**参考文献**

Cook, D. B. & Hamilton, W. J. 1944. Ecology, 25: 91-104.
Gause, G. F. 1934, The struggle for existence, Williams and Willcins.
MacLulich, D. A. 1937. Univ. Toront Stud. Biol., 43: 1-136.
森 主一 1997. 動物の生態，京都大学学術出版会．
Odum, E. P. 1971. Fundamentals Ecology (3rd ed.), W. S. Saunders Co.
Pain, R. T. 1966. Amer. Nat., 100: 65-75.

## 3. 共進化

種間の関係を生態的，形態的，生理的な適応の面から捉えると，実に巧みにできた相互依存的な適応関係が見られる．生物がその環境に長い時間をかけて適応し生息してきたことを示すものとして，これらを共進化（coevolution）とか相互適応とか呼んでいる．例えば，ある生物群集の中に生活様式が近似の種どうしが生活を始めると，2種間に競争関係が生じ，さらに進化学的時間が経過すると互いに競争を回避するように，すみわけ，食いわけといった様式を進化させ共存関係となる．共生関係や寄生関係にあるものは，やがて相手がいなければ生きていけない必須の依存関係に至る場合がある．このように十分長い時間をかけて生物が変化し得る状況から，生物の様々な適応の様式が分かり得よう．

### (1) 寄生と共生

寄生関係は取り付く側が取り付かれる側からエネルギーを奪い取る様式である．かつて北米大陸に大量にいたリョコウバトは乱獲が原因で絶滅したが，このリョコウバトのみに寄生するダニが少なくとも2種知られていた．これらのダニはリョコウバトのみに見られることから，こ

れらの間には必須の依存関係が成立していたことが分かる．そして，リョコウバトが絶滅したことによって，これらのダニも同時に絶滅したであろう．地球上で一種が滅びれば，単純に一種のみが生態系の中で滅びることはない．必須の関係を持つ複数の種が滅びているはずである．

相利関係は互いが利益を得る関係で，アリとアブラムシ，アリとクシケアリやゴマシジミの関係などが知られている．ミツバアリとアリノタカラカイガラムシの関係は相利共生の関係の中でも，相手がいなくてはもはや生きていけない必須の依存関係の段階にまで達している．アリノタカラカイガラムシはミツバアリの巣の中に限って生息する．ミツバアリは，巣室の中に植物の根が張り出すように巣を作り，その植物の根にアリノタカラカイガラムシが付き，植物体液を吸収する．アリノタカラカイガラムシは，頭部と胸部が融合して一つになって球状となり，2節のみからなる短い触角を持ち，脚も短く，先端の爪は鋭く尖っている（図3-3-1）．短いが先端は鋭い脚は，植物の根にしがみつくための機能を有している．アリは始終このカイガラムシの面倒を見ており，しばしばアリがカイガラムシを運んで元気な根の方に移動させている．ミツバアリの方も巣から外に出て餌を探すことはなく，もっぱらカイガラムシの出す甘露を餌に生活している．

そして，新女王アリが春に母巣から旅立つ際には，先祖代々伝わる宝物であるかのようにこのカイガラムシ1個体を大あごでくわえて新しい世界へと飛び立って行く．このカイガラムシは単為生殖で増殖することから，1個体を連れて行けば，そこからカイガラムシを増殖させることができる．これらのあたかもミツバアリとカイガラムシが1つの個体であるかのような振る舞いは，相利共生の究極の姿の一例を示していると言えよう．

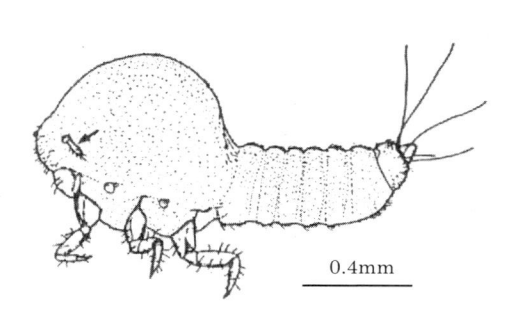

**図3-3-1　アリノタカラカイガラムシ**
矢印は触角を示す．

### (2) 擬態と保護色

生物の環境適応の例として擬態がしばしば登場する．擬態とは生物が他の生物を含めてあるものに似せて他者の目を欺くものを呼ぶ．他の動物に似せるもの，植物に似せるもの，石や糞のような非生物に似せるものがある．擬態と類似の概念として保護色が挙げられる．こちらは色彩のみを似せる場合である．擬態は他のものに似せるのであるから，形態と共に色彩をも似せる必要がある．よって，擬態には保護色の概念が必ず含まれる関係となる．これらの例は，生物がその環境の中で，進化的時間スケールで長い間生息してきたことを意味している．さらに，保護色に対して，他者にわざと目立たせる警告色あるいは警戒色というものもある．通常，派手な色彩の生物には，それなりの理由がある．刺される，触ると腫れる，毒を持っているなどで，名前の分からない目立つ生物は，触らない方が無難と言えよう．擬態の例としてよく知られているものとして，葉に擬態するコノハムシやコノハチョウ，花に似せるハナカマキリなどがある．

生態様式から，擬態はベーツ型擬態とミュラー型擬態に区分される．例えば，攻撃力のないハ

ナアブやトラカミキリが毒針を持ち高い攻撃力を持つミツバチやアシナガバチ，スズメバチに似せている例がベーツ型擬態であり，攻撃力を持つミツバチ，アシナガバチ，スズメバチが互いに色彩を似せ合って，さらにその効果を高めていることをミュラー型擬態と呼ぶ．これらのハチはいずれも黄色と黒のまだらで模様で，最も目立つ色彩パターンである．線路の踏切など特に注意を要するところに使われているのでその効果はよくお分かりであろう．これらは，自分の存在を他者にアピールするような色彩で，警戒色である．ベーツ型擬態を利害関係で考えると，まねるものはプラス，まねされるものはマイナスとなり，これは一種の寄生と言える．一方，ミュラー型擬態はプラス，プラスの関係で相利共生の一形態として位置づけられよう．このような例は社会性ハチ類の他にマダラチョウ類や南米のドクチョウ類の例が特に有名である．これらのチョウは，植物の有毒物質であるアルカロイドやタンニンを体に貯えたまま成虫になってしまう．それを鳥が食べると鳥は中毒症状を引き起こし，このことを学習するので以後類似の色彩のものを食べなくなる．中南米では猛毒を持つサンゴヘビにそっくりの無毒なヘビが何種類も存在する．ベーツ型擬態と言える．

　擬態の効果を考えると，数理的にはまねる方の個体数が多くなりすぎると，効果が薄れてしまうことから，似せる側（mimic）の個体数はモデル（model）の個体数よりも少ないことが予想される．似せる側が多ければ多いほど擬態の効果は弱まり，逆に似せる側の個体数が少なければモデルの中に紛れ込み，擬態の効果が高まる．例えば，擬態のモデルとなるミツバチがいなくなると，ミミックであるハナアブはただ目立つだけということになり，まっ先に捕食者に狙われて，生きていけない．理屈の上では，モデルが生態系内にいなければ，ミミックは存在しないことになる．また，警告色，警戒色の段階的な進化は考えにくく，中間的段階を飛ばして急速に警告色を持つに至る，という予測も出されている．

　擬態の様式もいろいろなものがある．ある種のカマキリが餌を捉えるために花に似せたり，魚のオコゼが餌を捉えるために周りのサンゴに似せる擬態があり，このようなものを特に攻撃擬態と呼んでいる．社会性昆虫のアリやシロアリの巣中には好蟻性動物や好白蟻性動物が見られるが，アリや白アリと形態的に類似するものも少なくない．これを特にワスマン型擬態と呼んでおり，巣内の個体を欺こうとする目的であるとの仮説と，巣外の捕食者に対する擬態であるとの仮説があり決着がついていない．

　その他の擬態として，行動の擬態を示すものがある．シロチドリ（河原に巣を作る）は，巣の近くに捕食者が来ると母親がその前に行き，羽をばたばたさせ，飛べないふりをして注意を引く．巣から注意がそれた段階で，母鳥は飛び上がる．化学物質による擬態も存在する．ナゲナワグモは，先端が粘球となる糸を飛んでいる餌のガに投げつけて捕らえる．捕らえられたガのほとんどが雄である状況から，ナゲナワグモがガの性フェロモンに類似した物質を放出し，これに引き寄せられてくる雄個体を狩っていることが判明した．チョウチンアンコウの頭の先端にある突起は疑似餌の役割を示し，これに引き付けられた小魚が食べられる．一種の擬態とみなせよう．

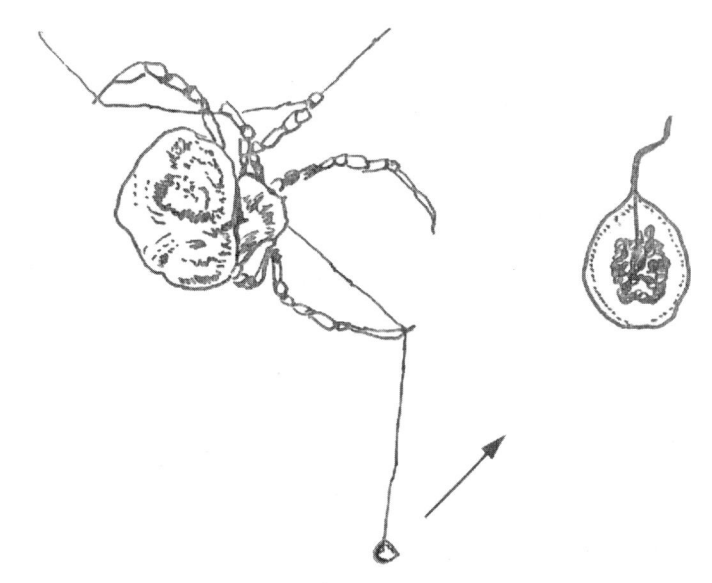

図3-3-2　投げ縄を持って獲物を待ち構えるナゲナワグモ
右は粘球の拡大図.

### (3) 被子植物と動物の共進化

　裸子植物が繁栄していた中生代から新生代に変わると，花を咲かせ実を実らせる被子植物が陸上を席巻し，そして今日に至っている．被子植物が裸子植物との競争に圧倒的に勝り，今日の繁栄を得ることができた主な理由は，被子植物が飛翔能力を持ち，移動性に長けた昆虫類および鳥類とギブ・アンド・テイクの関係を結び，相互適応してきたからだと言われている．被子植物は，蜜腺と花蜜を準備し，かつその位置が容易に分かるための信号の役割を果たす花弁を，コストをかけて作った．これによって昆虫類を呼び寄せ，効率よく受粉が行えるようにした．また，同様に少なからずの樹木では多大なコストをかけて果実を作り，これを鳥に食べさせて遠方まで種子を運搬させる関係を結んだ．このようにして，移動能力のない植物の大きな弱点であった受粉効率と種子運搬能力を著しく高め，これによって裸子植物との競争に優位に立ち，その結果，植物にとって好適な熱帯や亜熱帯の環境はことごとく被子植物が占拠してしまった．一方，裸子植物は光合成効率の悪い亜

図3-3-3　アリ植物のアカシアとそこに営巣するアカシアアリ

寒帯にまで追いやられ，シベリアのタイガのような亜寒帯針葉樹林として残り現在に至っている．逆に，種子植物と共進化してきた昆虫類と鳥類は被子植物と共にやはり陸上生態系で特に栄えていると言えよう．特に被子植物と強く関係を結んだチョウ類では，口がストロー状に変化しており，ハナアブやハナバチ類でも液体のみを取り込める口器に特殊化している．これらの種は蜜がなければ生存不可能であろうから，やはり被子植物とは一蓮托生の関係にあり，被子植物が絶滅すれば，これらも生きてはいけないだろう．

## 4. 生物の分布

地球上の生物群集の分布を見ると，類似の環境には類似の生物群集が見られる場合が多いことから，生物群集の分布にも規則性が存在する．生物群集の様式を支配する要因には，巨視的に2つのものが考えられる．1つは現在の各地域の気温や雨量などの環境要因によって決定されるもので，生態分布と呼ぶ．もう1つは地史的，地理的要因によって生物群集が決定されるもので，地理的分布と呼ぶ．

### (1) 生態分布
#### 1) 世界の植生の生態分布

空中から地上を眺めると，植物群落は地域によって森林であったり，草原であったり，あるいは砂漠やツンドラなどの荒原であったりとまちまちである．このような植物群落の景観は自然の環境条件と密接な関係を持っており，特に植物群落では気温と降水量とが影響して決定されていることが判明している．図3-4-1から大量に雨の降る地域では森林が発達し，年間降雨量が少な

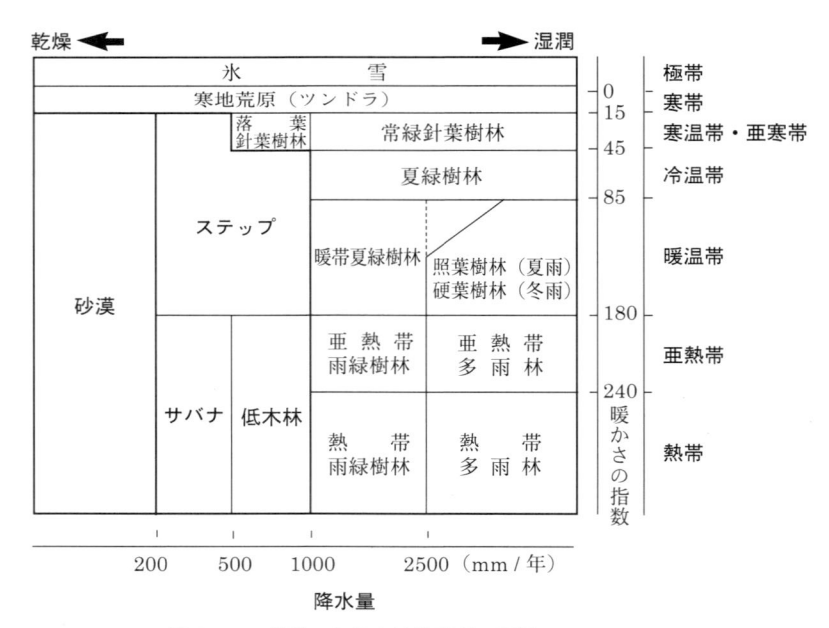

図3-4-1 世界の気候と植物群系の関係
（Odum, 1971；Whittaker, 1975に基づく）

い地域で草原となり，さらに雨量が少ない場所では砂漠となることが示される．ここで示した草原や荒原は，自然植生の極相に達したものを対象としており，植物遷移の途上にあるものや人為的影響下にある環境は除外されている．年平均気温が低すぎる環境では森林や草原も発達せず，ツンドラ地帯となる．また，森林は地域の年平均気温の相違によって，どのようなタイプの森林となるかが決まってくる．また，このような植物群落に，動物群集も含めた巨視的な生物群集全体の区分を生物群系（バイオーム）と呼ぶ．

① 熱帯多雨林

　熱帯の一年中雨の多い地方に発達する．常緑広葉樹が主で，種多様性に富み，1haに数百種もの高木が見られる場合が普通である．階層構造がよく発達し，樹高の高いものでは80mにも達し，様々な高さの樹種が存在する．高木には板根や支柱根が発達しやすい．また，つる植物や着生植物が多く存在し，樹幹にこれらが付着する独特の景観が見られる．中には高木につる植物状に取り付いて，上方へ成長し，やがて高木は巻き付かれることにより，枯死してしまう絞め殺し植物も見られる．土壌動物の活動が盛んで，落葉落枝量は大きいが，これらはすぐに分解されることから，落葉土層はあまり発達しない．南米アマゾン川流域や熱帯アジアのボルネオ，スマトラあるいはニューギニア，中央アフリカなどに見られる．いずれも熱帯多雨林と総称しているが，熱帯アジアと南米アマゾンの多雨林とでは，生物地理区が異なることから，樹林を構成する種類は大きく異なることに注意したい．

② 亜熱帯多雨林

　熱帯多雨林に比べて，高木層の発達がやや劣り，よりコンパクトな樹林を形成する．また，つる植物や着生植物の種数もより少ない．ただし，熱帯多雨林とは連続的なもので，気候区分上の亜熱帯地域に見られるものを特にこう呼び，明瞭な識別点はない．

③ マングローブ林

　熱帯・亜熱帯の海岸や河口付近に発達する樹林である．河口付近では，潮の干満の差が大きく，塩類濃度の高い環境にあり，また塩湿地ができる．そのような環境に生育する植物をマングローブ植物と呼ぶ．マングローブ植物は，多数の呼吸根を地上部に出し，酸素の少ない塩湿地でも生育できる体制や生理的機能を備えている．このようなマングローブ林は，陸上の生態系と海洋の生態系とをつなぐものとして重要性が認識されつつある．マングローブ林内の塩湿地では，貝類や甲殻類などの盛んな活動が見られる．日本では鹿児島県以南に見られ，オヒルギやメヒルギなど7種類のマングローブ植物が知られている．

④ 雨緑樹林

　熱帯・亜熱帯の雨季と乾季のある地方に発達する．雨季に葉を付け，乾季には落葉する樹木からなる．乾季では高木が落葉するために，一見，冬に日本の関東や東北地方の落葉広葉樹林内に入り込んだ感覚となるが，樹種は熱帯系のもので，チークのように樹高の高くなる大型種も存在する．インド，タイ，アフリカ中央部などに存在する．

⑤ 照葉樹林

　暖帯（暖温帯）の多湿な地域に発達する．常緑広葉樹が主で，日本ではクチクラ層の発達した

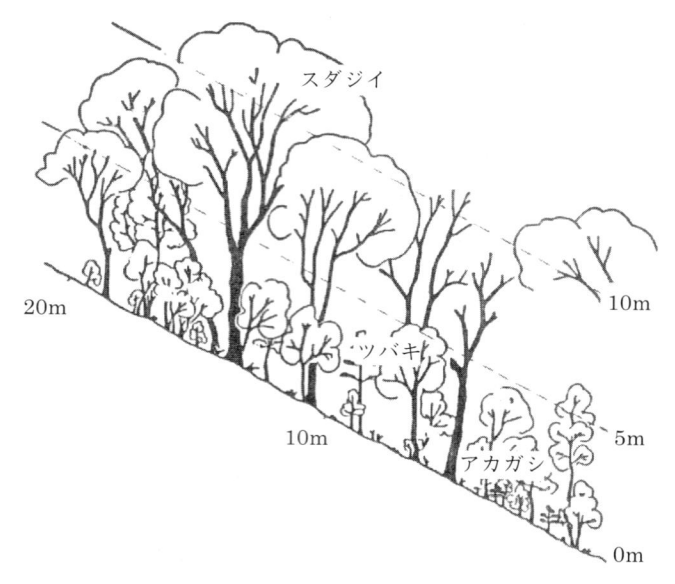

図 3-4-2　暖帯照葉樹林の構造断面図
（手塚，1966より）

シイ，カシ，タブ，クス，ツバキなどから樹林が構成される（図 3-4-2）．林内には高木，亜高木，低木，草本層，地表層が認められ，落葉土層がよく発達する．

⑥　硬葉樹林

夏季に降雨が少なく，冬季に雨の多い地中海性気候の地域に発達する樹林である．冬季に落葉し，成長する夏季は雨量が少ないために，水分を保持する機能や形態が発達する．例えば葉は小形で硬く，含水量が少ない．樹林は樹皮にコルク質が発達するオリーブやコルクガシなどから構成される．地中海沿岸部の他，北米西海岸やオーストラリアなどにも見られる．

⑦　夏緑樹林

夏季に雨量の多い温帯（冷温帯）地方に発達し，落葉広葉樹が優占する．日本ではブナ，ミズナラ，カエデ，クリなどが見られ，東北地方から北海道の道南部の自然植生として存在する．

⑧　常緑針葉樹林

寒温帯（亜寒帯）や亜高山帯の寒冷な地域に見られる．常緑性で，細胞の浸透圧を高く保ち，氷結を防止するなどの低温に対する適応が見られる．日本ではエゾマツ，トドマツ，シラビソ，コメツガなどから構成される．

⑨　熱帯草原

熱帯・亜熱帯に見られる草原で，イネ科やカヤツリグサ科の草本類が優占し，潅木が交じる．アフリカのサバナ（サバンナ）が最もよく知られており，多くの大型ホ乳類が見られる．

⑩　温帯草原

温帯の雨量の少ない地域に見られる草原．北米のプレーリーやユーラシア大陸のステップ，南米のパンパスなどが該当する．

⑪　乾燥荒原（砂漠）

　年間降水量の少ない（300mm以下）地域，特に大陸の内陸部に成立する．乾燥や温度変化に対応できる特殊な植物が散在する．乾燥に対する適応様式として，新世界ではサボテンのような葉を退化させ，水分を茎に貯える植物や，オーストラリアに見られるような根を地中深く張った植物などが存在する．

⑫　寒地荒原（ツンドラ）

　シベリアや北米の寒帯地方に成立し，寒さに強いコケ類や地衣類に属する種から構成される．しばしば植物遺体が分解されずに堆積し，泥炭を作る．

## 2）　日本の植生の生態分布

　日本列島は南北に細長く，平野部で亜熱帯から寒温帯までの気候を持つために，それに対応して変化に富んだ植生が見られる．また，日本は年間の降雨が多いことから，植生の分布は自然状態を仮定するとほとんどは森林となる．地域の相対的な暖かさを表す温量指数140以上の地域は亜熱帯多雨林となり，沖縄や奄美を中心とした琉球列島と，九州や四国の一部がこれに相当する．140から100の地域は暖温帯常緑樹林（照葉樹林）帯，東北地方から北海道南西部までが冷温帯落葉樹林（夏緑樹林）帯，そして北海道北東部が寒温帯（一般書籍に多く見られる亜寒帯に対応

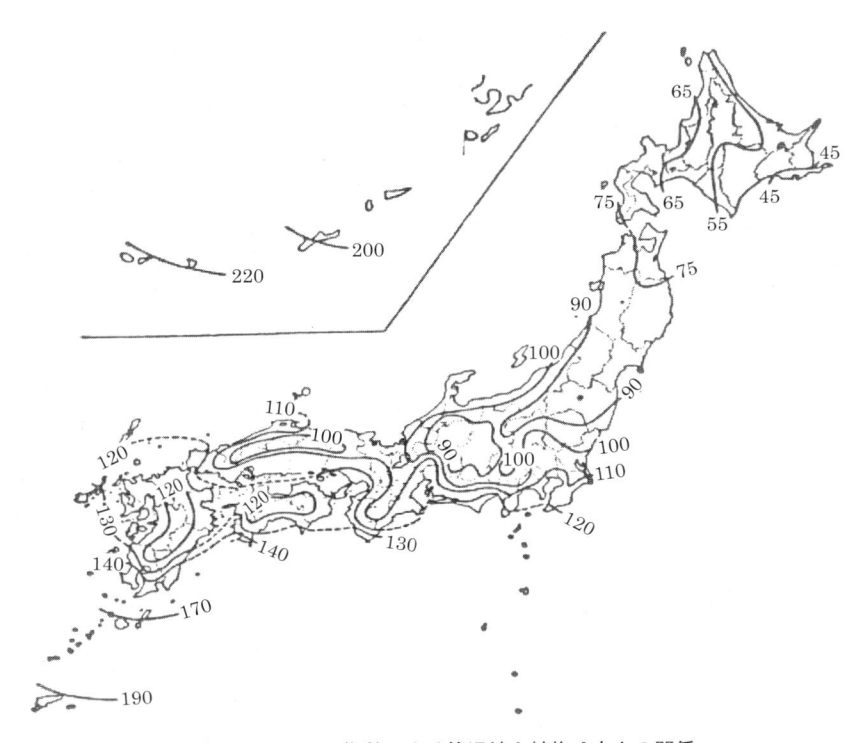

図 3-4-3　温量指数による等温線と植物分布との関係

温量指数：1年のうち月平均気温が5℃以上の月を選び，その各々の月平均気温から5℃を引いた値を総計した値．（松村・川喜田，1950より）

する．亜寒帯の名称は，植生学では温帯と寒帯の間に見られる森林ツンドラと疎生林からなる移行部分を呼ぶ）の針葉樹林帯となる．温量指数（WI）は1年のうち，月平均気温が5℃以上の月を選び，その平均気温から5℃を引いた値の総計で表される．5℃は植物の正常な生活活動の閾値を表す．

$$WI = \sum^{n}(t-5) \quad (t：各月の平均気温，n：1年のうち t>5 である月の数)$$

このような年間の温度差は垂直的にも認められる．よって，高度によっても植物群落の相違が見られ，緯度的な分布の相違を水平分布と呼び，高度による相違を垂直分布と呼ぶ．

本州中部を例にとると，照葉樹林である低地帯から夏緑樹林帯が見られる．海抜約1,500mから2,000mの間を亜高山帯と呼び，気候区分の上での寒温帯（亜寒帯）に該当し，針葉樹林が発達する．さらに海抜2,500mを超えた場所を高山帯と呼び，ここでは高木が育たない厳しい気候にある．高山帯下部にはハイマツ林がしばしば存在する（図3-4-4）．気候区分の上では寒帯で，一年の大半は雪で埋もれているか，植物が生育する上で不適な温度条件にある．そのために，雪解けと共に一斉に成長し，初夏を迎えると一斉に開花することにより，登山者は高山のお花畑が広がる光景を目にすることができる．

高度的に環境が厳しくなり，高木の育たない地点を高木限界と呼び，樹林が途切れる地点を森林限界と呼ぶ．通常，高さが5m以上ある樹木が複数ある状態を樹林，あるいは森林と呼ぶことから，高山の厳しい環境に生息する特殊なハイマツ林は，一般的な意味での森林には入らず，森林限界はハイマツ林の生える下部の地点に存在することになる．山体の大きな山だと，森林限界は幾分より高いところにあり，山塊効果と呼んでいる．一方，山頂が迫っている場合，森林限界は相対的により下方に認められる場合が多く，山頂効果と呼んでいる．より厳密に見た場合，日本では北斜面と南斜面とで植生や森林限界の高さは異なり，また，尾根と沢筋とでも異なる．

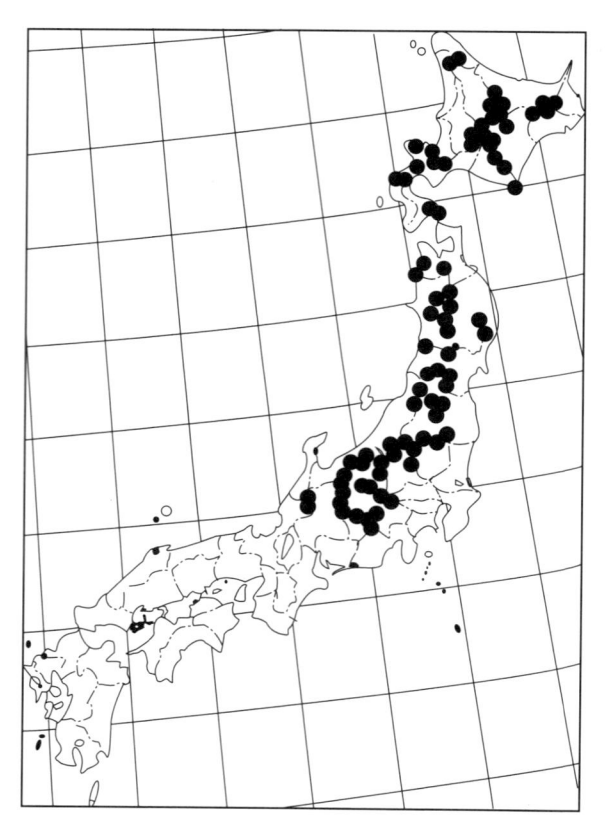

図3-4-4　ハイマツ林の分布
北海道と本州の森林限界上部に見られる．

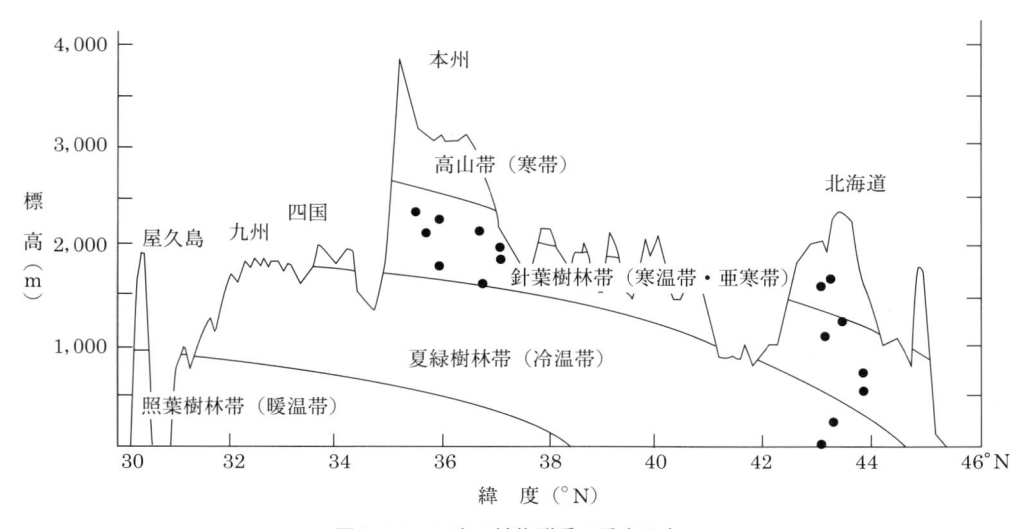

図3-4-5 日本の植物群系の垂直分布
●は亜高山性の昆虫, カラフトクロオオアリの分布を示す.

### 3) 植物群落の遷移

　生物群集は固定的なものではなく，時間的に変化していく．そして，その変化には規則性が存在する．特に植物群落が時間と共に変化し，種の交代が起こることを遷移と呼ぶ．植物群落の遷移に伴って動物群集も当然変化する．ただし動物相全体を含めた，生態系全般の遷移の研究例は極めて少ない．莫大な労力と時間を要する割に，旧式の研究と思われ，報われることが少ないことが見えているからであろう．

　遷移は取り扱うスケールの大きさによって，一般的な生態遷移と微小遷移に区分して理解するのがよいだろう．生態遷移は広域から始まる一次遷移と，山火事や森林の伐採された跡，放棄された耕作地などの局所的崩壊を受けた場所から始まる二次遷移に大別される．一次遷移はさらにスタートとなる環境から乾性遷移（火山，新島の出現），湿性遷移（湖沼や河岸），塩性遷移（干潟や干拓地），砂質遷移（砂丘，海岸）に分けられる．さらに取り扱う時間座標のスケールによって進化を含んだ種の交代，種の絶滅と新生の時間が含まれる地史的遷移と，せいぜい1,000年以内になされる生態遷移に区分して理解することもできよう．時間座標で区分すれば，局所的な微小遷移は最も短時間でなされる小規模なものと理解される．

### 4) 生態遷移

　乾性遷移は火山の爆発跡や島の成立後に始まる遷移で，初めに乾燥に強い地衣類やコケ類が侵入し，次いで草原となり，やがて低木林，陽樹林，陽樹と陰樹の混交林，そして陰樹林で安定する．遷移の最終段階を極相と呼ぶ．湿性遷移では，例えば川がせき止められて湖となり（貧栄養湖），周りから土砂や有機質の流入により富栄養化した富栄養湖となり，それは次第に埋まっていき，やがて湿原となって乾燥化し，草原となる．あとは乾性遷移と同一の経路をたどる．このようなパターンが生じるのは，土壌の生成状況と光条件が特に植物群落の形成に関連しているから

である．関東地方に見られる草原では，イネ科やタデ科の草本を中心とした一年生草本群落がススキ群落などの多年生草本群落に遷移し，ヤシャブシ，ノリウツギなどの低木が侵入し，やがてはアカマツ林やクロマツ林などの陽樹林となる．さらにシイ，カシ，タブなどの陰樹に置き換わり極相となる．

極相に達すると，山火事や土砂崩れなどが起こらない限り長い間その状態が保たれる．極相は地域によって異なり，北海道の道東部では常緑針葉樹林が，東北地方では夏緑樹林が，関東地方では照葉樹林が，琉球列島では亜熱帯多雨林が極相となる．極相はその地域の気候で決まるという単極相説（Clements & Shelford, 1939）があると同時に，気候以外に地形や地質などの違いに影響されるといった多極相説（Tansley, 1935）がある．確かに山の尾根と谷とでは植生は異なる場合が多い．おそらく大規模な視点で判断した場合単極相説での説明が有効であるが，小規模なエリアを対象とした場合，多極相説による説明が実際のところであろう．湿原も日本において寒冷，多湿な環境には高層湿原が見られ，ここではミズゴケが分解されず酸性かつ貧栄養状態の環境となる．白馬岳の湿原や日光の尾瀬沼がこれにあたる．それに対して平野部などには低層湿原が多く見られ，日本最大の釧路湿原もこれに該当する．

生産生態学的には極相での現存量が最も大きい．生物種数は遷移の進行に伴って増加し，森林で最大となる．特に陽樹と陰樹の混交林で最大となる調査結果が見られる．ただしこれが一般則かどうかはさらにデータを増して判断する必要がある．

二次遷移では根，種子などの生物群集の残存物が残っている場所から始まるために，遷移の速度は速い．人工的要素が強くかかると退行遷移を起こすが，撹乱のかかった二次的な環境でも生態遷移は起こっている．日本では現在，ヒトの生活圏周辺には純然たる自然林はほとんど存在しないだろう．また，関東平野部の里山の代表的植生であるコナラ林やクヌギ林も，江戸期に陰樹林が切り倒されたあとの二次植生である．厳密には一次遷移と二次遷移の境界は不明瞭である．特に熱帯多雨林のような森林は常に野火や風倒木があってギャップと呼ばれる間隙が生じ，そこが更新されている．そしてこのような撹乱現象が常に生じることによって，種の多様性を高めている可能性も指摘されている．

5) 微小遷移

岩上に一時的にできた水たまりの中や，パン一切れの上にも生物相の時間を追った変化，つまり遷移が見られる．糖や無機窒素を加えた水を入れたフラスコやビーカー内でも一定の規則性を持った生物群集の変化が見られる．通常，最初にバクテリアが増殖し，後にこれを餌とするゾウリムシのような単細胞の原生生物や，光合成を行うクロレラのような単細胞藻類が見られるようになる．さらに時間が経過すると，原生生物を餌として生活するワムシのような捕食者も見られるようになってくる．

樹洞や茎の間，竹の切り株，ウツボカズラのつぼの中など植物体に見られる水たまりをファイトテルマータ（Phytotelmata）と呼び，そこには溜まり水生態系の遷移が見られる．そして，このような環境をもっぱらの生活場所としている種も存在する．

### (2) 地理的分布

ある地域に生息する生物全体を生物相（バイオタ；biota）と言い，すべての動物を言い表す時は動物相（ファウナ；fauna），植物の場合は植物相（フロラ；flora）と呼ぶ．また，研究を進める上でより限定した動物群や植物群を言い表すこともしばしばなされる．例えば，昆虫相，ハチ相，ハナバチ相，コケ植物相などである．

大きな山脈や海洋で隔てられた2つの地域の生物相に著しい相違が認められることがある．逆に距離的に大きく離れていても似たような生物相である場合もある．このようなことは，生物群集の分布に地球の歴史的影響が大きく効果を及ぼして決定されることを示している．よって，種組成の相違，あるいは属や科といった分類階級の地域の相違を基準に地域の区分を試みることができる．生物の系統関係を手がかりに，生物進化の様相を組み入れることで，生物の分布を理解しようとする試みが地理的分布の手法である．

日本は東洋区や熱帯地域に見られる南方系の生物と，旧北区や全北区に分布の中心を持つ北方系の生物が混在する生物相を有し，生物地理学的に非常に興味深い地域である．

#### 1) 生物地理区

生物相の構成種は地域によって類似していたり大きく異なっていたりする．そして生物相の面から地球上の地域性の区分を行ったものを生物地理区と呼ぶ．同一の生物地理区に属する地域は類似した生物相を示し，生物地理区が異なると生物相は大きく異なることを示す．この生物地理区の分類を行う研究分野を区系生物地理学と呼び，生物地理学の成立，発展に重要な位置を占めてきた．区系生物地理学において，陸上動物相で考える場合を動物地理区と呼び，陸上植物相で考える場合を植物地理区，あるいは植物区系と呼ぶ．さらに，海洋においても生物地理区が認められ，海洋生物地理区と呼んでいる．

生物地理区の存在は，各大陸上で起こった大域的な生物進化が反映しているもので，大陸の歴史と生物進化が関連し合ったものとして理解されよう．

#### 2) 大陸の歴史

現在の地球上にある大陸は古生代には1つの大きな大陸となっており，パンゲア超大陸と呼ばれている．この超大陸は中生代に入ると次第に移動しつつ，分裂していった．まず，テチス海が中央を横断し，上部のアンガラ（ローラシア）大陸と下部のゴンドワナ大陸とに分かれた．アンガラ大陸は今日のユーラシア大陸と北米大陸に分裂し，他の南米，アフリカ，オーストラリア，南極大陸，そしてインド亜大陸はゴンドワナ大陸から分裂していった．南極大陸は，かつて多くの生物が生息していたはずであるが，南極点に向かって移動していったために，ほとんどの種は絶えてしまった．ユーラシア大陸と北米大陸は比較的遅く分裂したようで，その結果，両大陸の動物相も植物相も他大陸と比べると，種の組成面で類似の高いものとなっている．

3) 動物地理区

　陸上動物の生物地理区はスクレーター（Sclater, 1858），ギュンツァー（Gunther, 1858）の鳥類の分布に基づく区分が先駆的な業績である．その後，ワラス（ウォーレス；Wallace, 1859, 1860, 1876）による世界の動物地理区が完成されたが，このSclater – Wallaceの提唱した動物地理区が大きな訂正を受けることなく近年まで広く受け入れられてきた．現在，旧北区，エチオピア区，東洋区，オーストラリア区，新北区，新熱帯区の6つの地域に区分される場合が一般的である．

　生物地理区を区分する部分を分布境界線と呼ぶ．かつて，東洋区とオーストラリア区を区分する分布境界線が小スンダ列島上に多く提唱され，論議を呼んだ．今日の生物の分布情報から，両動物地理区の範囲を特定しようとする分布境界線を引くことは不可能で，東洋区とオーストラリア区の間には両要素の入り交じった遷移地帯（推移帯）が存在すると理解されており，この地域をウォラシアと呼んでいる．他の生物地理区の境界においても，実質的には両地域の要素の入り交じった遷移帯となっていると理解する方が，実際の生物の分布の実情に近いと判断される．つまり，分布境界を示す線としての理解ではなく，生物地理区の間には両地理区の大規模な推移帯が存在するという広がりを持つ面として理解されるようになりつつある（図3-4-6）．これらの観点から判断すると，旧北区と東洋区の両系統が混在する日本列島は，基本的に動物地理区上の推移帯であると言えよう．この推移帯は，琉球列島から南日本までの広い幅を持ち，日本から端を発し，中国南部の揚子江に沿って存在し，ヒマラヤからインド，パキスタン国境付近にまで伸びて，サハラ－イラン推移帯につながっているものと思われる．

4) 植物地理区

　植物地理区は動物地理区と異なる点として，まず旧北区と新北区の区別がなく，全北区と呼び，エチオピア区と東洋区を一括して旧熱帯区と呼ぶことが挙げられる．その一方で，南米の先端部

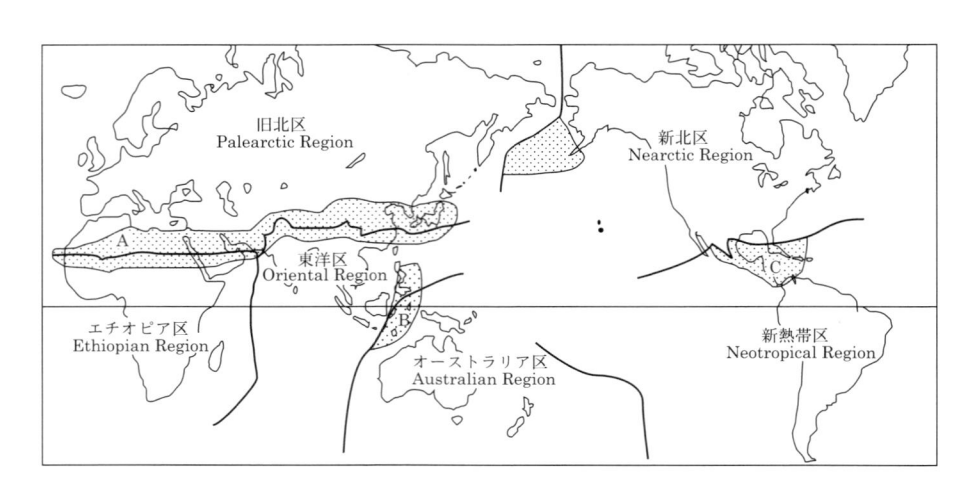

図3-4-6　動物地理区と推移帯
網点部は推定された推移帯．A：サハラ－イラン推移帯，B：ウォラシア，C：カリブ推移帯．

分，ニュージーランドなどの南極区と，アフリカ南端にケープ区（希望峰区）を認めるといった様式を取る．オーストラリア区と新熱帯区は動物地理区と同様に独立した地域とみなされている．

地理的分布と生態分布とを対応させると，アジアの熱帯多雨林と南米の熱帯多雨林とでは，植物群系の上では熱帯多雨林と1つに分類される．しかし，これらは地理的には別々の生物地理区に属し，たどってきた歴史は大きく異なり，群集を構成する種や属といった分類群は大きく異なる．また，面積的には小さいが，アフリカ南端部や南米南部の植物相が大きく異なり，それぞれ独立した植物地理区を形成することも，やはり大陸の歴史が大きく関係していよう．

(3) 日本の生物地理区
1) 日本の動物地理区の歴史的経過

日本は地理的に南北に細長く，生物地理的な旧北区系種と東洋区系種の両要素が入り交じっており，歴史的に生物地理区あるいは生物的な地域性を区分する多くの分布境界線が動物において提唱され，分布境界線の問題が論議されてきた（図3-4-7）．この分布境界線の主要なものを示すと，北海道周辺では鳥類の分布をもとに津軽海峡に引かれ，ホ乳類の分布からも重要視されている有名なブラキストン線の他，ハ虫類，両生類の分布をもとに宗谷海峡に引かれた八田線，チョウの分布をもとに旧北区のシベリア亜区と満州亜区の境界として提唱された南樺太線，昆虫の分布による石狩低地帯線がある．本州周辺部ではホ乳類，ハ虫類，鳥類，昆虫類などの分布境界線となるスタイネガー線，昆虫類による本州南岸線，鳥，両生類，ハ虫類による対馬海峡線，ホ乳類による朝鮮海峡線，淡水魚類による陸奥国境線などが知られる．九州以南では昆虫，特にチョウの分布から大隅海峡に三宅線が設定され，ホ乳類，チョウ，鳥，両生類，あるいは昆虫類では悪石島と小宝島の間にあるトカラ海峡を挟んで地域間の種組成の差が大きい（渡瀬線）とされる．鳥類では沖縄諸島と宮古諸島の間で差が認められる（蜂須賀線，＝沖縄線，＝南沖縄諸島線）と主張されてきた．さらに台湾の動物相との比較によって先島諸島と台湾の間に設定された南先島諸島線が知られている（寺山・山根，1999）．

これらの日本の動物地理区を分ける分布境界線は，地史的重要度を特定する手段として固有種や分布系統を評価してきたのであるが，しかし一部特定の動物群や動物の分布状況をもとに設定されたものが多い．また分布境界線の持つ意味が曖昧である場合が多く，大地域を区分するものか，特定の種群のものであるのか不明確であり，さらに特定のグループの結果が拡大解釈されるなどして客観性を欠く場合も多々見られる．これらの混乱は，当時の生物学的情報量の少なさと，分布境界線の定義が明確になされずに次々に境界線が設定された結果によることが大きい．しかし，一般にこれらの問題が再検討を受けることなく今日に引き継がれており，旧態依然の分布境界線を示す図が様々な書物に載っている状況がある．

地理的な分布要因を解析するためのこれまでの主要な手法は，固有種や特定のグループの分布系統を評価することであった．しかし，特定の動物群で比較した場合，その動物群の異なる歴史的背景や生態様式を反映して，種組成が大きく変わる場所が多少異なっていても不思議ではなく，

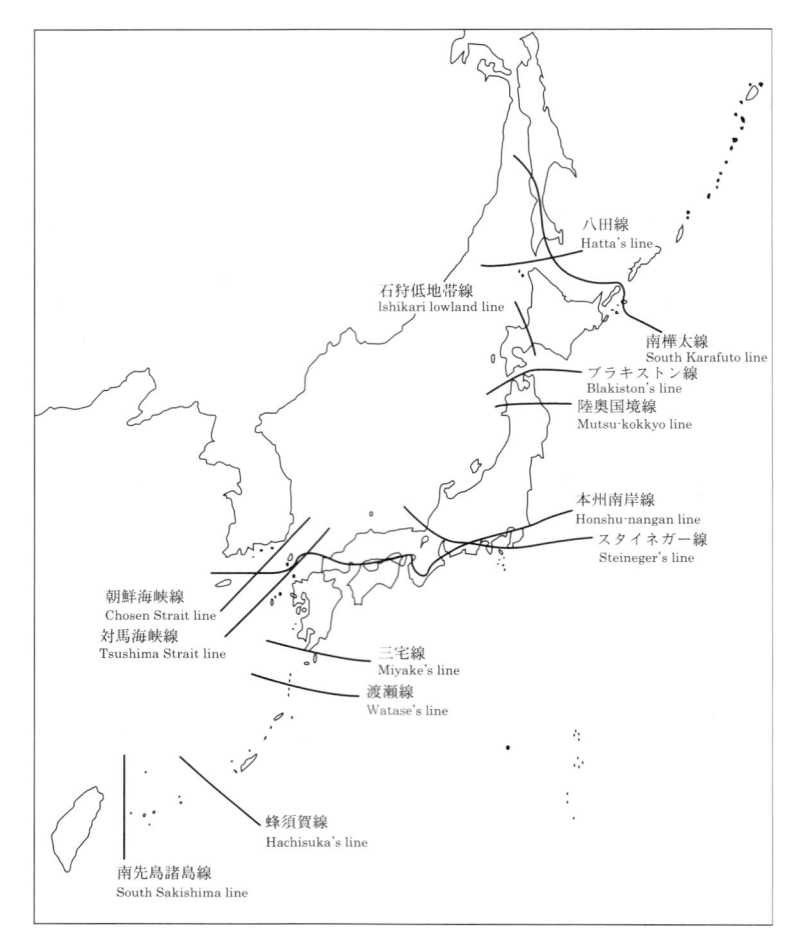

図 3-4-7　動物の分布をもとに設定された日本周辺の分布境界線

前述のとおり，動物地理区間の境界となる地域ではこのような例は多く報告されている．よって，特定の生物群の分布をもとに設定された生物分布境界線を安易に普遍化させ，広域的な動物相全体に適用させてはならないであろう．

近年，動物群集の類縁を統計的，数量的に検定する方法の発展，特に数量分類学の手法が生物地理学に導入されることによって，地域性を論じるためのより客観的な基準の設定が可能になってきた（例えば Hubalek, 1982）．このような動物の分布を計量的に取り扱い，生物地理的な地域の類似性を解析する手法は，生物相に見られる共通要因を検出し，生物相の形成過程を構築するための方法として有効であると思われる．

2) 地域の類似性

地域性の探索を目指した解析例を図 3-4-8 に示した．アリ類の分布データを使ったもので，日本および韓国の分布資料に基づいて，種組成の面から生物地理学的な地域区分を試みたものである．基本的に同一のアリ相を示す地域の範囲を探索した結果，北海道（A 地域帯），本州，四国，

九州，韓国（B地域帯），小笠原諸島（C地域帯）およびトカラ列島以南の南西諸島（D地域帯）の4つの地域が認められた．A地域帯は，B～D地域帯と基本的に類似度0.70のレベルで区分されることから，A地域帯のアリ相を構成する種組成はB～D地域帯とは大きく異なることが示される．したがって北海道と本州間に地域帯の最も大きな不連続を認める結果である．また，屋久島（B地域帯）とトカラ列島（D地域帯）の間に大きな不連続が示された．この不連続の存在は，東洋区と旧北区を分ける分布境界線を九州と南西諸島の間に想定する，これまで他の昆虫類で行われた研究結果と一致した．さらに小笠原諸島（C地域帯）の地域差の独立は，本諸島が大洋島であることが大きく影響していると思われる．4つの地域帯の種や属構成を吟味すると，A地域帯は旧北区系種から構成されており，D地域帯は汎熱帯・汎亜熱帯広域分布種や東洋区系種で構成されており，一部旧北区系種が見られる．そしてB地域帯は，とりわけA，D両系統のものが入り交じっている移行地帯，つまり推移帯として捉えることが可能であった．このことは，B地域帯の地域間の種組成の類似性にばらつきが見られ，より北方の地域ほどA地域との類似度が高まることからも示唆される．

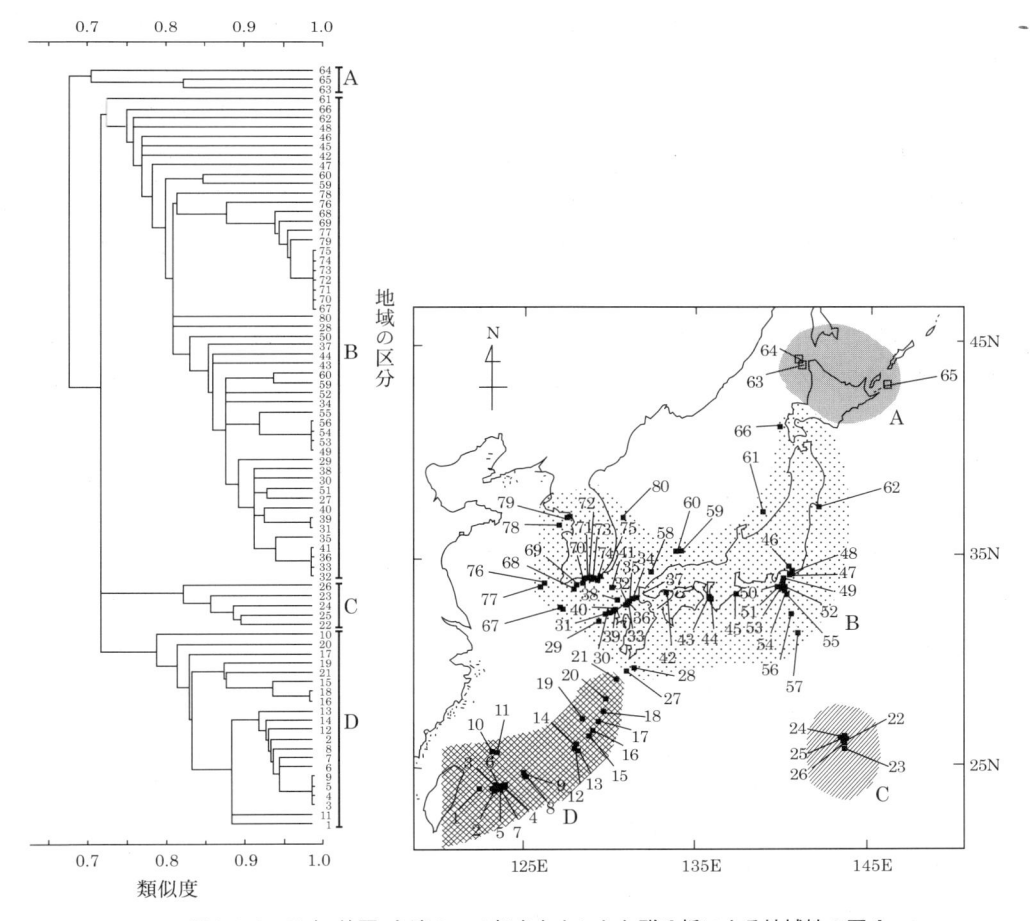

**図3-4-8　日本，韓国，台湾のアリ相をもとにした群分析による地域性の区分**
4つの地域（A－D）が区分された．

アリの他，昆虫ではチョウ，ハムシ，カミキリムシで種組成による計量的な地域性の区分が試みられている．日本全土を対象としたチョウの研究では，日本が4つの地域帯に区分される結果が示された．これらの一連の研究で，地域的に大きな不連続を示している共通の地域性として，屋久島以北とトカラ列島以南が挙げられる．さらにチョウによる解析結果では，陸奥国境線およびスタイネガー線に相当する地域にも不連続が認められた．以上のことから，昆虫で提唱された分布境界線で有効と思われるものは渡瀬線で，ブラキストン線，陸奥国境線，スタイネガー線の価値に関しては今後の資料の集積を必要とし，三宅線，石狩低地帯線，南樺太線，本州南岸線，さらには尾池線，東京線などは個々の種の分布を表現する場合はあっても，昆虫群集全体に共通する分布境界線にはならないと判断される．

### 3） 地史との関連

　従来，動物では強い組成面での不連続はトカラ海峡（渡瀬線）にあると言われ，ここが旧北区と東洋区の分布境界線とされてきた．チョウ，ハムシ，カミキリムシ，コガネムシや前述のアリなどの昆虫類での解析結果からも，組成面から最も強い不連続を示す地点は，いずれのグループでも屋久島とトカラ列島の間という結果が示されている．これらの分布に着目すると，屋久島が2,000m級の高い山を擁し，そこを中心に旧北区系種が比較的多く見られ，かつ屋久島はこれらの種の分布南限となっているものが多い．一方，平坦で小さな島が並ぶトカラ列島では，翅を有し，高い移動能力を持つ昆虫類では，頻繁に侵入と絶滅がくり返され，種の置換率はおそらく高く，南方からの分布拡大能力の高い種に置き換わっている可能性が高い．ハムシやカミキリムシ類においても，本列島では非調和的な種組成を示しており，分散の影響の強い動物相の形成が予想される．チョウの分布から導き出されて九州本土と大隅諸島の間に示されたかつての三宅線も，チョウ類の分散能力の高さを反映したものであろう．その一方で，移動能力に乏しい陸産貝類の種組成比較では，トカラ列島は奄美諸島以南よりもむしろ屋久島に近いという結果が示されている．小形で分散能力が一般的に高い昆虫類は，生態的に生息可能な環境に侵入する確率は高く，歴史性を中心に添える地理分布の解析にはやや不向きな傾向があるが，逆に生態分布や分散を論じる面では面白い材料である．生物の分布を理解しようとする際には，地史的要因が影響する地理分布的な視点と，現在の各地域の気温や雨量などの環境要因に対応する生態分布的な視点との2つの可能性を併せ持って解析すべきであろう．

　琉球の地史を参照すると，100万年から50万年前に中国南部の大陸部から台湾，北琉球，中琉球が陸橋を形成し，その一方で九州から大隅諸島，トカラ列島までが1つに連なり，よってトカラ海峡の間で陸地が分断化されていたと推定されている．そして，この時代に現在の琉球の動物相の骨格部分ができ上がったと考えられている．その後，これらの陸橋は島嶼化し現在の琉球列島となっている．前述のとおり，基本的には琉球列島は両区系の移行帯として捉えられ，例えばアリ類では東洋区系種を中心とした熱帯，亜熱帯系の種の割合は，緯度に対応して減少しつつも本州北部まで広まっており，その一方で旧北区系種の割合はトカラ列島以南ではやや急激に低下するが，一部は奄美諸島を越え沖縄諸島まで見られる．両生類についても同様のことが知られ

ている．琉球列島でのドロバチ類での各島での構成要素を調べてみると，旧北区系種は八重山諸島にまで及んでいる．以上，トカラ海峡を境に動物相が一変するわけではないが，琉球の動物相を理解する上で，地史的な観点からトカラ海峡の重要性は認められるであろう．

ホ乳類の分布を用いた解析では，ブラキストン線と対馬海峡線の重要性が指摘されている．つまり，ホ乳類にとって，津軽海峡と朝鮮海峡が分布の障壁としての効果が大であったと判断される．ホ乳類やハ虫類，両生類や淡水魚類のように，基本的に陸橋を経由して日本への侵入が可能となる動物群では，地理的障壁となる海峡の成立は分布に大きく影響を与えよう．

以上，分布境界線の問題を線として捉えるのではなく，一定の広がりを持った地帯として捉える見方は，日本でも古くは野村（1944）に見られるが，特に堀越（1985）は，基本的には日本列島が大規模な移行帯になっているという考えを提示している．

表 3-4-1　日本のホ乳類相の要約

| 分類群 | 種数 | 種数の割合（％） | 固有種数 | 固有種の割合（％） |
|---|---|---|---|---|
| 翼手類 Chiroptera | 34 | 37.8 | 10 | 29.4 |
| げっ歯目 Rodentia | 19 | 21.1 | 12 | 63.1 |
| 食虫目 Insectivora | 17 | 18.9 | 9 | 52.9 |
| 食肉目 Carnivora | 12 | 13.3 | 1 | 8.3 |
| ウサギ目 Lagomorpha | 4 | 4.4 | 2 | 50.0 |
| 偶蹄目 Artiodactyla | 3 | 3.3 | 1 | 33.3 |
| 霊長類 Primates | 1 | 1.1 | 1 | 100.0 |
| 合計 | 90 | | 36 | 40.0 |

（Millien-Parra & Jaeger, 1999 より）

### 4）分布境界線の理解

日本の区系生物地理学的な研究においては，地域性を区分する分布境界線の定義が不明確であった．そのためにまちまちの階層で設定された境界線が同一の場で論じられてしまい，多くの分布境界線の存在を許してしまったようである．今回ここで論じているのは，種や種群の地理的分布を示すもの，つまり系統的に低次の動物群の分布に価値を与える境界線ではなく，高次の動物群，さらには生物群系の地域性の区分を目指した分布境界線である．これまでの日本の生物相研究が，日本の動物・植物地理区を分割するための分割線の提唱，修正に大きな労力を費やしてきたというような批判は多い．しかしながら，科学的な論拠を持たないままに分布境界線の問題を無意味なものとして排除するべきではなかろう．現在，科学的方法論に則って日本の生物相と分布境界線の問題を吟味，再検討し，より明確な日本の生物相の実像や生物相の形成過程を抽出する時期にきていると考えている．

**参考文献**

Clements, F. E. & V. E. Shelford 1939. Bio-ecology, Wiley.

掘越増興 1985. 生物地理研究会ニュース, 4: 1-7.

Hubalek, Z. 1982. Biol. Rev., 57: 669-689.

Johnston, D. W. & E. P. Odum 1956. Ecology, 37: 50-62.

木元新作 1976. 日本生態学会会誌, 22: 40-46.

村松繁樹・川喜多二郎 1950. 人文地理学入門, ミネルヴァ書房.

Millien-Parra, V. & J. J. Jaeger, 1999. Journal of Biogeography, 26: 959-972.

野村健一 1944. 古川晴男（編）, 日本生物誌 4（昆虫・上）, 1-46.

沼田真・岩瀬徹 1995. 日本の植生, 朝倉書店.

Odum, E. P. 1971. Fundamentals Ecology (3rd ed.), W. S. Saunders Co.

Tansley, A. G. 1935. Ecology, 16: 284-307.

寺山守・山根正気 1999. 山根正気・幾留修一・寺山守（共著）, 南西諸島産有剣ハチ・アリ類図説, 北海道大学出版会, 41-59.

手塚映男 1966. 千葉生物誌, 15(3): 83-86.

Whittaker, R. H. 1975. Communities and ecosystems (2nd ed.), Macmillan Co.

## 5. 環境への適応

　生物は様々な環境に生息している．例えば，100℃の熱水，地下3,000mの岩盤，石油の中といった場所にもたくましくも生物は見られる．どのような環境であれ，そのような環境に適応的な形態や生態を獲得してきたものが生き残ってきた生物進化の結果であると言える．

　生物の生活様式に特に強く影響を与える要因は，一般的には温度や湿度といった気候であろう．日本では緯度が1度上がると気温は1℃低下する．距離で示すと100km北上すると1℃下がることになる．垂直的には1,000m登ると約6℃下がり，湿潤断熱減率と呼ばれる．ここでは環境条件の中で，温度を主軸とした気候が生物に与える影響を見ていく．

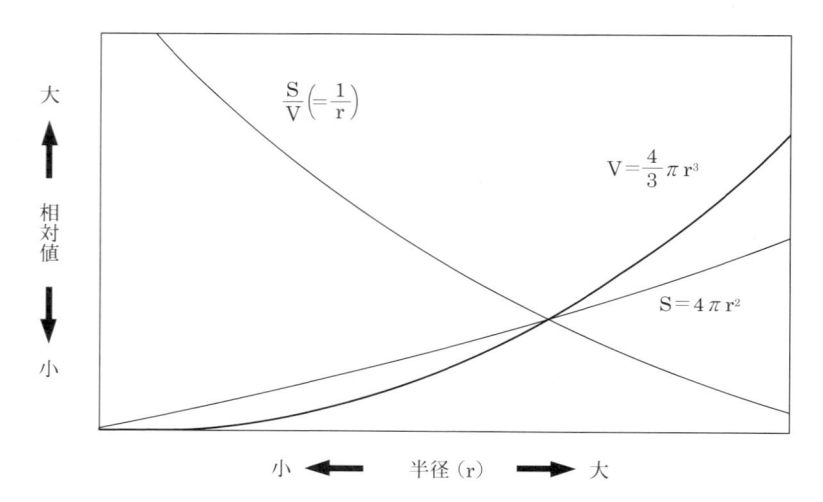

図3-5-1　球での表面積と体積の関係
生物体を半径rの球と仮定すると，表面積／体積（S/V）は大型化に伴って減少していく．

## (1) ベルクマンの規則

　鳥やホ乳類といった恒温動物では，寒冷地に棲む動物ほど大型化する傾向が認められることが18世紀の中ごろにベルクマン（C. Bergmann）によって主張された．体が大型化するほど単位重量（容積）当たりの表面積の割合が減少し，体温が奪われにくく，よって体温を保持する必要性が高い北方ほど，放熱量が小さくなる表面積の割合が小さく，かつ脂肪保持量を大きくできる大型の個体になるという論拠である．数理的に球の表面積と容積の関係を図3-5-1に示した．体のサイズ（ここでは球の半径）が大きくなるほど，表面積の割合を示すS／Vは小さくなる．この傾向は系統的に近縁な種間で有効とされる．図3-5-2には緯度に伴うクマ類のサイズの変化を示した．ただし，非常に有名な規則である割には具体的な研究があまり行われておらず，近年，生物地理学で注目されている研究領域の1つである．

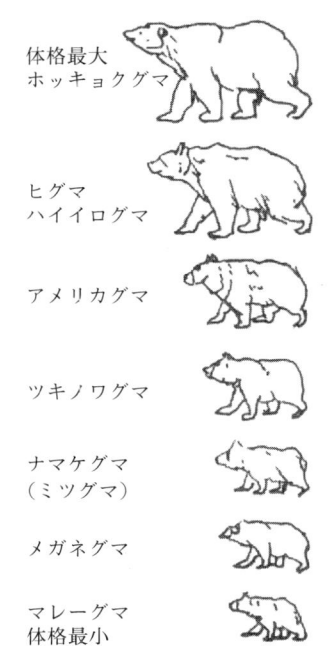

図3-5-2　ベルクマンの規則
下から上へ低緯度から高緯度に生息する種を配列した．（Bergmann, 1847による）

## (2) ジェームスの規則

　体のサイズが寒冷地に棲むものほど大きくなる傾向が，同一種内の個体群間でも認められ，系統内での規則性と種内に見られる規則性を区分すべきとの指摘があり（James, 1970; Blackburn et al., 1999），種内に見られる規則性を近年ジェームスの規則と呼ぶことが提唱されている．例えば，日本のカワラヒワやカラスは北海道，本州，九州と南の個体群ほど体のサイズが小さくなる．

## (3) 変温動物の温度に対する適応

　変温動物の昆虫類においてもベルクマンの規則やジェームスの規則が成り立つものがあることが知られており，前者にはチョウの一部の科，ヨーロッパのアリ類の例があり，後者では北米のアリジゴクの一種や日本のキスジノミハムシの例（図3-5-3）が存在する．ただし具体的研究例は非常に少ないと

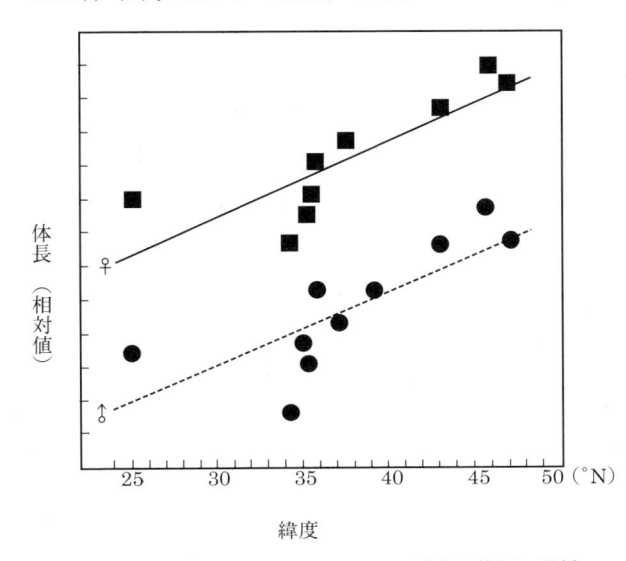

図3-5-3　キスジノミハムシにおける緯度と体長の関係
（Masaki, 1967より作成）

言えよう.

これらの現象を説明する仮説として次のものがある.

① 体温保持仮説 (Heat conservation hypothesis)

体温を保持するために北方のものが大型化した. 恒温動物での大型化を説明するものであるが, 変温動物では該当しない.

② 系統−競争仮説 (Phylogenetic hypothesis)

体の大きい種が競争上有利で生き残り, それが種分化を遂げた. ベルグマンの規則を説明しようとするもの.

③ 移動能力仮説 (Miguration ability hypothesis)

大型の種ほど移動能力が高く, より北方に侵入できたとするもの.

④ 越冬仮説 (Starvation ability hypothesis)

冬の食糧不足を乗り切るためには小型種は栄養を十分に貯えることができず, よって小型のサイズの種は長い冬期のある環境には不適で, 大型種ほど冬を乗り切りやすいとするもの.

⑤ 資源変動仮説 (Resource availability hypothesis)

食糧の変動性が季節によって大きく異なり, このことが体のサイズを大きくさせている. 越冬仮説に類似の仮説.

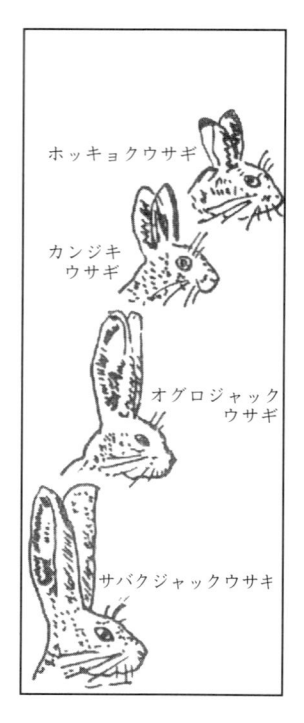

その他に, 日照時間や温度に対する遺伝的応答によるとするもの, 餌のサイズに対応したとするもの, 競争種に対する形質置換によるとするもの, 細胞の大きさが北方ほど大きくなることによるとするものなどがある. 特に最後のものは完全な誤りで, 北方のものほど細胞が大きくなるという事実はない.

(4) アレンの規則

寒冷地に棲む恒温動物ほど, 耳, 吻, 首, 肢, 尾などの突出部分が短くなる傾向が認められ, アレンの規則 (Allen's rule) と呼ばれている. 突出部が少ないと体表面積が少なくなり, 体表からの熱の発散を防ぐことができるので, 寒冷地に対する適応と考えられている (図3-5-4).

ベルクマンの規則とアレンの規則を組み合わせると, 寒冷地の恒温動物ほど大型化し, かつ突出部分が小さく丸

図3-5-4 アレンの規則
同系統のウサギにおける耳の変化 (左) と
キツネの耳や顔つきの変化 (右).

みを帯びた形になるということになる．

### (5) グロージャーの規則
　鳥やホ乳類において，乾燥，冷涼な気候下で生活するものは，湿潤，温暖な気候下で生活するものよりもメラニン色素が少なく，明るい色彩を呈するという規則で，昆虫類でもこの傾向が認められるとされる．ただしこのグロージャー（Gloger）による規則に沿わない場合も多く，規則としての有効性について検討の余地が多く存在する．

### (6) 植物の環境適応
　植物の温度を中心とした環境に適応している例として，デンマークの植物生態学者ラウンケル（Raunkiaer, 1907）によって研究されたラウンケルの生活形が有名である．ラウンケルは植物を休眠芽（抵抗芽）の位置により，地上植物，地表植物，半地中植物，地中植物，水生植物，一年生植物の6タイプの生活形に区分した．休眠芽は低温期や乾燥期を乗り切る際に植物が作る芽である．四季がある日本では植物が活動を止める冬につける冬芽がこれに当たる．年間を通じて厳しい季節のない熱帯では樹木や着生植物，つる植物など地上植物が多い．その一方で，特に地表の厳しい環境を越さねばならない寒帯では地上植物は少なく，地中植物や半地中植物が多い．日本の中部山岳地帯における植物の高度帯とラウンケルの生活形分類による植物の割合を調べると，標高の高い場所ほど地上植物の割合が低くなっていることが分かっている．

**参考文献**

Bergmann, C. 1847. Göttinger Studien, 1 Abtheilung, 2: 595-708.
Blackburn, T. M., K. J. Gaston & N. Loder 1999. Diversity and distributions, 5: 165-174.
James, F. 1970. Ecology, 51: 365-390.
Masaki, S. 1967. Evolution, 21: 725-741.

## 6. 特殊環境の生物

　生物は地球の様々な環境に見られる．極端な環境であれば油田の中や，地下3,000mの岩盤にも生物の存在が知られている．特に細菌類では極限微生物（Extermophiles）と呼ばれ，100℃以上の熱水，ソーダ湖のようなpH9以上の強アルカリ性の環境，pH1を示す強酸性の硫黄泉，塩湖のような高塩性環境に好んで生息するものが見られる．生物が環境に適応して生活していることを示すのに，極端な環境に棲む生物の例を見れば分かりやすいであろう．ここでは，洞窟，高山・両極，砂漠，深海といった特殊な環境に棲んでいる生物を環境と関連させて見てみる．

## (1) 洞窟生物

　特に石灰岩地帯に見られる鍾乳洞を中心とした洞窟内は，暗黒，多湿で温度変化の少ない環境にある．湿度はほぼ100％，温度は日較差，年較差ともに小さく，そのために日本では夏は涼しく，冬は暖かく感じられる．暗黒の環境にあることから光合成を行う植物は不在であり，よって草食性動物も不在となる．にもかかわらず，洞窟内には目のないトビムシやゴミムシ，ヤスデなどが生息しており，しばしば洞窟とつながっている地下水には目のないゲンゴロウ，ミジンコ，ヨコエビなどが見られる．洞窟の生態系は単純で，高次消費者の個体数は非常に少なく，大型の動物では体長30cmのユーゴスラビアのホライモリや，体長10cmほどの中国の洞窟から得られた目のない魚が最大級のものであろう．生産者不在のこのような環境で，これらの生物は何を食糧源としているのだろうか．洞窟生物の餌資源を調べてみると，洞窟と外界を行き来するコウモリの糞（グアノと呼ぶ）と，外から地下水を通じて流れ込んでくる有機物が軟泥に含まれ，洞窟の動物はこれらを餌資源として生活している．いずれも外部由来の有機物ということになる．よって，それらを餌とする，腐食性，糞食性の動物が多く，さらにそれらを餌としている肉食性のクモやカニムシなどが見られる系となっている．

　洞窟動物では眼の退化，淡色化した種が多く，これらは暗黒の環境の作用を受けたものであろう．昆虫では平均産卵数が少なく，幼虫齢期が長く，成虫になるのに数年を要する場合もある．これらの生態的特徴は，栄養源が限られた洞窟の環境条件に適応した結果であろう．これらの洞窟性動物の起源は地中を生活の場としている地中性動物で，特に昆虫類では地中に広く生息している動物の一部の個体が洞窟内に入り込み生息している可能性が高い．

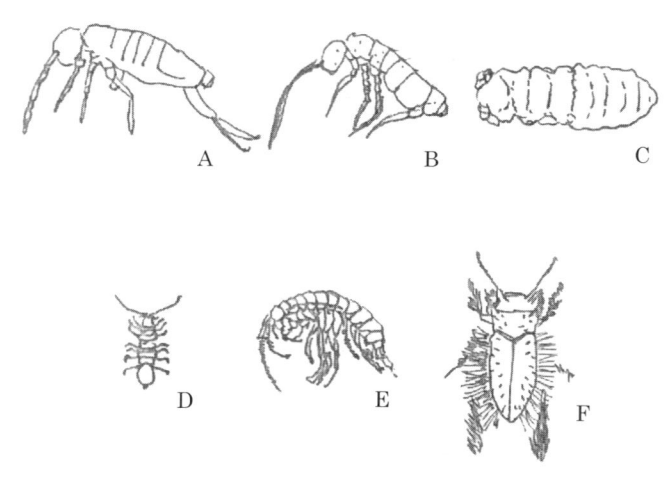

図3-6-1　洞窟や地下水に生息する節足動物
洞窟に生息する昆虫．洞窟に生息するトビムシ類－A:ユウレイトビムシ，B:アヤトビムシ，C:シズシホラミズトビムシ．地下水に生息する節足動物－D:ミズムシ，E:シコクメクラヨコエビ，F:メクラゲンゴロウ
（佐藤他，1994をもとに描く）

(2) 高山・両極の生物

1) 高　山

　温度要因の制約が強くかかる厳しい環境にある．しかし，ヒマラヤの5,000m地点の氷河上にも翅を欠くユスリカなどが生息している．これらの昆虫では，数度で体内の酵素が最もよく働くようになっている．また，1年の中で特定の時期に限って活動，成長が可能な状況にある．日本では気候区分で寒帯に該当する所を高山帯と呼び，本州中部では標高2,500m以上の高地，北海道では標高1,600m以上の場所にあたる．気温が低すぎるために森林が発達せず，同調的に育った高山植物が短い夏季に一斉に開花し，いわゆる高山のお花畑が見られる．これらの植物には氷河時代の遺存種が多い．成長期間が限られるため，高山チョウでは成虫になるのに時間がかかり，例えば高山植物のコマクサを食草とするウスバキチョウでは足掛け3年をかけて成虫となる．高山帯に限って生活している真高山性の昆虫は少なく，日本では高山チョウと呼ばれているものであっても，真高山性の種はベニヒカゲ，クモマベニヒカゲ，ウスバキチョウの3種だけで，あとは好高山性動物の範疇に含まれる．その他，夏場の特定の時期には山頂付近に上がってくる外来動物がよく見られる．日本では高山帯下部，森林限界の上部にはハイマツ林が見られ，タカネクロヤマアリやアルプスヤガ，タカネヨトウ，ハイマツを食草とするタカムクカレハなどがハイマツ帯に限って見られる．

2) 極　地

　南極と北極では地理的な相違が見られる．つまり，南極は大陸でかつ他の陸地とは隔絶されているが，北極では生態系が連続的で，シベリアのタイガ林から寒さに強いコケや地衣植物が見られるツンドラ，そして雪と氷の極地となる．

　南極では高等植物はなく，大陸の周辺部分に地衣植物やコケ類が見られるのみである．そのよ

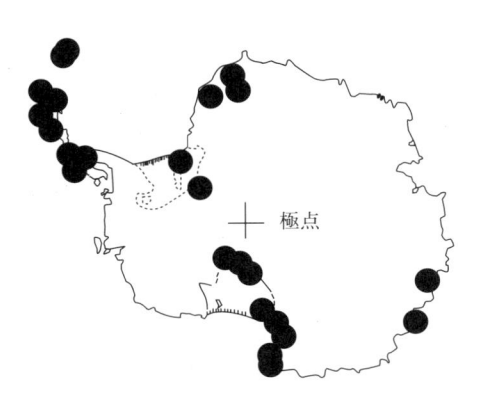

図3-6-2　南極で節足動物（寄生性のものを除く）が採集された地点（Gressit, 1967より描く）

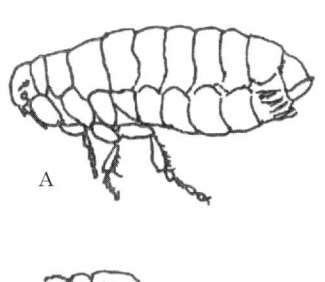

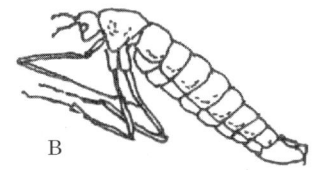

図3-6-3　南極圏に生息する昆虫
A：ノミの一種，B：ユスリカの一種（翅が退化している）（Gressit, 1967より描く）

うな植生下に100種ほどの昆虫類やダニ類が見られる．昆虫類の半数はユスリカの仲間で翅を退化させたものが多い（図3-6-3B）．これはブリザードが吹き荒れる厳しい環境下で，生活圏から吹き飛ばされないためのものであろう．脊椎動物ではペンギンが8種，アザラシが5種生息しており，南極圏に適応した魚類は200種ほどが数えられる．

陸上に比べて海中の方がむしろ環境的に安定しており，陸上では$-89°C$の記録があるが，海中では$-1.9°C$以下にはならない．南極の魚類は$-2°C$でも凍らない生理機能を備えている．概して成長は遅く，長生きのようである．他の動物も代謝が不活発なためか成長が遅く，長生きのようで，20年生きるヒトデなどが見られる．また成長は遅いが大型になる種が多い．

北極では連続的な生態系であることから，周辺からやってくる動物，つまり外来動物が見られる．脊椎動物ではホッキョクグマやホッキョクギツネが見られ，アザラシなども生息する．

### (3) 砂漠の生物

年間降水量が少なく，非常に乾燥した環境にある．また，日較差が大きく昼間は暑く，夜は冷え込み，生物にとって過酷な環境にある．砂漠は大陸内部に発達し，土壌環境から砂質砂漠と岩石砂漠とに大別される．動物も植物も乾燥に対する適応様式を持っており，ホ乳類では尿量が少なく，昆虫類では水分を集める溝を翅に持つなど，効果的に水分を入手する形態を持つものがある．植物では，メキシコ砂漠に多く見られるサボテンのように蒸散を防ぐために葉を退化させ，かつ刺に変化させ，水分を体内に貯える構造に変わっている．オーストラリアのサンデー砂漠ではサボテンのような多肉植物はほとんど見られないが，根を地中深く張る深根性の種が多い．

砂漠ではCAM植物が多く，サボテンやベンケイソウの仲間の多くはCAM植物である．CAM植物はC4回路を備え，光合成効率を高めているいわゆるC4植物であるが，特に昼間は水分の損失を防ぐために気孔を閉じる．ただし昼間に気孔を閉じると二酸化炭素を取り込めないことになり光合成を行うことができない．この矛盾する部分をCAM植物は，夜に気孔を開き二酸化炭素をリンゴ酸やオキザロ酢酸の形で体内に貯え，昼間は気孔を閉じるが体内に貯えた有機酸からまた二酸化炭素を取り出し，光合成に使うことで水分の損失と二酸化炭素の取り込みの問題を解決している．砂漠の環境に対する植物の生理的適応様式と言えよう．

砂漠の動物は昼間は砂中や物陰に潜んでいる場合が多い．そして朝夕の好適な気温になると活動を始める．素早く走行するのに適した構造を持ち，ジェルボアやサバクカンガルーネズミなどのホ乳類やトカゲなどのハ虫類では脚が長く発達している．サバクギツネでは耳や鼻などの突出部分が発達し，体内に入ってくる熱を効果的に体外に放散していると言われている．

### (4) 深海の生物

海洋では光は水深300〜400mまでしか到達せず，そのために光合成植物は水深200m程度までしか見られない．深海は暗黒の世界である．また，高い水圧がかかってくる．水圧，つまり水の重さによる圧力は10mごとに1kg重（1気圧）分の重さが加わる．よって，水深1,000mで100kg重，1万mで1,000kg重の水圧がかかり，これは$1m^2$に2万tもの水圧になる．また酸

素量は水深700mの場所で水面の30分の1しかなく,深海は貧酸素状態の環境である.このような環境においても生物は棲んでいる.世界最深部はマリアナ海溝のチャレンジャー海淵の1万924mであるが,そこにおいてもヨコエビやゴカイ,ナマコなどが生息している.

深海の生物は高い水圧,貧酸素状態への適応を果たしているはずである.暗黒の環境で視覚は機能しないことから,眼を退化させた動物が多い.ただし,その一方で,むしろ眼を発達させ,特殊な眼を持つ深海魚も少なくない.暗黒の世界での視覚の発達は意外なことである.この視覚の発達は,発光装置を持つことと強く関連していると推定されている.深海魚は生活様式から,大陸棚斜面に見られる陸棚性深海魚と,大洋底を生活の場とする外洋性深海魚に大別される.特殊な眼を発達させ,発光装置を持つ深海魚は外洋の水深1,000m以深に棲むものに多い.眼は陸上動物のものよりも高性能で,1km先のろうそくの炎を認識できるだろうと言われている.深海魚の生態は調査や飼育の困難性からほとんど分かっていないが,可能性として深海で発光器官を備え,同種他個体とコミュニケーションをとるためにむしろ眼が発達してきたことが推定される.生産者が不在で,上から降りてくる有機物が栄養源のスタートとなる深海では,深海生物の個体

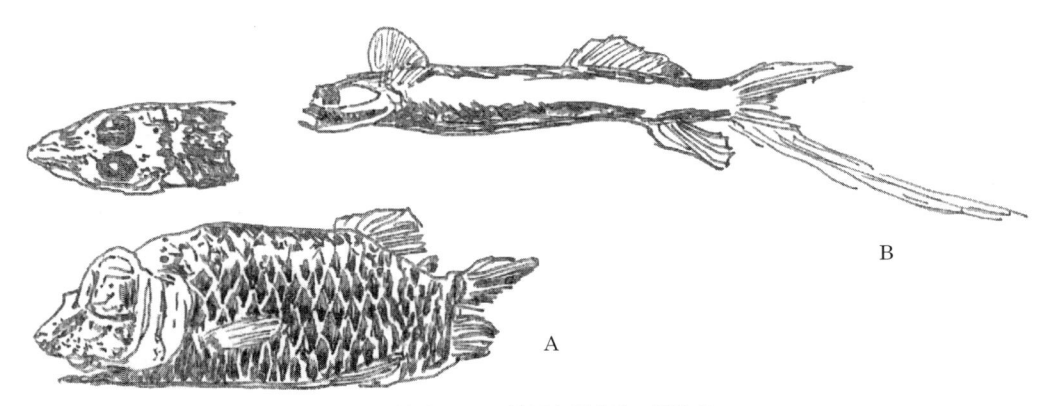

図3-6-4 特異な眼を持つ深海魚
A:上方を向く望遠鏡眼を持つデメニギスの一種,B:ボウエンギョの一種

群密度は極めて小さい.そのために他個体と出会うための工夫が必要だったのではあるまいか.

地球表面の70%が海で,かつ海の90%が水深2,000m以深の深海底であることを考えると,地球表面の3分の2は深海底ということになり,面積的に特殊環境とみなすことには異論も出よう.広範な面積を持つ深海の調査は不十分である.これまで未知であった体長40mの深海性のクラゲや体長7mもある巨大な深海性のイカが近年になって次々と発見されている.

(5) ヒトの環境適応

イブ仮説(第1章第1節参照)によると,現在地球上に住んでいる私達ヒトの起源は約29〜14万年前のアフリカに求められ,そこから世界中に分散していったとされている.ヒトの起源は熱帯起源であるが,古代文明が栄えた場所は年平均気温21℃の温帯で,かつ乾燥地帯である.例えばカルタゴ,ローマ,メンフィス,アテネ,クレタ,エルサレム,デリー,バビロン,メッカ

などがそうである．食糧の生産性を考えれば熱帯が有利である．にもかかわらず温帯で集落が発達していったことへの説明として，熱帯では流行病が多く，雨の多い過湿な環境が不適であったとの推定がある．ヒトは熱帯から寒冷な環境まで広く住んでいる．高温と寒冷，乾燥，紫外線などの環境への適応様式が人種の差として現われている．

　皮膚の色はメラニン沈着量の違いであり，紫外線量の相違を反映していよう．メラニンが多いほど有害な紫外線を反射する割合が高まる．虹彩の色は色素沈着量の違いであるが，光量あるいは紫外線量に対応しているものと推定される．鼻の形は高温多湿の環境に生活する人種では低く，低温低湿の環境に生活する人種では高くなる傾向にある．体毛は保温に関連するであろう．あごひげの量は，より北方に生活する白色人種は黄色人種の4〜8倍あり，ひげの伸びる速度も白色人種は黄色人種の4倍も速いと言われている．

**参考文献**

Gressitt, J. L. (ed.) 1967. Entomology of Antarctica, American Geophysical Union.
佐藤正孝他 1994. 種の生物学，建帛社．

## 7. 生物の多様性

　地球上のこれまでに知られている生物の種類数は約177万種であるが，実際にはさらに1桁か，あるいは2桁多い生物が存在しているものと思われる．これら多くの生物種の存在は，唯一無二の30億年もの長い時間をかけてなされてきた生物進化の歴史であり，再現不可能なものである．「生物の多様性」という言葉が登場したのは新しく，1980年代の野生生物保全の国際的な動きの中でであり，「Biodiversity」という言葉そのものは米国のローゼン（Rosen, 1986）によって初めて使われたものである．日本においても，「Biodiversity，生物多様性」あるいは「Biological diversity，生物学的多様性」という言葉に触れる機会が多くなったことは，環境破壊が加速度的に進む中で，貴重な自然環境を保護していくべきだという気運の高まりを示すものと判断できる．

　地球上には実に多様な生物が存在するが，地域ごとに生物の多様度は異なり，一般的に熱帯地方で多様度は高い．また，生物に対する多様性も階層的に理解することが可能である．例えば，以下に示すように遺伝子レベルでの多様性から始まり，群集や生態系といった段階の多様性まで示すことが可能であろう．

種内の多様性：遺伝子多様性，表現型多様性，品種や地域個体群多様性．
群集の多様性：種の多様性，生活形多様性，生育形多様性，ギルド多様性，群落構造の多様性．
生態系の多様性：群集の多様性，生態系の多様性．

### (1) 生物多様性の重要性

　生物の多様性とは，地球上に生息するすべての生物種の多様な存在様式を指し，動物，植物から細菌類に至るまですべての生命現象を言う．そしてその多様性の保護とは，多彩な生物が織りなす複雑で均衡のとれた生態系を単位に保全しようということである．これまでの特定の生物種や生物群のみに着目してきた野性生物保護の考え方は，少しずつ，生態系を単位とした生物多様性の保護といった視点でのアプローチに変わりつつあると思われる．生態系を構成する種の間には様々な様式の生物間相互作用が存在し，そのような複雑な関連の中で，生物群集には共生系とでも呼ぶべき有機的関係が長い進化的時間の中で組み立てられ維持されてきたことから，多様性を維持することは健全な環境保全のために欠くことができない重要な視点であろう．

　このような生態系機能を支える生物多様性研究の重要性は，今日，世界の共通見解になりつつあると思われる．近年，特に熱帯多雨林の多様性の高さと重要性が注目され，研究が進められるようになってきた．それと平行して，純然たる自然林ではなくとも，ヒトと共生的な様式がとられてきた里山や緑地といった身近な環境の理解と，ヒトと日常的な生活面のみならず，精神面をも強調した保護の動きも高まっている．多様な環境を持つ日本国内においても，ヒトとのバランスを取りつつも，地域生態系の全体的保全を目指した本格的な多様性の基礎研究が進められるべきであろう．

### (2) 地球上の生物種数は？

　これまでに知られている地球上の生物の総種数は約177万種と言われる．地球の生物は種レベルでも非常に高い多様性を持っていると判断されよう．内訳を見ると，植物が約27万種，動物が135万種で，その他が菌類，プロトクチスタ（原生生物等），モネラ（原核生物）である．また，地球上の生物の過半数，約103万種は節足動物の昆虫類で，いかに昆虫類が陸上で繁栄しているかがこの数字で分かるであろう．陸上に適応したもう1つの動物群である脊椎動物では，ホ乳類が約4,650種，鳥類が約9,700種（ただし，形態的に識別が困難な同胞種が多く存在する可能性から，実数はこの2倍の約2万種になる可能性も指摘されている；Martin，1996），ハ虫類が7,150種，両生類が4,780種，そして魚類が2万7,000種となっている．

　ところでこの約177万種という数値は，これまでに分類学者によって報告されたものの総計にすぎず，実際にははるかに多くの種が地球の熱帯多雨林を中心に生息しているであろうことが判明しつつある．意外なことに，熱帯林の生物学的な本格的調査は近年始まったばかりである．そして調査が始まると，そこには生物学者の想像をはるかに超えて圧倒的に多数の生物が生息しているらしいことが分かってきた．例えば，米国のアーウィン（Erwin，1982）はパナマの熱帯多雨林で19本の高木を徹底的に調べたところ，そこには1本の木に平均1,200種の甲虫が生息しており，しかもそれらの80%は新種であった．そのような例が次々と報告されるに至って，地球上に生息する生物種数は少なく見積もって500万種，中には地球上の種数を1億種と見積もる研究者さえいる．1億種は多すぎるという意見も散見するが，海産自由生活性の線虫類でさえも1億種という推定値が出ており，あながち極端な数値ではないことを指摘しておきたい．もしこの

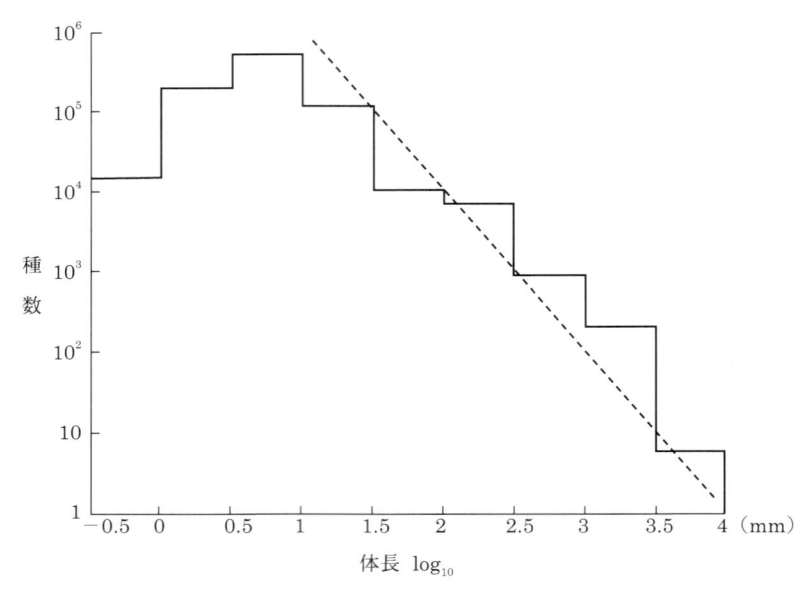

図3-7-1 陸上動物の体長（L）と種数（S）の関係
両対数に変換してS〜L$^2$の関係が示される.
この関係式に従うと小型の動物は膨大な種数が地球上に生息することになる.（May, 1988より）

　数字が正しいのならば，日本の経済水域を全海洋の1%として計算すると，日本の海には低めに見積もっても100万種の線虫類が生息していることになる．ところが現在記録されている種数はわずかに70種程度だそうである．線虫類は陸上でも個体数の多い動物群であることから，陸上でも相当数の未記載種が存在するはずである．研究のよく進んでいる脊椎動物においてもまだ少なからずの未記載種が存在し，例えば南米アマゾンの魚類は現在約2,000種が知られているが，6,000種が現存する可能性が指摘されている.

　地球上の生物種数を少なく見積もって1,000万種としても，現在私達が発見し，人類の知識として把握している種は地球上に生息しているであろう種のわずか18%のみということになる．このことは，分類学者の努力量をはるかに超えて生物の多様性が圧倒的に高いということで，しかもその多様性の高さに私達は気づいたばかりであり，解明への具体的な対策が立っていないということだと判断している．かくして，ゲノムで30億対あるヒトのDNA塩基配列の粗読は終了しても，地球上に生息している生物種数の桁数さえはっきりせず，地球の生物の全貌がほぼ解明されるのは一体いつになるのか，まったくめどが立っていない状況にある.

　地域の生物種数を推定する場合，特定の地域を精査し，そこから得られた数値から推定する方法がある．その一方で，世界規模で最もよく調べられている動物群の数値をもとに，調査不足の地域の動物数を推定することもできる．このような比率による地域生物相の種数推定法により，日本の動物の所産種数を比較すると，日本の動物種数は世界の種数の2%程度のようである（表3-7-1）．もし，地球上に1,000万種の生物がいれば日本の生物はその2%で20万種，1億種いるとすれば200万種が生息することになる．仮にこれを"2パーセント・ルール"と呼んでおく.

いずれにせよ，日本での生物種数の実数はチョウやトンボといったごく一部の生物群を除いて，種数推定すらなされていないものが少なくない．

表 3-7-1 日本および世界でよく調べられている動物の種数

|  |  | 種数 日本 | 種数 世界 | 日本の所産種数の割合（％） |
|---|---|---|---|---|
| 昆虫類 | | | | |
| | トンボ | 185 | 6,000 | 3.1 |
| | チョウ | 296 | 20,000 | 1.5 |
| 脊椎動物 | | | | |
| | ホ乳類 | 105 | 4,650 | 2.3 |
| | 鳥類 | 505 | 9,700 | 5.2 |
| | ハ虫類 | 79 | 7,150 | 1.1 |
| | 両生類 | 64 | 4,780 | 1.3 |
| 平均[*] | | | | 1.9 |

日本には世界の約 2％にあたる種が生息する．[*]長距離移動者の多い鳥類を除く

### (3) 種数・面積関係による地域生物相の種数推定

　生物と地域の広がりの間に種数・面積関係が成り立つことが明らかになっている．面積の小さな地域と大きな地域を比較した場合，大きな地域ほどより多くの生物種数が見られることは古くから知られている．この面積の増加に伴いそこに見られる生物種数が一定の規則性を持って増加する現象を種数・面積関係と呼び，群集生態学における包括的な規則性の1つである．面積が1 km²以上の中規模レベルのスケールで地域を取り扱う場合，種数と面積の関係はベキ関数のモデル式（Power function model）へ適合させる場合が多い．

$$S = CA^Z \quad (\log S = \log C + Z \log A) \quad S：種数，A：面積，C・Z：パラメーター$$

このモデル式は広く $S = CA^{0.25}$ の形で一般化させることもできる．ただし，生物多様性に強い緯度傾斜が存在することから，これを用いて地球規模で総種数を推定することは難しい．しかし，中規模レベルの地域を対象とする場合は，多くの研究例で高い相関が得られていることから，地域生物相の調査結果で示された種数が，そこに実在するであろう総種数のどのくらいをカバーしているであろうかという種数の解明率を推定する方法として，代表的な生物群の標準化された種数・面積関係（生物群によってパラメーターの値 C, Z が少しずつ異なる）の関係式ができていれば，それを使って解明率を推定することも可能である．

　種数・面積関係は取り扱う面積の規模で，パターンが異なってくるようで，3つの段階が存在する．第1の小規模スケールでは，例えば植物群落内の面積と種数の関係を示し，第2段階の中規模スケールでは島嶼や樹林などを単位として，種数と面積の関係を論ずるものである．第3段

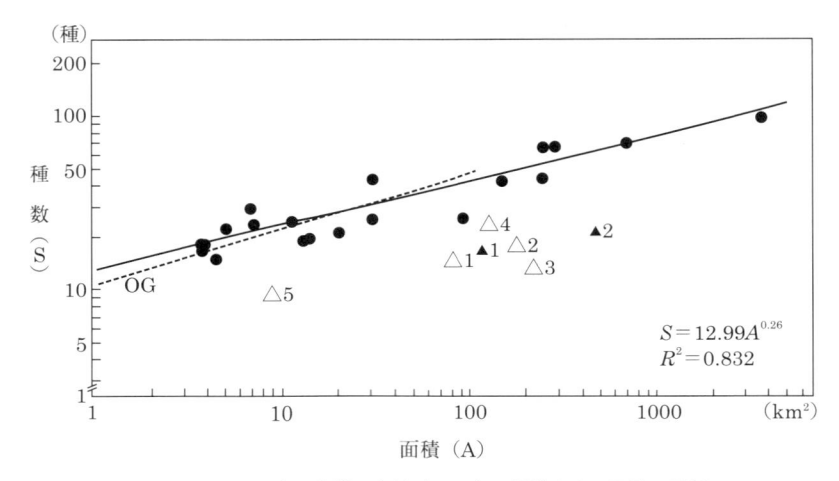

図 3-7-2 日本の島嶼におけるアリ類の種数と島の面積の関係
実線，黒丸は南西諸島のもの
OG：小笠原諸島の回帰直線，△：北海道の属島，
▲：大洋島であるマリアナ諸島のもの

階では大陸間レベルでの大規模スケールで，生物地理区レベルの生物進化が種数と面積の関係に関わっている可能性がある．

図 3-7-2 に日本周辺の島における所産種数と面積の関係を，アリの資料をもとに作成した結果を示した．取り扱った地域は南西諸島と小笠原諸島のもので，南西諸島では $S = 12.989 A^{0.255}$ ($r = 0.912$, $df = 18$) の回帰式を得た．回帰直線の傾きは南西諸島と小笠原諸島とでほぼ同レベルであるが，種組成の面から類似性を調べると，この2地域は同じ亜熱帯に位置しつつも異質のファウナを示すことが分かっている．また，北海道の渡島大島，奥尻島，利尻島，礼文島，色丹島の面積に対する種数は非常に低く示されている．これら5島の面積に対する種の割合は，本州，四国，九州周辺部の島嶼での種数・面積関係を示す回帰式の95%信頼限界を下回っており，明らかに北海道のこれらの島では，面積当たりの所産種数が本州以南の島よりも低いと言える．単位面積当たりの種数（種密度と呼ぶ）は南西諸島で最も高く，次いで九州，四国，本州周辺の島嶼，そして北海道の島々が最も低い値を示し，高緯度地域ほど種の多様性が低く，低緯度地域になるほど種多様性が高まるという多様性の緯度的傾斜も示されている．

(4) 種数・個体数関係

種数と個体数との関係もいろいろと研究されて来た．生物の多様性について，種数と個体数の関係からアプローチをかけた研究も存在する．ただし，自然界における種数・個体数関係の様式については，具体的な決着は着いておらず，種数・個体数関係を表す多くのモデル式が提唱されている．

約9万個体の昆虫類を無差別に採集し，種数と個体数の関係を調べた結果がある（Siemann et al., 1996）．これによると，1,167種が認められ，目（もく）ごとにまとめると，小型の個体ほど

単純に多くなることはなく，それぞれのグループでサイズのピークが認められた．また，種数（I）と個体数（S）の関係はベキ関数モデルに適合させると，$S = 1.05\ I^{0.51}$となった．よって本式は$S = I^{0.5}$に近似させて理解することができる（図 3-7-3）．つまり，昆虫では 100 個体中に 10 種が存在し，1 万個体中には 100 種が存在することになる．もし，この回帰式が土壌線虫類やダニ類，トビムシ類にも当てはまるとすれば，1m² 当たり 100 万個体も生息する線虫類は 1m² に 1,000 種はいることになり，数万個体いるダニ類やトビムシ類でも 100 種類以上が生息することになる．

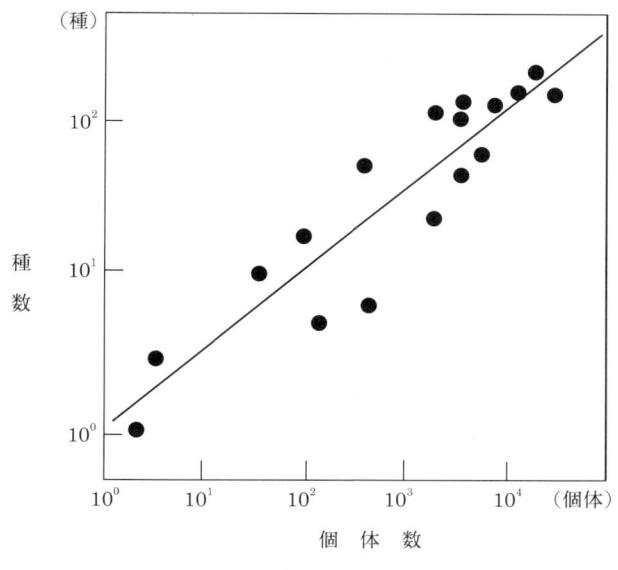

図 3-7-3　昆虫類の種数と個体数の関係
（Siemann et al., 1996 より作成）

### (5) 多様性の緯度傾斜

　種レベルで見た場合，高緯度地域から低緯度地域に向かうにつれて，種多様性が増すパターンが多くの生物群で示されており，多様性の緯度傾斜と呼んでいる．図 3-7-4 は，1 例としてアリの緯度と所産種数を示したもので，多くの動物や植物で熱帯で最も高い多様度を示している．このパターンの例外を示すものは一部の生物群に限られ，例えば他の節足動物に捕食寄生するヒメバチ類では温帯域で最も多くの種が見られる．

　南北に細長い日本で見ても，緯度による種多様度の違いは劇的に変化する．例えば，これまでのアリの分布記録をまとめると，北海道には 62 種が分布している．それに対して，四国ではほぼ 100 種が，九州では 130 種が，そして南西諸島では 190 種が記録されている．さらに九州とほぼ同じ面積である台湾では約 200 種ものアリが記録されている．これが熱帯域へ行くと種数はさらに著しく増加する．熱帯での調査はまだ始まったばかりと言えるが，ウィルソン（Wilson, 1987）による南米ペルーの有名な例では，たった 1 本のマメ科植物の木から何と 26 属 43 種のアリが採集されている．この数字は英国全土に生息するアリの全種数と等しい．また同様に，ペルーでの熱帯多雨林での記録ではわずか 2.5ha（100m × 250m）の林床に 250 種以上，同じく 8ha を調べて 300 種以上が得られたといった記録がある．日本産のアリ全種数以上もの種がわずか 8ha の中に見られるのである．東南アジアの熱帯多雨林でも，例えばボルネオのサバの樹林 0.06km² で 524 種，マレー半島のパソ林 0.25km² で 467 種といった報告が見られる．

　アリ類では，多様度指数を用いた種多様度，種密度，巣密度について測定された結果がある．例えば，琉球列島の亜熱帯多雨林での種密度は 4.7 〜 6.5/m²，巣密度では 6.2 〜 8.5/m² の値が

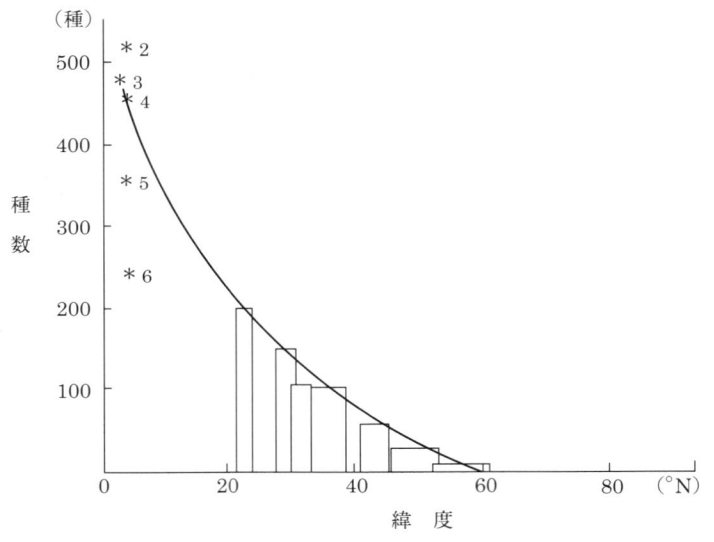

図3-7-4 アリ類の緯度と所産種数との関係
アジア地域（カムチャッカから熱帯アジア）における緯度傾斜．
＊2-＊6：マレー半島および
ボルネオ島の各地域での種数

得られている．これらは，九州以北の各地の樹林での測定結果と比較して統計的に有意に高い数値である．図3-7-5は日本，台湾，香港の亜熱帯から亜寒帯までの樹林38か所で測定した種数

種多様度指数

種多様度 ＝ 種の豊富さ × 均等性

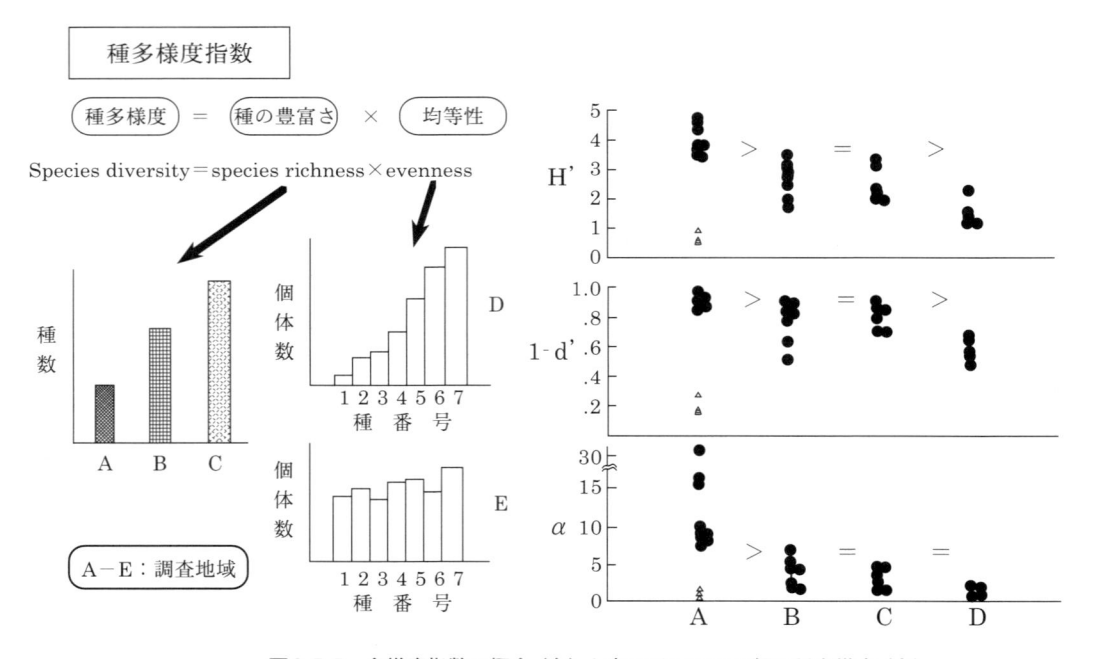

Species diversity＝species richness×evenness

A−E：調査地域

図3-7-5 多様度指数の概念（左）と東アジアのアリ類の種多様度（右）
右図−A: 亜熱帯多雨林，B: 暖温帯照葉樹林，C: 冷温帯夏緑樹林，D: 寒温帯針葉樹林，
△：マングローブ林．＞：有意差あり，＝：有意差なし．
左図−A〜C地域ではC地域が最も種の豊富さの値が高く，D, E地域ではEがより均等性が高い．

と巣数（通常の昆虫類では個体数になる）の関係を3つの多様度指数（シャノン・ウイーナー関数（H'），シンプソンの多様度指数（1-d'），フィッシャーの多様度指数（$\alpha$））によって計算した結果である．自然林あるいはそれに近い状態の樹林に見られるアリ群集の種多様性が亜熱帯，暖帯，温帯，亜寒帯の順に低下していることが分かる．種多様度においては，琉球列島の亜熱帯多雨林での数値が九州以北の暖温帯常緑樹林（照葉樹林），冷温帯落葉広葉樹林（夏緑樹林），寒温帯針葉樹林のいずれよりも最も高い値を示しており，やはり琉球列島での種多様性の高さがうかがえる．このような種多様性や種密度の高さは，陸上植物や脊椎動物，他の昆虫類などの多くの生物群でも示されている．同様に種多様度は高度の違いでも生じる．台湾での高度の違いによる多様度の違いを調べた結果では，アリの多様度は単純に高度の違いよりも，むしろ植生の相違に対応していることが分かった（図3-7-6）．

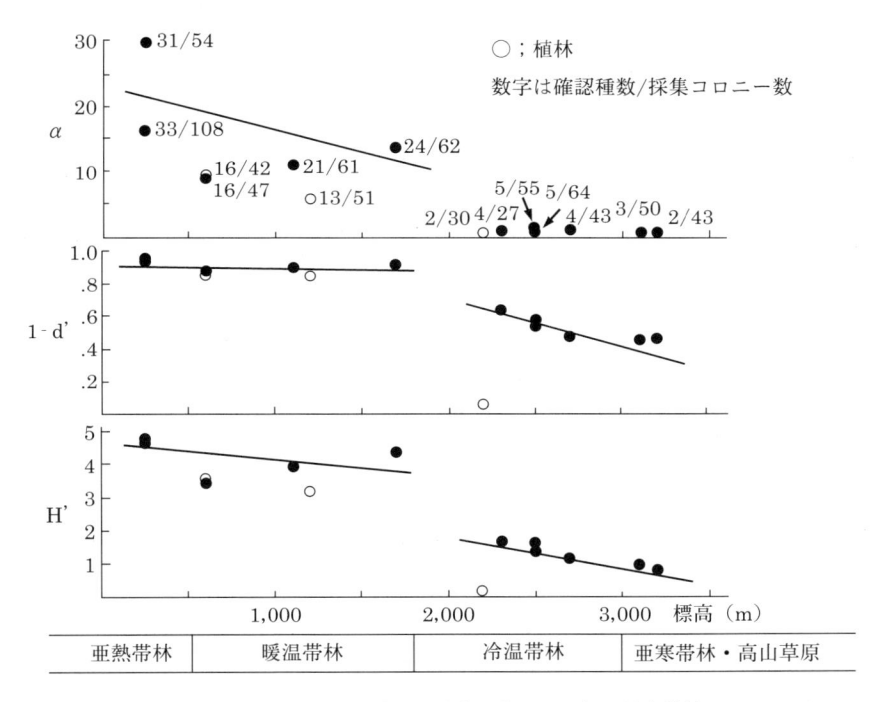

図3-7-6　台湾での植生の垂直分布とアリ類の種多様性

生物多様性はどの地域でも一定ではなく，地域ごとに異なった多様性を示す．地球規模で見ると，基本的に高緯度地域では所産種数が少なく，熱帯地方では著しく高い多様性を示す．南北に細長く環境の変化に富んだ日本においても，地域によってそれぞれ独自の多様度を示している．

#### (6) 熱帯の多様性

熱帯，特に熱帯多雨林での多様性の高さは傑出している．マレーシアのパソ林での調査では50haに何と814種もの高木が見られる．カリマンタンでは1haに700種が見られ，これはアメリカ合衆国とカナダの全高木種数にほぼ等しい．スマトラの多雨林では0.37haに276種の高木

が見られている．日本の落葉広葉樹林での高木の種数はせいぜい20種程度である．また，日本全土の高木種数であっても400種ほどである．

動物でも昆虫類の多様性はとりわけ注目に値する．19世紀に南米で採集調査を行ったベーツ（H. W. Bates）が1時間の散歩で700種ものチョウを採集した話は，真偽のほどはともかくとして有名である．

脊椎動物を例に挙げると，マレーシアの森林約20haを3日間探索し，鳥144種，ホ乳類64種を確認した例や，ボルネオのサラワクの1つの森に53種ものカエル，31種のヘビ，31種のトカゲが見られたという例がある．

海洋においても熱帯での多様性が高い．特にサンゴ礁での多様性の高さが指摘されている．オーストラリアの東側にあるグレートバリアリーフの3m×1.5mのサンゴ塊に75種の魚が見られた例がある．亜熱帯であるが，日本の琉球列島でもサンゴ礁での30分ほどの潜水で40種以上の魚を見ることが可能である．

## (7) 熱帯多雨林での植物の種多様性の高さを説明する仮説

植物と動物の種多様性は基本的に相関する．植物種数が多ければそれに専門化した動物の種数も多くなる．したがって，植物の種多様性の高さを説明できれば，熱帯での動物の多様性も説明可能であろう．熱帯多雨林での植物の多様性を説明するものとして，1970年代までに次の仮説が提唱された．

① 種子捕食説（Janzen, 1970）

種子の捕食が激しいので親樹の周りに幼木が生えにくい．

② 撹乱説（Connell, 1977）

頻繁な撹乱が競争的排除を中断させ種を共存させる．

③ 栄養モザイク説（Aston, 1969）

親樹の下の土壌はその種に必要な微量要素が枯渇している．

④ 循環網目説（Pianka, 1978）

競争の強さの回路が終わりのない競争を導く．ただしこれを支持するデータはないようである．

また，エーリヒとラフガーデン（Ehrlich & Roughgarden, 1987）は種多様性を説明する仮説を3つ提出している．

① 資源分割説

安定な群集では長期間共存している種類が利用できる資源を細かく分割し合い，これによって多くの種の共存が可能になる．

② 交互平衡説

植物は親樹の周りでは，種子の捕食が激しい，その種に必要な微量要素が枯渇しているなどの理由により幼木が育ちにくいことにより，その場所には他の種が侵入するので多様性が維持される．

③ 非平衡説

熱帯多雨林は撹乱によって平衡状態には達しておらず，かつ中規模の撹乱がかかり非平衡となっている場所の方が多くの種が含まれる．

(8) ラポポルトの規則

北方に棲む生物ほど分布範囲が広く，南方の生物ほど分布範囲が狭いという一般則が提唱されており，ラポポルトの規則（Rapoport's rule）と呼ばれている．これによると，この北方の生物の分布パターンと南方の生物の分布パターンの相違が，低緯度地域と高緯度地域の多様性の違いを反映しているとしている．しかしながら実証的な研究はこれからである．

(9) ホットスポット

他の地域には生息しない固有種が多く，絶滅の危機に瀕した種が非常に多く存在する自然環境をホットスポットと呼んでいる．面積的には地表のわずか1.4%であるが，陸上の生物の3分の1の種がここに集中している．同時に環境破壊が深刻な場所でもあり，このような場所が熱帯地方を中心に，2002年には25か所選定されている．日本列島も地球規模で見た場合，このホットスポットに該当する地域と言われている．

(10) 種多様性を維持する機構

種数・面積関係は群集生態学における包括的な規則性の1つであるが，生物多様性を決定する要因は面積以外にも存在する．例えば，動物種数が面積そのものよりもむしろ植物種数と高い相関を示す例や，植生の階層構造の複雑化や落葉層の堆積など多様な環境を構成する要素が加わって，より多様な動物種の存在を支えている例が示されている．さらに近年，緯度と種多様性の間に見られる関係の実体を解明しようとする研究もなされつつあり，種多様性が温度，降水量，生息場所多様性，あるいは太陽の放射エネルギーと関連する可能性などが指摘されている．

## 参考文献

Diamond, M. 1975. In M. L. Cody & J. M. diamond (eds.), Ecology and evolution of communities, The Belknap Press of Harvard University Press, 342-444.
Erwin, T. L. 1982. Coleopterists' Bulletin, 36: 74-75.
Martin, G. 1996. Nature, 380: 666-667.
May, W. M. 1988. Science, 241: 1441-1449.
Siemann, E., D. Tilman & J. Haarstad 1996. Nature, 380: 704-706.
Wilson, E. O. 1987. Biotropica, 19: 245-251.

## 8. 島と生物

　島は周りが海によって隔絶されていることから，独立した生態的単位とみなすことが可能であり，島を単位として生物や生物相を比較することが容易である．また各島での環境条件の違いや生物への自然選択のかかり方の違いに着目して，生物種の生態や生活史がどのような環境要因に影響されて進化してきたのかを探るためにも，好適な研究の場を提供している．島を舞台に様々な研究，例えば環境と生物群集，生物の移入・絶滅の問題，生物相の変化や安定性，種分化の問題などの研究が可能であり，実際に島嶼生物地理学として発展してきた．日本は島国であり，南北に細長く，かつ北海道，本州，四国，九州の周辺にも大小様々な多くの島があり，大規模なスケールを持つ好適な自然の実験場を提供し，島嶼生物地理学を研究するには好適な環境にある．島の生物の理解は日本の生物の理解へもつながろう．

### (1) 2タイプの島

　島は大陸周辺に存在し，大陸部と連結したことのある大陸島（Land-bridge islands あるいは continental islands）と，大陸部と一度もつながったことがなく，洋上に存在する大洋島（海洋島；oceanic islands）に生態学的に区分される．種数・面積関係を求めると，大洋島は面積に比して，所産種数が少ないことが分かる．その一方で，固有種が多いということと，特定の生物群が多く見られるといった特徴も認められる．例えば代表的な大洋島であるハワイ諸島は30ほどの島々からなるが，それらの多くは第3紀の終わりに生じた火山島である．在来のハ虫類は4種のトカゲのみで，ヘビは生息せず，両生類のカエルもいない．ホ乳類ではコウモリが1種いるだけである．その一方で，鳥のハワイミツスイの仲間は多く見られ，ショウジョウバエ類ではハワイ特産種が数百種も存在する．マドアリガタバチ属（*Sierola*）の種は世界に約100種が知られ，そのほとんどがハワイに集中して見られる．ダーウィンの進化論で有名なガラパゴス諸島でのダーウィンフィンチと呼ばれるヒワの仲間や，ガラパゴスゾウガメの適応放散の例もよく知られるところである．

### (2) 種数・面積関係

　第7節で扱ったように，面積の増加に伴いそこに見られる生物種数が一定の規則性を持って増加する現象を種数・面積関係と呼び，今日では群集生態学における包括的な規則性の1つとなっている．この種数・面積関係をマッカーサーとウィルソン（MacArthur & Wilson, 1967）が島への移入率と絶滅率で説明を試みたことが，島嶼生物地理学の果たした大きい成果の1つとして挙げられよう．この移入・絶滅平衡仮説は，移入率が種を供給する大陸部からの距離に関連し，絶滅率は島の大きさに関連するという見解に立脚している．

　小さい島は種数が少なく，大きい島では種数が多いことの理由は，絶滅確率が小さい島ほど高いことで説明し，同一面積でも大陸部から近い島ほど種数が多く，遠い島では種数が少ないこと

を，遠い島ほど島への移入率が低くなることで説明し，島の種数はその移入率と絶滅率の平衡点で示されるとする説である．これに対する対立仮説としては，環境の異質性の高さが生物の種数を決定するというのがある．特に動物の種数は植物の多様性に依存する可能性がある．

例として図 3-8-1 に琉球列島でのスズメバチ・ドロバチ類の種数・面積関係を示した．琉球列島でのスズメバチ類の分布を見ると，各島での分布状況から島の面積が 200km$^2$ を超えると，2, 3 種が生息可能で，面積が 30km$^2$ 程度以下の小島では，おそらく餌資源の量的関係から生息不可能であることが示されている．

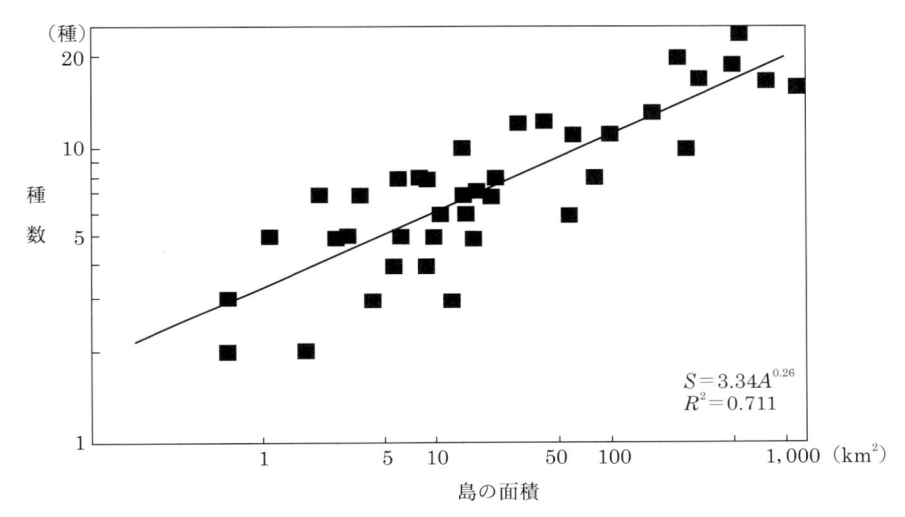

図 3-8-1 琉球列島におけるスズメバチ・ドロバチ科の種数と島の面積の関係
（寺山・山根，1999 より）

$S = 3.34A^{0.26}$
$R^2 = 0.711$

面積当たりの種数の低下は，大陸部から遠く隔てられた大洋島においても認められる．例えば本土から約 1,000km 離れた小笠原諸島から，さらに 1,000km も隔てられて洋上に浮かぶマリアナ諸島では，大陸部とつながったことのある陸橋島の南西諸島と比べると，面積当たりの動物の種数は明らかに低い数値を示している．

### (3) 所産種数の支配要因の探索

種数・面積関係は多くの動物群が対象にされ，よく研究されてきたが，動物種数を決定する要因が面積以外のものに支配されている可能性も十分考えられる．面積的にはそれほど変わりなくとも，平坦な種子島と山岳地域を持つ屋久島とでは後者により多くの種が見られるように，環境と生物の関連，あるいは生物間の相互作用を連想すれば，単純に面積のみで生物種数が決定されるとは思えないことにもうなずけるであろう．トカラ列島の島の面積，植物種数とアリの所産種数との比較でも，島の面積よりも植物種数にアリの種多様性が影響を受けているように思える調査結果が出ている．さらに詳細な研究として，日本のアリの分布資料から，アリの所産種数とそれに影響を及ぼす主要な属性と考えられる植物種数，島面積，標高，温量指数，陸塊からの距離

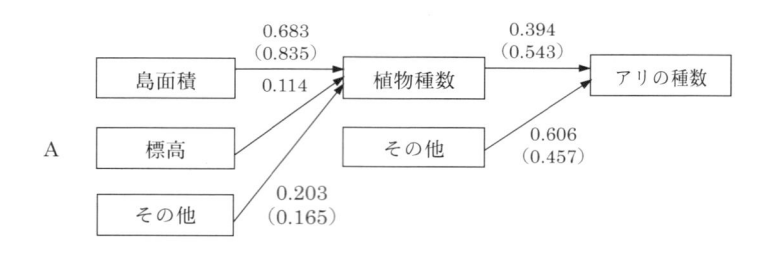

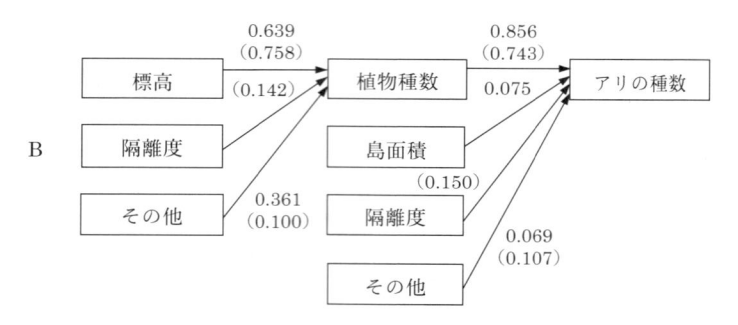

```
                    0.683              0.394
                   (0.835)            (0.543)
         ┌島面積┐─────────┐      ┌─────────┐
                   0.114    ↓      ↓         
         ┌ 標高 ┐─────────→植物種数───────→アリの種数
    A                       ↑      ↑    0.606
         ┌その他┐           └その他┘   (0.457)
                   0.203
                  (0.165)


                    0.639              0.856
                   (0.758)            (0.743)
         ┌ 標高 ┐─────────→植物種数───────→アリの種数
                   (0.142)   ↑    0.075   ↑
    B    ┌隔離度┐──────────┘              │
                              ┌島面積┐────┤
         ┌その他┐             (0.150)    │
                   0.361      ┌隔離度┐────┤
                  (0.100)                 │
                              ┌その他┐────┘
                                0.069
                               (0.107)
```

図3-8-2　重回帰分析によるパス・ダイアグラム
A:本州,四国,九州周辺の島嶼(n=14). B:琉球列島(n=10). 数字は寄与率を表し,括弧なしのものは無変換データによるもの,括弧中のものは対数変換データによるものである.

との関係を重回帰分析によって解析した研究例がある．その結果，アリの所産種数は，複数の要因が関連しつつ決定されていると同時に，種数に最も影響を与えると思われる要因は，面積そのものよりも，むしろ植物種数によって決定されることが示された．ただし，植物種数は面積の影響を強く受けて決定されていることから，面積はアリの所産種数を間接的に決定する要因であるとも言えよう．また，植物種数においては，島の面積の他に標高も種数に大きな影響を与える結果が示された．植物における標高の効果は重要であると考えられる．アリは植食性昆虫ではないが，現存量が大きくかつ広範に生物群集の食物網に関与している．その中には直接的，間接的なアリと植物との相互作用も大きな割合を占めて存在しているであろう．植物種数をアリにとっての棲み場所や餌資源の量，質に関わる環境の多様度を表す尺度と捉えると，アリの所産種数は，そのような環境の複数の要因から構成される多様性に反応して決定されているといった解釈も成り立つ．生物群集の様々な種間関係の存在を考えれば，それらの関わりにおいて2つの生物群の多様性が強く相関していても不思議ではない．植物種数は面積の影響を強く受け，かつ標高にも影響を受けて決定されていることから，島面積はアリの所産種数を生息場所の多様性などの複数の要因を挟んで，間接的に決定する要因ではあると言えよう．

(4) 侵入と絶滅

島ではマッカーサーとウィルソンが言うような侵入と絶滅が生じているのであろうか．それを示す好適な研究例がダイアモンド（Diamond, 1969）によってカリフォルニア沖にあるチャネ

ル諸島の鳥相で調べられている（図3-8-3）．結果として，①50年間で約3分の1の種はいなくなった．②本土と比較すると島に棲む鳥の種数は少なく，いてもよさそうな種がいないケースが多々ある．③島での種数はほぼ一定であった．以上のことから，絶滅した分だけ種が新たに侵入・定着しており，絶滅と移入のバランスが取れていることが推定される．

実験的に小さな島の動物をすべて取り除き，種の侵入を調べたシンバーロフとウィルソン（Simberloff & Wilson, 1969）の実験では約5か月でもとの生息種数に近づいた．

カリブ海の西インド諸島の30の小島に5あるいは10頭のトカゲを放す実験が行われた（Schoener & Schoener, 1983; 図3-8-4）．植生は0.005m²から大きな島で80.6m²であった．5年間の継続調査で，いつトカゲ個体群が絶滅したかを点検した．その結果10m²がトカゲの生息限界の植生面積であった．しかし，それを超えるとトカゲは滅びる様子もなく個体数を増していった．実験当初，これらの島にはトカゲが生息していなかった．実験により，これらはトカゲが生息できるはずの島である．なぜトカゲは生息していなかったのであろうか．おそらくは，その地域の天災の最高水準，例えば台風などがもたらす撹乱によって実質的なトカゲの生息の有無が決まると考えられた．サイズの小さな島ほど撹乱が大きく与えられ，トカゲは生息しにくいのであろう．

### (5) 島の固有種

島では固有種の割合が高い傾向が見られ，特にこの傾向は，大陸から遠く隔てられ，過去に一度も大陸と陸続きになったことのない大洋島で顕著である．大洋島では所産種数が少ないことから，生態的地位が空きやすい環境にある．いったんこのような環境に生物の侵入・定着がなされた場合，そこで適応放散を引き起こし，多くの種に分化しやすいであろう．その一方で，これらの島は人為的撹乱を受けやすい脆弱な環境でもある．ハワイ諸島での在来種の91%は固有種である．同時に他地域からの侵入種も多い．ハワイでは，有史以前にアリ類はまったく存在しなかったと考えられている．よって，現在ハワイで見られる40種のアリはすべて人為的移入種で

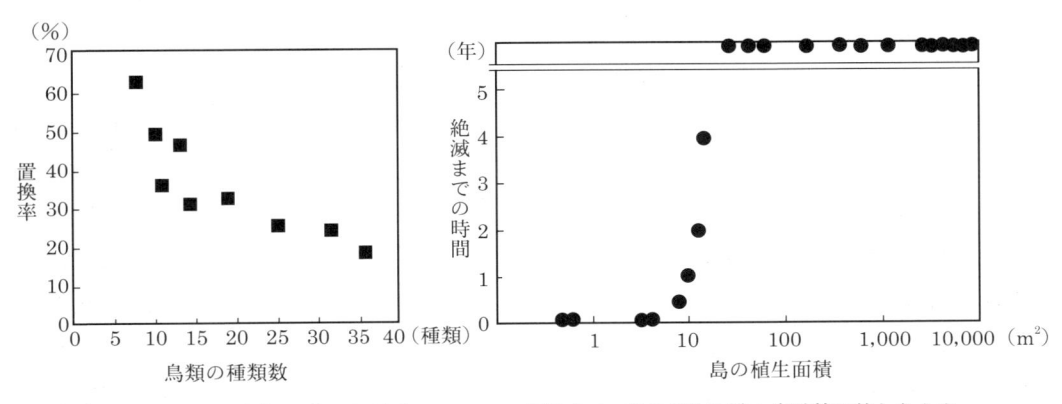

図3-8-3 チャネル諸島の9島における51年間の鳥類の種の置換率
（Diamond, 1969より）

図3-8-4 島の植生面積と実験的に放したトカゲ類の絶滅までの時間
（Schoener & Schoener, 1983より）

ある．日本の大洋島である小笠原諸島での固有率も高い．一方，大陸島は大洋島に比べると一般的にやや低い固有率を示すが，それでも大陸部に比べれば高い固有率と言える．南西諸島は大陸島であっても固有率は低くない．ハ虫類の50％，ホ乳類，両生類の40％は固有種・亜種である．昆虫類でも25％は固有種である．

固有種は，島で種形成がなされたばかりの新固有と，古いタイプの種が島で生き残った結果固有種となっている古固有に分けることができる．例えば伊豆諸島の八丈島にはハチジョウノコギリクワガタが，御蔵島と神津島にはミクラミヤマクワガタが固有種として生息しているが，前者は新固有種，後者は古固有種である．脊椎動物では大きな島ほど固有種率が高い．小さな島では絶滅率が高いことによろう．

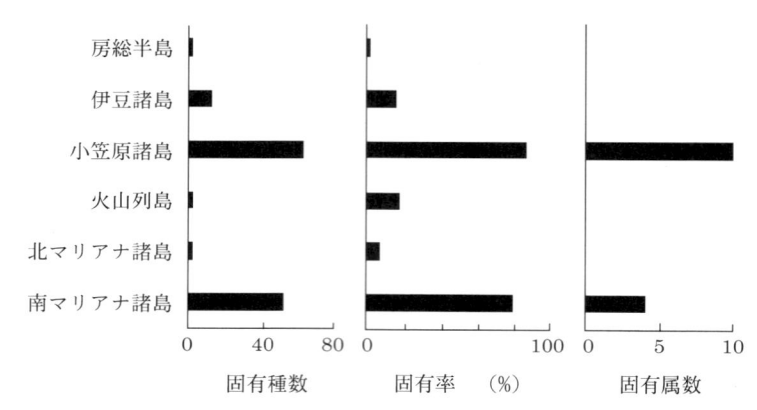

図3-8-5 房総半島からマリアナ諸島までの各地域での陸産貝類の固有種の割合
（黒住，1994より）

### (6) 島と動物のサイズ，色彩

カリブ海の小アンチル諸島でトカゲの棲む15の島を調べた結果，トカゲが1種いる島と2種いる島とに分けられた．3種以上生息するためには島のサイズがより大きくなる必要があった．そして，島に2種以上のトカゲが生息する場合，種間でサイズに規則的な相違が見られた．サイズを変えることによって島の中で共存を可能にしているようである．

日本の伊豆諸島のシマヘビは，島ごとにサイズに違いが見られる．伊豆大島ではオカダトカゲが主な餌となっており，シマヘビの体のサイズは諸島内で最小である．神津島ではアオダイショウと共存しており，オカダトカゲ，ネズミ類，鳥の卵，ヒナ，アオダイショウの幼体を餌としており，サイズはアオダイショウと同程度である．この神津島の東にある祇苗島（きなえじま）は通称ヘビ島と呼ばれ，シマヘビのみが生息する．ここでは大型個体となり，中には体長2m以上の大きなシマヘビもおり集団となっている．餌は本島に多い海鳥の卵やヒナで，競争者不在でかつ，豊富な餌資源により長命となっていることが推定される（図3-8-6）．オカダトカゲは伊豆諸島の固有種であるが，三宅島でネズミの駆除を目的にホンドイタチを導入したところ，イタチの捕食によってトカゲが激減し，絶滅の淵に立たされてしまった．三宅島では，オカダトカゲの捕

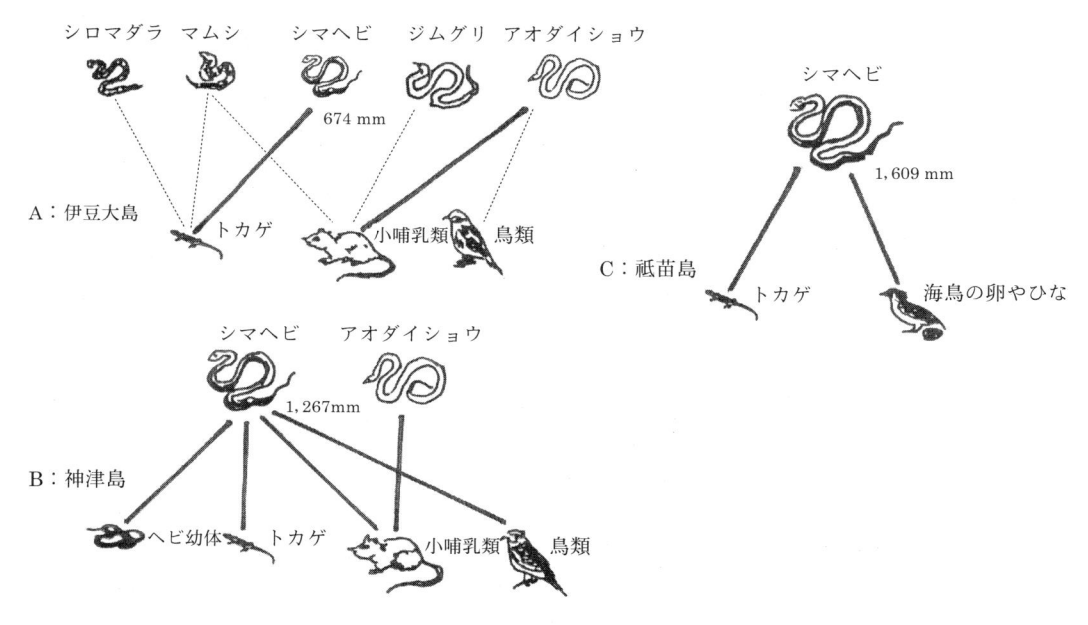

図3-8-6 伊豆諸島におけるヘビ類の種構成,餌利用,そして体サイズの相違
（長谷川,1995をもとに描く）

食者はかつては鳥だけで,捕食圧は低いことが推定された.もともとヘビやホンドイタチが生息している伊豆大島では捕食圧は高いと推定され,伊豆大島の個体群と比較すると,三宅島のオカダトカゲは遅成熟,隔年産卵,大卵少産という特徴が出てくる.

島単位で擬態の見られる例が知られている.琉球列島におけるキアシナガバチ,ヤマトアシナガバチ,オオフタオビドロバチ,フカイドロバチは南琉球,中琉球,北琉球のそれぞれの地域の個体群どうしで互いに類似した色彩となっている.南琉球に生息する個体群では,それらの種すべてで体色が黄色味が強く,中琉球では赤色味が強い.そして北琉球では,黄色と黒色の交ざった色彩パターンとなり,それぞれの地域でミュラー型擬態を構成しているものと思われる.さらに,伊豆諸島のシマヘビとシモダマイマイが島ごとに類似の体色となっており,ベーツ型擬態をなしているようである.シモダマイマイが,鳥の捕食から免れるために,島ごとに色彩を変化させたものと思われる.

島のホ乳類のサイズは大きいか小さいかという問いは,単純そうな問題であるが未解決である.経験的に大きなホ乳類は島では小型化し,小さなホ乳類は大型化すると言われていた.日本の野生馬は現在8品種が認められるが,トカラウマやヨナグニウマなどの島のものはみな小さい.これらは古墳時代以降に,朝鮮半島を経由して中型のモンゴル在来馬が九州,本州に入ったものを起源としており,南西諸島にもたらされたものは小型化したようである.ホ乳類のいくつかのグループで,大陸のものと島のものとを比較した結果,食肉目は小型化し,ゲッ歯目は大型するという結果が得られている.大陸に比べて,小さな島だと大型獣は食物量の限定がかかり小型化し,小型獣では捕食者や競争者を欠きやすいので,大型化するという説明が考えられる.ま

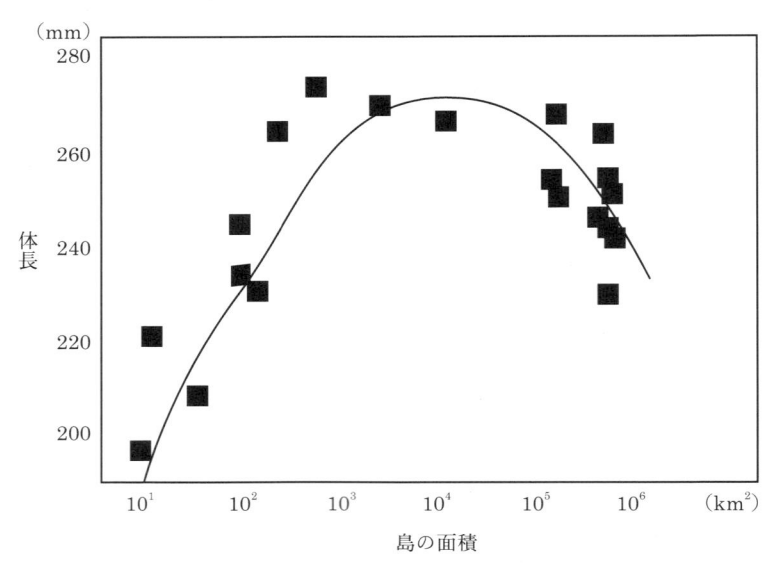

図 3-8-7　ミケリスの平均体長と島の面積の関係
(Hearey, 1978より)

表 3-8-1　島嶼個体群と大陸個体群の平均体サイズの比較

| 分類群 | 大陸集団と比較した際の島嶼集団の平均体サイズ | | |
| --- | --- | --- | --- |
| | 小さい | 同じ | 大きい |
| 有袋目 | 0 | 1 | 3 |
| 食虫目 | 4 | 4 | 1 |
| ウサギ目 | 6 | 1 | 1 |
| げっ歯目 | 6 | 3 | 60 |
| 食肉目 | 13 | 1 | 1 |
| 偶蹄目 | 9 | 2 | 0 |

(Lawler, 1982 より)

た，密度，体重，基礎代謝量との関係からの説明も試みられている．

集団密度（D）と平均体重（W）の関係は $D = aW^b$ で近似される（a，b は定数）．個体の基礎代謝量（R）は $R = cW^{0.75}$ で表せる．ゆえに，集団が利用するエネルギー総量は $R \times D$，すなわち $RD = acW^{0.75+b}$ となる．この式において，b ＝ － 0.75 前後ならば $RD = ac$ でエネルギー量は体重にかかわらず一定，b ＞ － 0.75 ならば 0.75 ＋ b ＞ 0 であるから集団が利用できるエネルギー量は体重に依存して増加し，体の大きい種ほど相対的に得をする．実測値を組み込むと集団密度 $D = 16.982 W^{-0.75}$ が与えられる．多くの種で調べると，大型獣では b ＜ － 0.75，小型獣では b ＞ － 0.75 となり，よって小型獣では体重（W）が小さいほどエネルギー総量（$R \times D$）が大きく，大型獣では体重（W）が大きいほどエネルギー総量（$R \times D$）が大きいことを示す．島では大陸部より淘汰圧が弱いので，生理的に最適なサイズに近づく進化が可能と思われる．

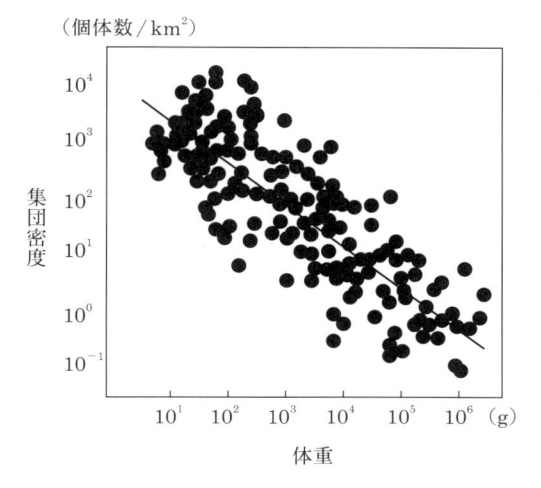

図3-8-8 陸生の草食性ホ乳類による集団密度（D）と平均体重（W）の関係
回帰直線：Log D = - 0.75 log W + 4.23
（Damuth 1981に基づき浅見，1995より）

**参考文献**
浅見崇比呂 1995．遺伝，49(6): 28-33．
Damuth, J. 1993. Nature, 365: 748-750.
Diamond, M. 1969. Proc. Nat. Acad. Sci. USA, 64: 57-63.
長谷川雅美 1995．伊豆・小笠原・マリアナ島弧の自然，千葉県立中央博物館．
Heaney, C. R. 1978. Evolution, 32: 29-44.
黒住耐二 1994．Venus, 53: 151-152．
Lawlor, T. E. 1982. American Naturalists, 119: 54-72.
MacArthur, R. H. & E. O. Wilson 1967. The theory of island biogeography, Princeton University Press.
Schoener, T. W. & A. Schoener 1983. Nature, 302: 332-334.
Simberloff, D. S. & E. O. Wilson 1969. Ecology, 50; 278-296.
寺山守・山根正気 1999．山根正気・幾留修一・寺山守（共著），南西諸島産有剣ハチ・アリ類図説，北海道大学出版会，41-59．

## 9. ヒトと生態系

　人類の営為を生態系との関連で見ていくと，狩猟・採取の時代から農業革命（Agricultural revolution）の段階を経て，工業－医療革命（Industrial-medical revolution）以降急激に地球生態系との関連を高め，現在様々な問題が噴出している状態にあると言えよう．ヒトと生態系との関連は，極言すればヒトの人口問題であり，人口増加に伴ってもたらされてきたものと言える．今後，地球をどうするかは，今後，私達がどのような思想のもとで生活を送るかにかかっていよう．

(1) 古代人類と生態系

1) 人類出現時から農耕地生態系の形成まで

　約500万年前に古代人類が出現し，森林での地上生活から草原，特に熱帯のサバンナ地帯で生活するようになった．この段階ですでに類人猿からの雑食性という性質を受け継いでおり，食用になるものは動物質から植物質までを食糧としていたと考えられる．アウストラロピテクス属からホモ属へ進化していったが，古代人類は，サバンナで道具を使用し，各種動物を捕らえて食糧としていた．同時にこの時代の人類はハイエナ，ヒョウ，ジャッカルのような大型肉食性ホ乳類と競争関係にあり，これらを捕らえて餌としていたと共に，こられからの捕食も受けていたであろう．この時代にヒト1人が生活していくためには20km$^2$の面積を必要とし，よって1家族が生活していくには100km$^2$を必要としていたという推定値がある．

　6万年から1万年前の段階で，複数の家族が集まって暮らす集団での生活が見られるようになり，大型動物，例えばトナカイ，オオシカ，マンモス，マストドンなどを盛んに狩猟するようになった．大型のマンモスは特に狩猟対象となり，ヒトが滅ぼしたと言われている．1万年前に最終氷河期となるウルム氷期が終わり，後氷期を迎え温暖化の時代となった．この時代にヒトは集落を形成し，定住するようになった．それを可能にしたのが，焼き畑，林内放牧，豆類やイモ類，イネ科植物を栽培する農耕の起こりであろう．これによって農耕地生態系という新たな生態系が出現した．この時代に入って，食糧を容易に確保することが可能となったが，食糧確保のために，まだ自然環境にも依存している状態にあった．その後，さらに農耕地生態系が広がり，食糧の安定確保が可能となってくると人口の増加を引き起こし，緩やかではあるが確実に人口が増加していった．また，定住することによって住居を建てるためや燃料として用いるために，森林伐採が始まり，古代都市国家が出現する頃には，少なからずの森林が消失したと推定されている．

2) 近　世

　農業革命以降250年前までの人口増加は比較的緩やかなものであった．また，ヨーロッパでのペストの流行によって，人口が著しく減少する状況もあった．しかし，徐々に，ヒトは自然の生態系の枠組みからは離れ，ヒトが作り出すヒト中心の環境，言わば人類生態系を大きく膨らませていった．

3) 近代から現代

　英国から始まる産業革命が起こると，状況が一変した．石炭や石油をエネルギー源として動く機械によって様々なもの生産し，また乗り物の進歩により人類の活動範囲が広まり，ついには地球全域を活動圏とするようになった．科学技術の躍進は同時に医学の進歩をもたらし，幼児死亡率を低下させ，寿命を延長させることに成功した．特に，ワクチン接種と血清療法は幾多の人々の生命を救ってきた．人口の増加が特に著しく高まったのがこのような医療革命以降である．人口が2倍になる年数を比較すると，17世紀中頃の5億の人口が2倍になるのに200年かかっているが，19世紀中旬の人口10億が2倍になるのに80年，1930年の人口20億が45年で2倍の

40億に達し，2000年の段階で人口は60億を超えてしまった．人口60億は，地球生態系にとって影響のあまりに大きくなる数字である（図3-9-1）．次節で述べるような地域レベルから地球レベルまでの様々な環境問題を引き起こしている．

**(2) 価値観は変革できるか**

　当初，生態系の一員であった人類はやがて農耕地生態系という独自の生態系を作り出し，それは次第に膨らんでいき，現在，人類の作り出した生態系は，自然の生態系に対立するほど強大となってしまった．しかし，人類が自然の生態系の影響から逃れることはできない．現在，地球温暖化，酸性雨，オゾンホールの出現，砂漠化，河川・海洋・土壌の汚染などといった私達の生存をも脅かす様々な地球規模での悪影響が噴出し始めている．ヒトが作用を与えれば，広そうで狭い地球の中で，自然の生態系から必ずヒトへその影響が跳ね返ってくることにやっと気づいたようだ．生態系撹乱や環境破壊といった自然に厳しい行為は，ヒトに厳しい行為と同義語となる．私達はこれまでヒト対自然といった図式のもとで，自然は征服

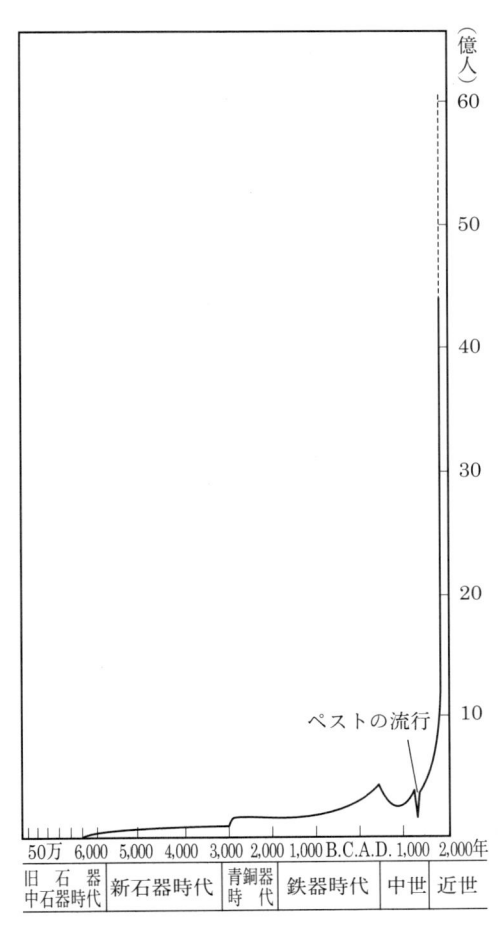

**図 3-9-1　世界の人口の推移**

すべき対象であり，ヒトからは枠の外の存在とみなしていた．しかし今日私達は，自然に対してもはや 'exo' の立場としての発想を取り止め，複雑な関連を持ちつつ維持される地球生態系の大枠の中に位置づける，言わば私達を 'endo' の存在として考えていくべきなのであろう．そこに出て来るものは，自然との競争を排した共生の思想である．例えば，ゴミ処理問題を見た場合に，自然の生態系では生産者，消費者，分解者がバランスよく存在して初めて安定して成立する．私達のシステムではどうだろうか．大量生産，大量消費，しかしそれを上手に分解する分解者部分はいかに小さいことか．大量のごみを処理し切れずにいるのは，社会に共生系としての視点が欠落しているためだろう．面倒な分解処理部分を無視してきたことのつけが，今になって現れてきている．ヒトの社会を自然のシステムに完全に組み込むことは不可能であっても，自然から取り出した資源を自然に戻す工夫を行えば，地球への負荷は小さいはずである．近年，循環型社会の創出が叫ばれているが，真のリサイクルとはヒト社会の中で回転させることに終止するのではなく，自然から取り出したものを自然に返すことをいうべきである．

　私達が産業革命以降，これまでに永続的な繁栄を目指してきた思考は，自然に対しては効率的な大量生産のための開発であり，自然を資源としてのみ捉える発想であろう．また近代化の実体

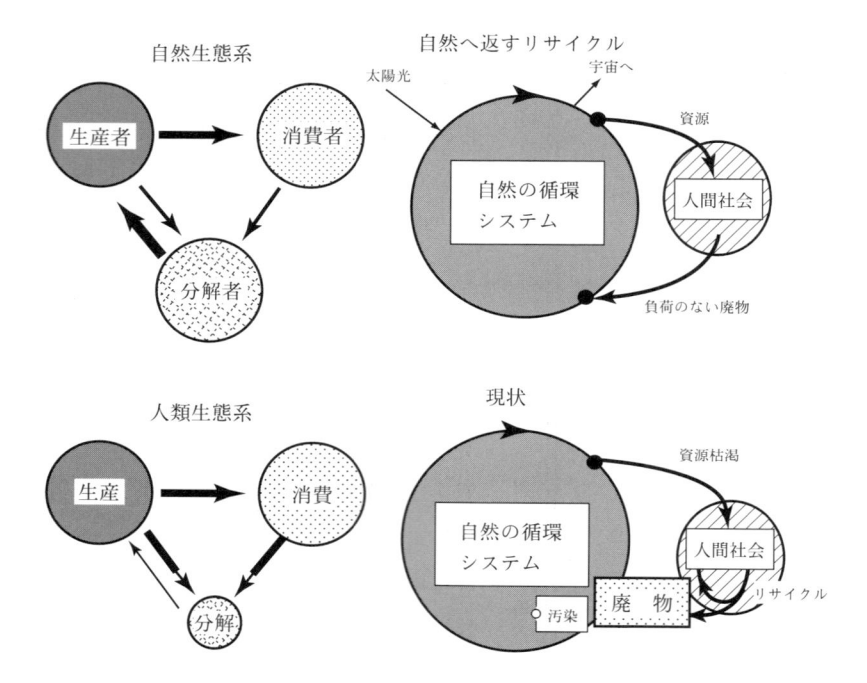

**図 3-9-2 自然生態系と人類生態系**
左：自然生態系と対応させると人類生態系は分解を担当するシステムが小さすぎると判断される．
右：自然を豊かにする本物のリサイクルはどこにあるのだろうか．

は地域（国家）経済を最優先させる力学で，他地域を自国の経済システムへ吸収，同化させようと競争をくり返す画一的な発想ではなかったのか．しかし，私達が繁栄を信じて抱き続けてきたこれまでの価値観は，「人間に厳しい」様々な地球環境問題の出現によってその役目を終えつつあるように見える．少なくとも1980年代までは共生の思想は社会一般にはなかった．今日，私達の永続を願うのならば，自然保護や環境保全をも含めた広い視野に立って，社会の価値観を変革すべき段階に差しかかっているように思われる．日本人の認識も変化しつつあるようだ．図3-9-3は1996年度までのアンケート調査の結果であるが，基本的に①は自然に従う必要はないが自然と共生していかねばならぬと考えている人，②は自然を資源としてのみ見ており，自然にそれ以外の価値観を見いださない人，③は自然対人類の対決構造を支持する人である．自己の快適さのみを追求する"はこにわ的発想"から脱却し，公共社会を視野に入れて環境を考慮しつつ，暮らしの快適さを考えていこうとする人が多くなりつつあるように見受けられる．

　21世紀は環境の時代と呼ばれる中で，一人ひとりが環境のあるべき姿を模索し，社会の中で自分を位置づけられるように意識を変えていくことが必要だと思う．実際に，私達にとってより良い生活環境を考え，実現化していく時代となりつつある．狭い個人空間の中だけで生きるのではなく，社会を考え公共社会の中で行動することが環境保全の基本精神であり，より良き環境を守り，次世代に残していこうと努めることが自然保護や環境保全の目的ではなかろうか．

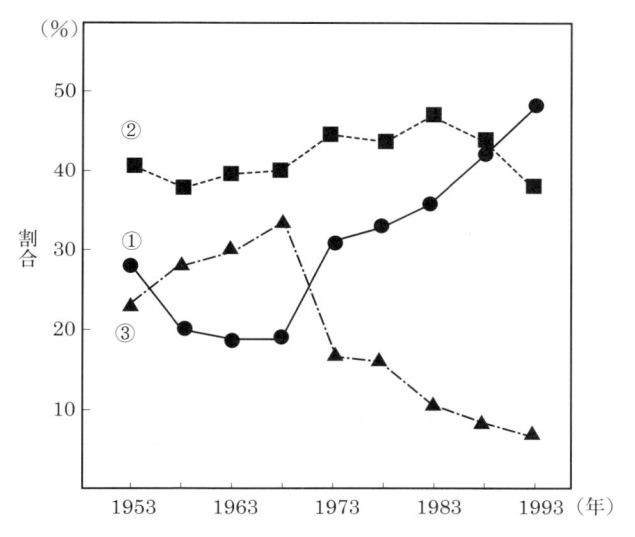

図3-9-3 自然とヒトの関係に関する日本人の意識
①：自然に従わなければならない，②：自然を利用しなければならない，
③：自然を征服していかなければならない
(林，1996より)

**文 献**

林知己夫 1996. 学士会会報，810: 65-70.

## 10. 環境問題

　地球環境に生じている問題にはいろいろな種類がある．今日，地球環境問題と呼ばれている問題は，いずれも広く世界各国に共通して見られるものであったり，国境を越え，あるいは全地球的規模で被害を生じさせている問題である．これらに共通して認められる特徴の1つは，長い時間をかけて進行するプロセスということである．また，各々の問題が，水や大気，生態系の働き，あるいは世界経済を通じ相互に関連し合い，全体として1つの問題群を形作っていることも挙げられよう．これら地球環境問題の背景を読み解くと，大量消費と国際的な相互依存関係，国家間の力学関係を特徴とする現在の世界政治，経済の仕組みが強く作用している．突き詰めると環境問題は南北問題であり，人口問題であるといった図式が見えてくる．

### (1) 地球環境に対する諸問題
#### 1) 古典的ケースとしての生物濃縮

　生物が分解や排出しにくい物質を取り込むと，それらは体内に蓄積され，食物連鎖を通して高次段階の生物ほどそれらの物質が濃縮される．この現象を生物濃縮と言う．生物濃縮が起こると，栄養段階の高次のものほど高い割合で濃縮されることから，栄養段階の低次の小型の動物は

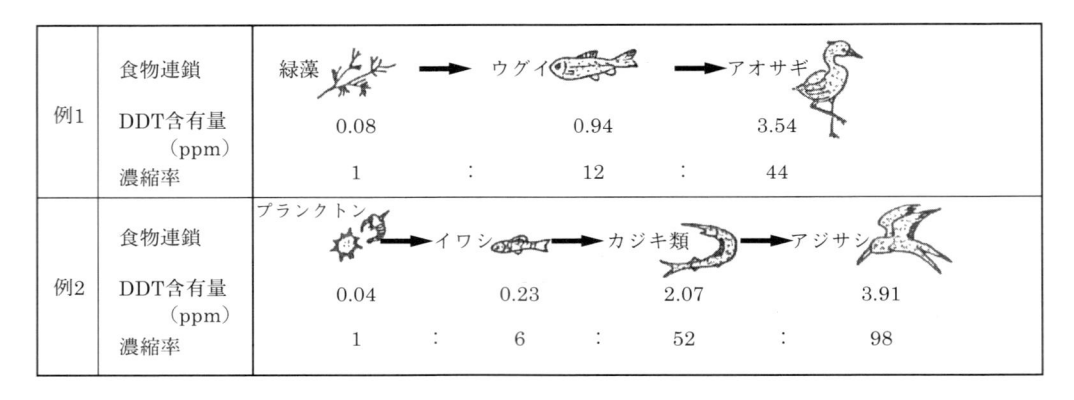

| | 食物連鎖 | 緑藻 | → | ウグイ | → | アオサギ |
|---|---|---|---|---|---|---|
| 例1 | DDT含有量（ppm） | 0.08 | | 0.94 | | 3.54 |
| | 濃縮率 | 1 | : | 12 | : | 44 |
| | 食物連鎖 | プランクトン → | イワシ → | カジキ類 → | アジサシ |
| 例2 | DDT含有量（ppm） | 0.04 | 0.23 | 2.07 | 3.91 |
| | 濃縮率 | 1 : | 6 : | 52 : | 98 |

図3-10-1　DDTの生物濃縮の例（合衆国ロングアイランドの海辺）

致死量に達しないが，高次の大型の動物ほど致死量を超え，死に至る現象が見られる．生物濃縮を引き起こす危険性の高い物質は，DDT，BHC，2,4,Dといった農薬や除草剤，鉛，水銀，ヒ素，クロム，ニッケル，カドミウムなどの重金属，そして多くの合成化学物質など多くのものがある．図3-10-1に農薬として散布されたDDTの生物濃縮の例を挙げておく．この他，高次消費者のアザラシの体内のDDT濃度が海水中のDDT濃度よりも8,000万倍にも濃縮された例がある．DDTは1940年頃からよく使われだした農薬であるが，生物濃縮の現象が判明し，現在は先進国では使用禁止となっている．

　生態学者のレイチェル・カーソン（R. Carson）は，農薬万能とされ盛んに農薬が散布されていた時代に，環境保全の古典的名著『沈黙の春』を著した．1962年のことである．カーソンは「春が来ても自然は沈黙している．そのわけを知りたい者は先を読まれよ」といった胸に迫る詩的な名文で，農薬の生態系への恐るべき影響と危険性を警告した．しかしながら，「植物が死に，動物が死に，最後にヒトも死ぬ」というカーソンの指摘はすでに日本で現実に起こっていた．

### 2）　水俣病・イタイイタイ病

　熊本県の水俣およびその周辺で水銀中毒患者が多発した．現在'Minamata Disease'として，残念なことながら世界的に知られる水俣病である．原因は水俣川上流にある工場が産業廃棄物として水銀を垂れ流していたことによる．1956年に最初の患者が出たが，その時は水俣病であると診断されず，実際は1944年からすでに患者が出ていた可能性が高い．また1943年には同地のネコやブタが狂死するという現象がすでに現れていた．

　水銀が体に悪影響を及ぼすことは古くから知られており，例えば英国では，17世紀に帽子職人がフェルト帽を柔らかくするために硝酸水銀を使うことにより，水銀中毒患者が多く出ることが知られていた．医学的には水銀中毒をハンター・ラッセル症候群と呼ぶ．神経系を破壊し，軽度の者でも箸も持てない状況になり，症状が重くなると狂躁状態をきたし，廃人として死を迎える．この悲惨な犠牲者は2000年12月段階の認定患者数だけでも1,182人であるが，水俣病訴訟があまりに長引いたためにその間に亡くなった人も多く，実数は数万人に達すると推定されてい

る．企業側は水銀が有害であっても，水俣川から水俣湾に流れ出れば，海は半径無限大のごみ捨て場で，毒性は無限大に希釈されると考えていたのであろう．ところが，狭い水俣湾においてプランクトンから，小型の魚，大型の魚と次々と生物濃縮が起こり，その魚を食べた地元のヒトに被害が及んだのである．さらに悪いことに，垂れ流した水銀は水俣川を下るとともに，化学反応を引き起こしメチル（有機）水銀へと姿を変えていた．これによって，毒性がさらに 100 倍にも高まってしまった．原因不明の奇病として水俣病が発見された当初は，様々な原因が主張され，マンガン説，タリウム説，セレン説，多重汚染説，アミン説，果ては旧軍隊が水俣湾に捨てた爆薬が原因という爆薬説までもが登場した．発生当初はまさか水銀が捨てられているとは考えていなかったのであろう．そのような中で熊本大学医学部の研究チームが 1959 年に水銀説を発表し，これを詰めて 1960 年に有機水銀説を発表した．後にこれが証明されることとなった．同様なことは 1965 年に新潟県阿賀野川流域でも起こり，第二水俣病と呼ばれている．

　富山県神通川下流域ではカドミウム汚染によるイタイイタイ病が発生した．これは 1920 年代から知られていた奇病で，長く原因不明の状態が続き，風土病の一種と思われていたほどである．原因は上流にあった神岡鉱山から流されたカドミウムが水田を汚染し，稲に蓄積し，そのような米を食べていたヒトが発病したものであった．カドミウムは骨に作用し，骨をぼろぼろにしてしまう．症状が重くなると，咳き込むだけで，体内で骨が折れるほど悲惨な状況となる．イタイイタイ病の名は，患者の苦しみの声そのものを病名にしたものである．上流にある鉱山からの廃棄物が下流を汚染することは江戸期からすでに知られており，汚染物質を鉱毒と呼んでいる．明治期では，足尾銅山からの鉱毒が下流の渡良瀬川をひどく汚染した事件が，被害にあい苦しんでいる農民のために立ち上がった田中正造の名と共によく知られている．百年を経た現在でも足尾銅山周辺では植物が育たない状況にある．さらに現在，カドミウム汚染地域は日本の各所に存在する．そして，慢性カドミウム中毒によるものと考えられる骨軟化症や腎臓障害が各所で見られる．イタイイタイ病は富山県に限られたものではないのである．

　生態系の中に食物連鎖の関係が存在する限り生物濃縮は起こる．よって，土壌中に検出される濃度がわずかであっても安心することはできない．特に，合成化学物質の中で最強の毒性を持ち，ガンや奇形を引き起こす最悪の劇毒であるダイオキシン（ポリ塩素化ジベンゾ・ジオキシン）のような物質であればなおさらのことである．

3) 地球温暖化

　大気の二酸化炭素量が年とともに増加しており，それに伴い地球の年平均気温が上昇しつつある．二酸化炭素量は 1750 年の段階で 0.028％と推定されているが，現在 0.036％に達している．二酸化炭素の増加は人間活動によるものである．大気中の二酸化炭素の増加は工場，自動車，火力発電所といった化石燃料の燃焼によって放出されるとともに，森林の減少により取り込まれるべき $CO_2$ が取り込まれず，これらのことによって大気に $CO_2$ が溜まることによる．後者の影響も大きく，化石燃料の燃焼による放出量の 30～40％分，17～20 億 t に相当すると推定される．$CO_2$ 濃度が高まると温室効果を引き起こす．つまり，ガラスと同様に光は通すが熱は通しにく

く，濃度が高まるほど熱がこもり温度が上がるのである．このような効果を引き起こす物質を温暖化物質あるいは温室効果ガスと呼んでおり，$CO_2$ の他にメタン（$CH_4$），亜酸化窒素（$N_2O$），フロン（CFC: クロロフルオロカーボン）などが挙げられる．温室効果のみを比較すれば，$CO_2$ 1分子を1とみなすとそれぞれの分子の効果は20倍，100倍となり，フロンに至っては1万倍となる．温室効果によって年平均気温が上昇し，南極の氷や山岳氷河が解け，海水自身も膨張することから海水面の上昇が起こる．海水面の上昇については様々な予測値が挙げられているが，概して2℃上昇すると海水面が1mは上がると判断され，かつ現状であれば100年以内に間違いなく2℃の温度上昇が起こるであろう．この海水面の1m上昇は私達の社会に著しい被害を与える．まず，立地条件的に海岸すれすれに発達してきた多くの都市が機能しなくなり，政治的・経済的被害は莫大なものになると推定される．もちろん農地や沿岸生態系の被害も甚大である．アメリカ合衆国の推定では，海水面1mの上昇で小麦の生産量は18％減，大豆に至っては53％減といった予測値がはじかれており，世界的な飢饉が起こる危険性がある．その他，光化学スモッグの増大や伝染病の流行などが危惧される．

また気候の変動により，異常気象の多発が懸念される．日本では1℃上昇することによって，マラリアの発生する地域となり，かつ台風の発生が2倍に増えるだろうと予測されている．その他，高山性の生物の多くが逃げ場を断たれ絶滅するであろう．

現状の二酸化炭素濃度0.036％を維持させるためだけであっても，現在放出されている温室効果ガスの50〜70％の削減が必要である．

4) 酸性化現象

酸性雨（酸性降下物）などを含む大気の酸性化現象を指す．大気に放出された様々な物質，例えば，光化学オキシダント，アルデヒド，ケトン，アルキル，硝酸ミストなどが大気中をエアロゾルや乾性沈着物の形で漂い光化学スモッグなどを引き起こす．大気汚染は産業革命とともに始まった古くからの環境問題である．1952年に1か月で3,500名以上の死者を出したロンドンスモッグ事件はよく知られており，日本では水俣病，第二水俣病，イタイイタイ病と並んで4大公害病の1つである四日市ぜんそく（1958）が起こっている．国によって定義が異なるが，一般的にはpH5.6以下の雨水を酸性雨と呼び，このような霧を酸性霧と呼んでいる．酸性雨は工場や自動車，火力発電所などから放出される硫黄酸化物や窒素酸化物が大気中で化学反応を引き起こし，硫酸（$H_2SO_4$）や硝酸（$HNO_3$）となり，これが雨滴に取り込まれて降下するものである．ヨーロッパではチェコやポーランドといった東欧や北欧で被害が甚大である．これは西欧からの問題物質が国境を越え，これらの地域で被害が出るものとされている．大気中からのこれらの酸性降下物は，土壌を汚染し，植生を破壊する．植物はこれらによって病気が多発し，害虫の被害を受けやすくなると同時に，水ストレスを受けて次々と枯れていく．また，地下水に入ったこれらの物質はさらに河川や湖に集まり，湖沼の生態系を著しく撹乱し，北欧の多くの湖が被害を被っている．酸性雨の被害は生態系だけにとどまらない．鉄と石の文化であるヨーロッパに多く見られる大理石で作られた芸術作品や歴史的建造物にも，多くの被害が出ている．大理石は酸に

弱く，簡単に溶け，風化が進んでしまうのである．

### 5） オゾン層の破壊

　南極のオゾン層に大きな穴が空いていることが，日本の南極観測隊によって発見されて以来，オゾンホールによる生態系の撹乱が危惧されるようになった．オゾン層は成層圏下部に見られ，宇宙からの紫外線を寸断することによって数億年間地球の生物を守ってきた．そのようなオゾン層が破壊され，紫外線が地球上に直接降り注ぐようになってしまった．オゾン層破壊の犯人は合成化学物質のフロンやハロン，1, 1, 1-トリクロロエタンであった．これらの物質は自然界には存在しないもので，オゾン層の破壊は100％人為によるものと言える．特にフロンは広汎にかつ大量に用いられてきた．非常に安定した物質であることから，生物に対してもまったく無害と考えられ，洗浄剤，冷媒，発泡剤，スプレーの噴射剤などに多用されてきた．ところがこのフロンが成層圏に達すると紫外線によって活性化し，フロンの塩素原子1個につきオゾン分子数万個を連鎖的に分解することが明らかとなった．

　現在，複数種あるフロンのうち，オゾンを破壊する割合の高いものについては使用が禁止されているが，オゾン層を破壊する物質すべてが禁止されているわけではなく，オゾン層破壊は進行しつつある．

### 6） 砂漠化

　現在，1年に0.1％の割合で砂漠の面積が増大しつつある．また，陸地の3分の1が砂漠，あるいは砂漠化の危険性のある地域となっている．中国では現在森林面積が124万km²で国土の約14％分であるが，砂漠化している土地の面積は262万km²で国土の27％となっている．今から2,000年前の漢の時代から森林消失が始まり，1950年以降は急速に砂漠化が進んでいる．砂漠化は開発途上国で特に深刻である．砂漠化が進行する直接的な原因は家畜の過放牧，作物の過耕作，樹木の破壊，あるいは焼き畑によって，砂漠の周辺にあるぜい弱な環境が撹乱され，砂漠化が進行するのである．なぜそのような土地をあえて利用するのだろうか．それらの国や地域が慢性的な食糧不足にあるからである．またそのような地域ほど人口増が急激で，人口問題を抱えている．それによって食糧不足に拍車がかかっている．人口問題や食糧問題を引き起こす原因は一言で言えば貧困であろう．このような図式で見れば開発途上国の貧困をなくすこと，つまりは南北問題を解決することによって砂漠化を食い止めることが可能になるということになる．砂漠に緑を回復させる試みは果敢になされつつも成果は上がっていない．生物群集は一度破壊されると回復は非常に困難だということがやっと分かってきた状態である．先にも述べたが，1890年に鉱毒で渡良瀬川を汚染した旧足尾銅山周辺は，100年を経た今になっても緑は回復していない．

### 7） 河川の汚濁

　河川は生活と密接につながった環境を提供している．そのために，人口の多い場所では古くから汚染が進行している．例えばイギリスのロンドンを流れるテムズ川では19世紀の段階で徹底

的に汚染され，死の川となってしまった．

　日本においても江戸時代から，上流の鉱山が廃棄物を下流に垂れ流すという鉱毒の問題が各地で生じていた．しかし，本格的に河川環境が悪化し始めたのは戦後の経済成長期であり，今日でも多くの河川で生活排水や有害物質が流れ込み環境を悪化させている．また，護岸工事やダム工事の結果，河川の生態系は大きくゆがめられ，水生生物の多様性が減少し，これまで普通に見られた魚や水生昆虫などの生物が姿を消している．また生活排水はリンや窒素を多く含み，これらの物質は植物にとってみると栄養塩類にもなる．そのために，しばしば緑藻類のアオコやシアノバクテリアが異常増殖を引き起こす．これらの光合成生物が異常増殖すると，溶存酸素量の上層過飽和の状態が生じる．しかし，これらのプランクトンの死骸量が増えることから，下層では細菌類の大量増殖が起こり，むしろ酸素不足の状態になる．これによって，下層の魚類や底生生物の大量死が起こる．

## 8) 海洋汚染

　地球表面の7割は海洋である．河川から様々な物質が海へ流れ出ることや，廃棄物の海洋投棄，船の運行やタンカー事故による石油の流出など，広大な海であっても汚染が進行している．プラスチックやビニールなどの分解しにくい物が外洋で頻繁に見られるような状況になっている．また，いったんタンカー事故が起こると，大量の石油が周囲の環境を著しく汚染する．さらに，海岸の埋め立てや護岸工事により多くの生物が生活場所を奪われ，消えていく状況にある．

　プランクトンの異常発生である赤潮は，1980年以降発生量が増大しており，瀬戸内海のように河川からの流出物が溜まりやすい条件にある場所で頻発している．栄養塩類の増大によりプランクトンの異常増殖が起こり，特に夜の呼吸量が増大し，貧酸素水塊が生じる．また微生物の増加により異常発酵が生じたり，有毒物質が作られる．これらのことと大量増殖したプランクトンがえらを直接閉塞することによって魚介類の大量死が起こる．日本で発生する赤潮ではケイ藻やベン毛藻類が多い．

## 9) 熱帯林の減少

　第7節で解説したように，多くの生物群は高緯度地域から熱帯に向かうにつれて種数が多くなる．特に熱帯多雨林では非常に高い多様性を示す．しかし，熱帯地方の森林は，今日急速な開発の波にさらされており，熱帯多雨林は毎年1%ずつが伐採されている．熱帯多雨林は，現存量で地球の全植物の2分の1強を占めているが，1年に1,570万haの森林が減少していることになる．これは日本全土の約半分の面積に該当する．このままの状態が続くと，数十年後には熱帯多雨林は地球上から姿を消してしまうのではないかと言われている．生物の種は滅びれば二度と再生されない．早急な対策が求められている．

　日本の森林面積は67.5%である．ただし，総面積の24.6%，あるいは森林面積の約半分は人造林である．かつて熱帯多雨林に広く覆われていたタイでは，伐採が進み，現在二次林を入れても森林は国土面積の25%のみであり，フィリピンでも22%のみとなってしまった．国土の半分以

上が森林である日本が，森林資源の著しく減少したこれらの国々からさらに木材を輸入している現状に対して，各国からの批判の風圧は相変わらず強い．

人類が地球上に出現する以前の生物の100年当たりの絶滅率は，生物種の平均寿命から算出して全種数の0.0001から0.00001%とされている．しかし今日，ホ乳類や鳥類の絶滅率は100年当たり約1%となっており，よってこの値は人類出現以前の値の100倍から1,000倍を示すということになる．ここ400年の間に，確認できたものだけでもホ乳類で83種が，鳥類で113種が絶滅したと報告されている．

表 3-10-1　熱帯林の減少

| 地域 | 地域面積 (千ha) | 森林面積（千ha） 1981年 | 1990年 | 年平均減少面積 (千ha) | 年間減少率 (%) |
|---|---|---|---|---|---|
| 熱帯アメリカ | 1,675,000 | 922,900 | 839,900 | 8,400 | 0.9 |
| 熱帯アジア | 896,600 | 310,800 | 274,800 | 3,500 | 1.2 |
| 熱帯アフリカ | 2,243,300 | 650,400 | 600,100 | 5,100 | 0.8 |
| 合計 | 4,815,500 | 1,844,100 | 1,714,800 | 17,000 | 0.9 |

（FAO報告，1991をもとに作成）

表 3-10-2　推定される種の絶滅速度

| 区分 | 速度（種／年） |
|---|---|
| 白亜紀（恐竜時代） | 0.001 |
| 1600-1900年 | 0.25 |
| 1900年 | 1 |
| 1900-1975年 | 1,000 |
| 2000年までの25年間平均 | 40,000 |

（Myers, 1979により作成）

ウィルソン（Wilson, 1992）は，現在，少なくとも毎年2万5,000種が消滅している可能性があることを指摘している．多様性の高い熱帯多雨林の減少により，絶滅の運命にあると予測される種が0.25%存在し，熱帯多雨林に1,000万種が生息していると仮定すると，毎年2万5,000種の生物が絶滅しているとの推定である．絶滅確率を推定することは容易なことではないが，的外れの値ではないように思える．

1992年に批准された生物多様性条約では，資源の持続的利用や遺伝子資源の公平な分配が唱えられている．熱帯多雨林は，森林材や医療に貢献するといった資源としての価値のみならず，学術研究やレクリエーション，教育活動の場といった非消費的利用価値も持つ．さらには野生生物や生態系に対する関心，共感といった経済性や利用性から離れた精神的な価値をも持つという主張もある．私達は，再現不可能である進化の歴史性を保護し，多様性に富んだ生物世界を次世代に引き継ぐ社会的責任を有しているはずである．地球上のすべての人々は，直接的にであれ，間接的にであれ熱帯多雨林を必要としている．

(2) 環境問題の複合性と階層性

　私達は健康で文化的な生活を確保する権利を有している．そのためには環境あるいは景観の保全は必須と考える．また現在の私達のみならず，未来世代の生存可能性に対しても責任を持つと考える．もし，未来世代に対しての責任があるのならば，好適な環境や景観を残していく義務を私達は負うはずである．

　環境問題は，社会の中で解決していかねばならない問題であり，その重篤度から社会のシステムをも変えていかねばならない状況があることから，実質的解決には実に難しい局面が多く出現してくる．環境問題の解決を難しくしている理由の1つとして，ここでは環境問題が多くの分野に関連した複合領域問題である点と，環境問題に階層性が存在する点を挙げ，これらに触れておきたい．

　環境という言葉自体，個体を基準にした場合の外界のすべてを意味するものであるので，ヒトと環境という対応はヒトと社会にかなり近い広がりを持つことになる．そのために環境問題の具体的解決のためには，社会や法律，経済，政治，教育などからのアプローチが必須となる．しかし，価値観や倫理観の相違，生活様式の相違が多く見られ，最大公約数を見つけ出すことは難しい．都市域と都市近郊，そして農村部を比較するだけでも各地域の住みよい生活環境の設計は異なってこよう．環境問題における自然科学の役割は，基本的に正確なデータの提出であろうが，現状が把握されたことが単純に問題の解決にはつながらない．

　環境問題の第2点目の視点として，環境問題には町内などの身近な生活圏レベルから県や市町村といった地方，国内，そして地球レベルまでの何段階にもわたった解決すべき階層が存在し，そのことが環境問題をさらに複雑にしていると言えよう．地球温暖化やオゾンホールの問題の解

図3-10-2　不良の水を飲まされる都市のスラムの住民は，死の薬を飲まされるようなものだという愚意を込めた絵（英国1866年のもの）

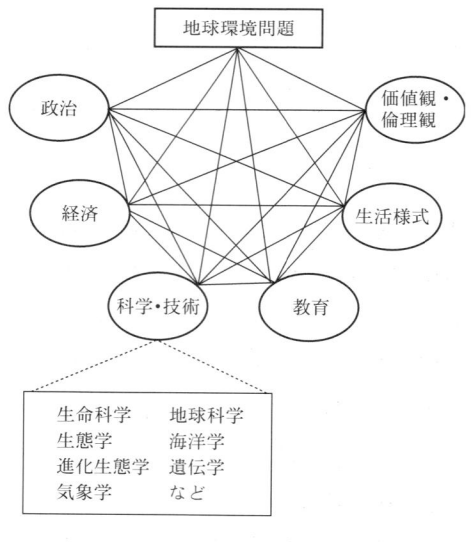

図3-10-3　地球環境問題と関連分野

決には国家レベルの政治，経済的な働きかけがなければ解決はあり得ないであろう．その一方で，公園緑地が少ない，ゴミの回収日が少ないなどの問題は地域レベルでの視点となるものである．その点では環境問題に対してローカルレベルからグローバルレベルまでの幅を持った視野が必要であろう．また，一般論と具体的な個人の生活面での問題も重大である．クジラを保護するために捕鯨の禁止がなされた場合，捕鯨で生計を立てていた人達が，補償もなく一般論の捕鯨反対を唱えられるだろうか．河川堤の建設問題でも同様である．自然保護団体は河川の生態系の破壊を危惧するために猛烈な反対を唱え，運動を起こす場合がしばしばであるが，河川周辺に居住している人達にとっては，堤は洪水による被害から住民を守る目的もある．生活に関与しない人は一般論側に立つが，直接生活に関わる人にとってはそう簡単にはいかない難しさがある．

　現在，環境問題は南北問題であり，貧困からくる食糧問題と関連し，実質人口問題であると考えている人は少なくない．環境問題が南北問題であれば，政治的解決が必須であるといった論調も紙上で多く見かける．その一方で，生態系の基礎データの集積といったような基礎的部分が，あまりにもなおざりにされていることに対する不安感を同時に抱く．例えば，地球規模で進行する生物多様性の減少は現実であり，重要な地球環境問題の1つである．もちろん，政治的・社会的分野の参入なしには具体的解決はあり得ないのだが，しかし，多くの基礎科学分野が強く関与して正確な資料を提供するべき問題であり，それと同時に，私達のあるべき生活を問う問題でもある．多くの解決すべき重要な課題を抱えている．


**参考文献**

Carson, R. 1962. Silent spring, Reprinted 1982 by Penguin, Harmondsworth.
FAO 1991. 森林資源評価1990プロジェクト第2次中間報告.
Myers, N. 1979. The sinking ark: A new look at the problem of disappearing species, Pergaamon Press.
Wilson, E. O. 1992. The diversity of Life, W. W. Norton & Company, New York.


## 11. 生物の保全と生態系管理

　第8節で紹介した島嶼生物地理学，つまり島の理論は陸地の環境においても適用可能である．例えば，高山や公園も孤立した島とみなすことができる．特に緑地は都市化が進んだ地域ほど分断化が進んでいる．そして，島の生物地理学の理論や研究成果は，現在の生活環境や自然環境の保全や保護に有効であり，応用生物地理学，あるいは保全生物学という形でさらに発展してきた．例えば島の生物地理学が明らかにした種数・面積関係は，自然保護区設定の問題などの重要な礎石となっている．

### (1) 種数・面積関係の応用

　残された自然環境や野生動物，あるいは緑地を保護するための保護区を設定する際に，まず大きな問題となるのは，保護区の面積や形状，配置の問題であろう（図3-11-1）．これらの保護区

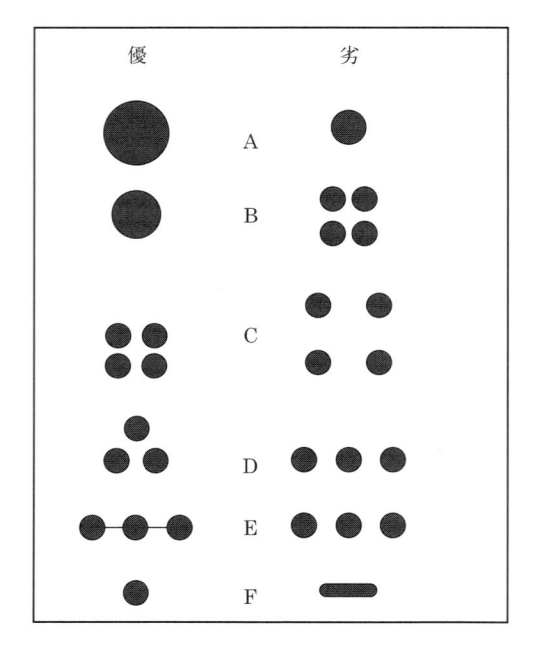

**図3-11-1 保護区のサイズや形状の関係**
島嶼生物地理学の研究成果を保護区設定に応用すると，保護区の大きさや位置の関係に多くの示唆が得られる．

の最適な形態を明らかにする目的での研究は，種数・面積理論を応用する形で活発になされてきた．

種数・面積関係から，面積が大きいほど所産種数は多くなることにより，生物多様性の最大化を図るとなれば面積を最大にした方が好適と思われる．しかし，複数のサイズの小さい面積に分割した方が伝染病などの蔓延から逃れる可能性が高くなるし，山火事からも一部が逃れられる可能性も考えられる．もし，保護区として複数面積に分割した方が好適であれば，道路をたくさん造る口実にもなり得る．保護区の形状は正円に近いほど好適とされている．細長い形状ほど半島効果（Peninsula effect）が表れてくる可能性があるし，保護区の周辺は波状に入り組んだ形態ほど境界効果（Edge effect）が表れる可能性がある．ただし，半島効果，境界効果共に種数に影響を与えるという結果と与えないという結果が混在し，結論に至る段階には達していない．孤立性の問題も存在する．回廊（corridor）の効果や生息地間の連結性についても，環境設計の上での重要な観点である．

この種数・面積関係を利用することによって，与えられた地域に生息する総種数（種多様性）を推定することも可能である．そこに実在するであろう総種数のどのくらいをカバーしているであろうかという種数の解明率を推定する方法として，代表的な生物群の標準化された種数・面積関係（生物群によってパラメーターの値 C，Z が少しずつ異なる）の関係式ができていれば，それを使って解明率，あるいは報告書などの信頼度を評価することも可能である．調査の結果，得られた値がその標準化された回帰直線を有意に下回っていた場合，回帰直線とプロットされた値の差は調査の不十分さの程度を表しているか，あるいは本当にその地域の種の豊富さが低いかのいずれかであろう．

### (2) SLOSS 問題

残された自然環境や野生動物，あるいは緑地を保護するための保護区を設定する際の保護区の最適な形態を明らかにすることを目的とする研究は，種数・面積理論を応用するというような島嶼生物地理学的視点からまずは理論面で活発になされてきた．その中で特に重要な課題の1つとして SLOSS 問題が挙げられる．SLOSS とは「Single Large or Several Small Reserves ?」を意味する．つまり，保護区を設定する際に種の保存の上で，総面積が等しいならば単一の大保護区が好適か，複数の小保護区に分割した方が好適かという問題である．理論的な論議や研究が先

行する中で，これらについての実証的な研究は残念ながらまだ少ない．

シンバーロフとアベレ（Simberloff & Abele, 1976）は面積が同じ場合に単一の大保護区が好適か，複数の小保護区が好適かという最適保護区の問題に数理的なアプローチをかけた．

単一大面積（A1）に見られる種数をS1と置き，その半分の面積A2（= A1/2）に出現する種数をS2とする．移住源Tからの移住率をS2/Tと置くと1 − S2 / Tの割合に相当する部分は他方の島に出現したS2種と組成が異なる．小面積の2つの島の合計種数（ST）は

$$ST = S2 + S2(1 - S2/T) = 2S2 - S2^2/T \quad \text{……①}$$

種数・面積関係をベキ関数で表現すれば

$$S1 = k A1^z \quad (k, z \text{は定数}) \quad \text{……②}$$
$$S2 = k A2^z \quad \text{……③}$$

②，③式から

$$S1 = k(2 A2)^z = 2^z \cdot S2 \quad \text{……④}$$

プレストン（Preston）の4乗根則（fourth power law）が主張するz = 0.262を④に代入すると

$$S1 = 1.2\, S2 \quad \text{……⑤}$$

（プレストンは種数と個体数の関係が対数正規則に従うことを仮定して，$S = c A^{0.262}$ を導き出した．0.262はほぼ1/4なので，$S \propto c \sqrt[4]{z}$ と近似される．）

⑤を①に代入すると

$$ST = 2(S1/1.2) - (S1/1.2)^2/T$$
$$= S1\,[(2/1.2) - (1/1.44)(S1/T)] \quad \text{……⑥}$$

⑥からS1 < STとなる条件を求めると，S1 / T < 0.960の場合のみである．

S1 / T = 1は移住源の種すべてが移住する場合であり，S1 / T > 0.960でS1 > STであり，S1 / T < 0.960の条件下でS1 < STとなる．S1 / T < 0.960といった値は実質あり得ないであろう．よって総面積が等しいなら，単一の大きな島よりも複数の小さな島の方が出現種数は多くなるという結論が導き出される．

野外で，475m²の島を4つの島に分割した実験が存在する（Simberloff & Wilson, 1969）．結果として，分割前には77種の節足動物がいたが，分割後は81種に増えた．これに対して，種数のみを問題にしているといった反論が挙がっている．小面積にも出現する種は保護を必要としない普通種ばかりであり，保護を必要としている栄養段階の上の動物は大面積を必要としている．

伊豆諸島式根島の自然植生であるマサキートベラ群集（クロマツ林）でのアリ類の調査では，大面積で残されている林を単一大保護区に，人間活動により分断された小面積の林10か所を複数小保護区に見立てて実験が行われた（図3-11-2）．林の面積が減少すると，林床性種が急激に減少するとともに，林の周辺部に生息する草地や裸地性の種の侵入を受けることが示された．サイズの小さい林ほど環境部分の劣化が起こり，これによって通常ならば林内に生息しない草地や裸地性の種が侵入するようである．

保護すべき生物や地域を考慮すると，裸地に生息するものよりも，残された自然林やそこに生息する種が圧倒的に多い．式根島での実験結果は，面積の減少が林床性種を減少させることから，地域の分割は可能な限り行わない方策を支持している．また，面積の減少は周辺域の種の侵入を容易にしており，これによって林内の生態系が影響を受ける可能性も示唆され，保護区周辺の環境にも十分な配慮が必要であることを警告している．ただし，都市の環境が生物の生存にとって厳しいものである現在，都市域における緑地の存在は，生物，環境保全の拠点として重要なものである．しかし，都市域に広い面積の緑地を確保することは容易ではない．したがって，面積的には狭くとも多様な生物の生存に好適な緑地の確保が都市域では重要であろう．

橋本ら（1994）は，都市域の緑地の面積とアリ相との関連を論じている．兵庫県三田市において面積の異なる孤立林と非孤立林のアリ相を比較した結果，林のサイズが大きくなるほど種数が増し，林地面積が 10,000 $m^2$ で非孤立林に近づいた種数となった（図3-11-3）．種組成を比較すると，サイズの減少に伴って，湿潤な林内の林床に生息する肉食性の種が欠落していくことが分かった．このことから，林地の面積の減少によって，特定の環境部分の欠落や劣化が起こり，これが土壌動物の個体群サイズや群集構造に劣化を起こさせているのであろう．

### (3) 最少生存可能個体数（MVP）

個体群を維持するのに必要な臨界個体数で，1,000年間99％の確率で生存が可能な個体数を最少生存可能個体数（MVP; minimum viable population）と言う．脊椎動物でのMVPは500〜1,000頭と言われている．また，最少生存可能個体数を支えることのできる面積を最小必要面積（MDA; minimum dynamic area）と呼ぶ．小型ホ乳類で1万〜10万 ha が必要とされている．それゆえ，例えばハイイログマ50頭の個体群が維持されるためには4万9,000 $km^2$ の面積が必要とされ，1,000頭の個体群が維持されるためには242万 $km^2$ が必要とされることになる．最少生

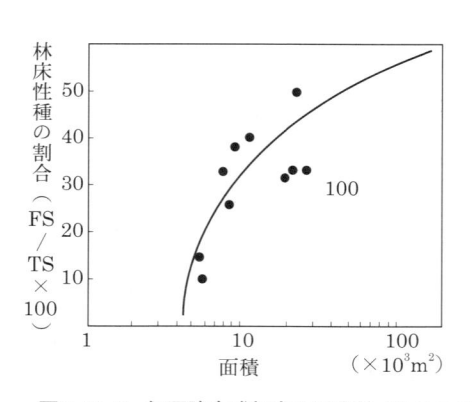

図3-11-2 伊豆諸島式根島の調査林（クロマツ林）を用いての種数と面積の関係
調査林の面積と調査林の総種数（TS）に対する林床性種（FS）の割合（FS / TS×100）を示す．

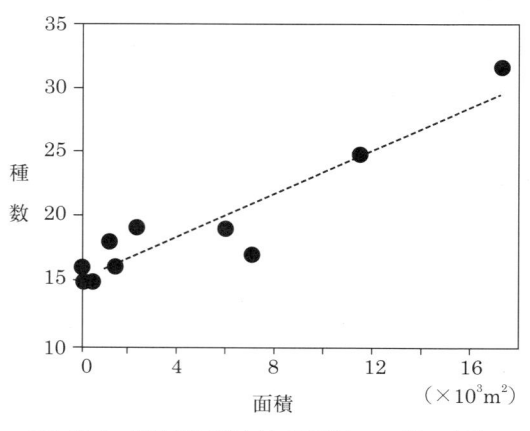

図3-11-3 都市域の孤立林の面積とアリ類の出現種数の関係
（橋本他，1994より作成）

存可能個体数や最小必要面積を明らかにすることは，生物種の保護のための環境設計を行う際の重要な資料となってくる．

　昆虫のような小型の生物では取り扱う面積スケールは小さくなる．アリ類が巣を維持することの可能な最小生息面積の測定例がある．富士山中腹のパッチ状に植物が点在する植生での調査では，ヤマアリ属（$Formica$）で1巣につき約2～5m$^2$の植生を必要とするという報告がなされている．フロリダ湾のマングローブ林での調査では，1種が生息できる植生の最小面積は0.31m$^2$で，常にアリの営巣が見られるのは1.25m$^2$以上，2種以上が共存するためには5.09m$^2$以上の面積が必要という結果を示している．

### (4) 指標生物

　環境評価を行うといった実際面になると，種のリストアップとレッドデータブックに記されている稀少種や絶滅危惧種の有無の点検に終始されていて，生物多様性重視と言いつつも，例えば多様度指数を用いての群集の多様度を解析し，環境の状態を評価することはあまりなされていない．野外調査に時間的な制約が多く，その実施には難があり，それゆえ現状では特定の種の出現の有無のみに基づく定性的な評価に頼る場合が多いことによろう．理念として地域生態系全体としての保全が重要であることは前述したが，限られた時間の中では，ある環境に生息するすべての生物種を調べ上げることは容易ではない．時間的な制約がある場合，地域の種多様性を推定する1つの方法として，生態系の中で特に重要な働きを持つと考えられる生物群を調べ，生態系全体の状態を推定することが実際的であろう．もちろんその過程では，生態系への影響度が反映しやすい生物群，指標生物というよりはより機能的にキーストーン種（群），を探し出す作業もまた必要になってくる．指標生物として有効なものの条件は，動物では行動範囲が狭く地域の環境条件の指標性が高いものであろう．これまでに，人目に触れやすいチョウ類や林床性のダニ類，アリ類，あるいは地上歩行性のシデムシなどが指標生物としての利用可能性が高いとして研究が進められてきた．その他，栄養段階の上位に位置するワシやタカのような猛禽類も有効であろう．基本的には，現存量が大きく生態系の中で大きい影響を与えていると推定され，キーストーンとなる生物が指標生物として好ましい．その他，指標性の良さとして，①種ごとに様々なタイプの生息環境や生息幅を持つものが見られ，よって種組成が植生や土壌などの環境条件に敏感に反応する．②現存量が大きいことからどのような環境でも採集が容易である．特に採集しやすく，短期間の内に地域の種組成を調べ上げることが可能である．③公園のような小規模な面積の環境においても生息し，そのような小規模レベルの地域の環境評価にも利用できる．④定住性が高いことから，採集場所での定着の存否の確認が容易である．⑤年間を通じて採集可能で（できれば冬でも調査が可能），季節や天候の影響をそれほど受けずに採集できることから，変動の大きいそれらの要因をあまり気にせず資料の比較ができる．特に⑤の条件は，チョウなどの多くの昆虫類では，季節や温度条件の違いで種数や個体数が大きく変動し，データの取り扱いを難しくしている．

表 3-11-1　日本における絶滅の恐れのある動物の数

| 分類群 | 種・亜種数 | 絶滅種 | 絶滅危惧種 | 準絶滅危惧種 |
| --- | --- | --- | --- | --- |
| 脊椎動物 | | | | |
| 　ホ乳類 | 199 | 4 | 48 | 16 |
| 　鳥類 | 665 | 13 | 90 | 16 |
| 　ハ虫類 | 97 | 0 | 18 | 9 |
| 　両生類 | 64 | 0 | 14 | 5 |
| 　汽水・淡水魚類 | 200 | 3 | 76 | 12 |
| 昆虫類 | 30,146 | 2 | 139 | 161 |

（環境庁，2000，2002 より）

表 3-11-2　日本における絶滅の恐れのある植物，藻類，菌類の数

| 分類群 | 種・亜種数 | 絶滅種 | 絶滅危惧種 | 準絶滅危惧種 |
| --- | --- | --- | --- | --- |
| 維管束植物 | 7,087 | 20 | 1,665 | 145 |
| コケ類 | 1,800 | 0 | 180 | 4 |
| 藻類 | 5,500 | 5 | 41 | 24 |
| 地衣類 | 1,000 | 3 | 45 | 17 |
| 菌類 | 16,500 | 27 | 63 | 0 |

（環境庁，2000 より）

(5)　私達が守ろうとしているもの

　最後に，生物多様性の保全を重視することの意義について再度考えてみたい．この問題意識の設定は，多くの環境問題を抱えている今日の社会の現状を鑑みると妥当なものであろう．まず指摘すべき点は，生物多様性保全の究極の目的は「自然そのものの保全」ではなく，私達「人類の永続的な繁栄」であろうということである．

　自然保護の流れは，パンダやコアラ，ラッコといった特定の生物種の保護から生態系保護，生物多様性保護という視点に変わりつつある．また，自然保護の観点として，人類の共有財産かつ遺伝子資源といった物質的価値のみを主張することから，美的価値，倫理的価値，教育的価値といった資源としての価値を超える価値の認識がなされるようになりつつある．もちろん，リオデジャネイロでの「地球環境サミット」（1992）以降よく言われるように，生物多様性の減少は将来利用可能性を持つ生物を絶やしてしまうことにより，恩恵をもたらし得る遺伝子資源を絶やしてしまう可能性がある．しかし同時に，「持続可能な開発」をスローガンにした「地球環境サミット」には，経済的側面のみが強調され，自然を資源としてのみ見立てた政治的駆け引き，基本的には南北問題の調整といった意味合いを強く感じざるを得ないのも事実である．近年，前述のような価値観が芽生えるに至った理由は，まず素直に身近な周りの自然の多さを考えるだけでも，それが人間性の豊かさを支えてくれると思われるからだろう．土や緑，そして生物のにぎわ

いは私達の充実した精神生活に欠かすことのできないものと思われる．その一方で，都市部での自然の失われた環境は，人間性そのものが危険なものになりはしないかと危惧感を抱く．さらには，生態系の存在そのものに価値を見いだす考えも存在する．言わば歴史的・自然史的価値を強調しているものである．

　ヒトが関与することによって維持されてきた日本の里山のような環境においても，ヒト－自然共生系としての長い歴史的価値を見いだせよう（表3-11-3）．さらには，身の周りの多くの生物種の存在は，35億年以上もの長い時間をかけてなされてきた唯一無二の生物進化の歴史であり，今日の生態系を再現させることはまったく不可能である．当然，今日の私達ヒトの存在も多種多様な野生の生物種によって，つまり生物多様性によって人類が発生し，進化してきた結果である．二度と起こり得ないものである．このような長い歴史の中で築かれ，維持されてきた生物間の共生関係の上に成り立つ生物多様性から導き出されるものは，やはり，自然を資源としてのみ捉えるのではなく，長い歴史を持つ自然の多様性そのものに対する価値を理解することであると思う．

表 3-11-3　ルーラル・ランドスケープデザイン（RLD）の現代的意義とその特質

| 5つの視点 | RLDの現代的意義 | RLDの特質 |
| --- | --- | --- |
| 物理的 | 開放的な空間 | 耐久性，機能性，ヒューマンスケール性 |
| 視覚的 | 優しい風景 | 大地性，自然美，時間的積層性 |
| 生態的 | 透水性のある地面 | 生態循環性，生物生息性，生物共存性 |
| 社会的 | らしさの表現 | 地域性，郷土性，地域固有性，周辺域との調和性 |
| 心理的 | ふるさとのイメージ | 原風景性，安心安定性，感動性，懐かしさ |

（進士，1994より）

図 3-11-4　曲線による登り坂
坂を登るのに曲線はヒトにとって負荷の少ない道である．老人や子を背負う母親にとっての最短距離は直線ではなく曲線であろう．どこにでもある日常の光景であるが，そこにおいても地域の歴史が刻みつけられている．

　以上，生物多様性保護とは，突き詰めていくとこれは価値観をめぐる問題であり，かつ，社会の価値観を変えることによって政治や社会を動かし解決していくべきものとして捉えると，特定の地域のみの経済活動に片寄らない全地域的，あるいは全地球的発想を持ちつつも，同時にしばしば国際化の美名のもとになされる画一化の方向に向く一方的な経済・文化浸潤にならぬように，地域性を最大限尊重することが肝要に思えてくる．

　生態系保護の思想は生物要素のみに

着目した保全ではなく，地域の文化，歴史，伝統を尊重し，多様な文化そのものに価値を見いだす思想ではなかろうか．つまり，地域を尊重することこそ生物多様性の保全であり，そのことゆえ，近年，特定の生物種（群）保護から地域生態系全体を保護の単位とすることへ発想がシフトし，その評価基準として生物多様性が重視されるのであろう．

　私達は何を守ろうとしているのか．私達が脈々と生を営んできた地域の文化や歴史を反映する，自然をも含めた地域の固有性ではなかろうか．そしてそのためにも21世紀の次世代に対して負の生物学的遺産を残さぬよう，最大限の努力を惜しむべきではない．

**参考文献**

橋本佳明・上甫木昭春・服部保 1994. 造園雑誌, 57: 223-228.
環境庁（編）1998. 環境庁版植物レッドリスト.
Simberloff, D. S. & L. G. Abele 1976. Science, 191: 285-286.
Simberloff, D. S. & E. O. Wilson 1969. Ecology, 50: 267-278.
進士五十八 1994. ルーラル・ランドスケープデザインの手法, 学芸出版社.

## おわりに

　本書では随所に，著者自身の考えや意見を率直に述べたところが存在する．もちろん著者は，その考えを読者諸氏に押し付けるつもりは毛頭ない．生物世界に多様性が必要であるのと同様に，ヒトの価値観にも多様性が必要で，様々な意見があってしかるべきだろう．そして，意見を述べた上で他者の意見を尊重しつつ論議することがまず大切だと考える．異なる考えを持つ人々を抱擁できる社会が成熟した社会と呼べるであろう．さらに，科学者も研究や教育のみに没頭せず，社会に対して建設的に発言していく姿勢を持つべきであるとも考える．

　本書は，大学のテキストとして配付していた約400頁ある講義用資料の中から，約半数の内容を精選し編纂したものである．資料の作成にあたっては，著者が担当したいくつかの大学の講義の中から多くのヒントを得ることができた．同様に，ここではいちいち氏名を挙げないが，日頃多くの助言やユーモア，建設的な意見や批判をくださる友人，知人，同僚にお礼申し上げるとともに，様々な形で関わりを持ってくださった多くの方々に感謝したい．

2005年4月

著　者

# 参考図書

本書の内容に興味を持ち，より詳細な知識の探索を望む人には以下の書籍の一読を勧める．掲載した書籍は一部の例外を除き，入手あるいは閲覧の容易なものに限った．

## 第1章 分子から個体群まで

相磯貞和訳（2001）ネッター解剖学図譜．丸善，525頁．
遠藤　仁・橋本敬太郎・後藤勝年編集（1997）医系薬理学．中外医学社，562頁．
平山令明（1998）分子レベルで見た体のはたらき．講談社，205頁．
後藤由夫（1999）医学と医療　総括と展望．文光堂，392頁．
林　典夫・広野治子編集（2000）シンプル生化学．南江堂，381頁．
堀　清記編集（2001）TEXT生理学．南山堂，530頁．
池内俊彦（2001）タンパク質の生命科学．中央公論新社，209頁．
井村裕夫・高久史麿（2000）現代医学と社会．岩波書店，250頁．
石川春律・藤原敬義（1998）細胞生物学．放送大学教育振興会，310頁．
伊藤　隆（2002）解剖学講義．南山堂，915頁．
鹿取　信監修，今井　正・宮本英七編集（2001）標準薬理学．医学書院，516頁．
R. K. ミューレー・D. K. グラナー・P. A. マイアー・V. W. ロードウェル著，上代淑人監訳（2001）ハーパー・生化学．丸善，985頁．
中村　運（2001）形から見た生物学．培風館，214頁．
中村桂子・藤山秋佐夫・松原謙一監訳（2002）細胞生物学．南江堂，630頁．
太田次郎（1982）ヒトの生物学．裳華房，191頁．
T. W. サドラー著，安田峯生・沢野十蔵訳（2001）ラングマン人体発生学．メディカル・サイエンス・インターナショナル，471頁．
清水勘治（2001）解剖学．金芳堂，595頁．
鈴木泰三・田崎京二・山本敏行（1996）大学課程の生理学．南江堂，286頁．
貴邑冨久子・根来英雄（1996）シンプル生理学．南江堂，311頁．
宝谷紘一・神谷　律編（2000）細胞のかたちと運動．共立出版，180頁．
植松俊彦・野村隆英編集（2001）シンプル薬理学．南江堂，278頁．
山田安正（2001）現代の組織学．金原出版，533頁．
安原　一監修（2002）新薬理学．日本医事新報社，225頁．
養老猛司（1993）解剖学教室へようこそ．筑摩書房，217頁．

## 第2章 進化

団まりな（1978）動物の系統と個体発生．東京大学出版会，137頁．
今堀宏三・田村道夫（1971）系統と進化の生物学．培風館，167頁．

長谷川雅実・岸野洋久（1996）分子系統学．岩波書店，257 頁．
岩槻邦男（1993）多様性の生物学．岩波書店，174 頁．
石川　統（2000）進化の風景．裳華房，208 頁．
馬渡俊輔（1995）動物の自然史．北海道大学図書刊行会，274 頁．
森脇和郎・岩槻邦男編（1999）生物の進化と多様性．放送大学教育振興会，253 頁．
野田春彦（1995）動物の進化．放送大学教育振興会，197 頁．
西田　誠（1983）系統と進化．東海大学出版会，258 頁．
西村三郎（1983）動物の起源論．中央公論社，211 頁．
L. マルグリス・K. V. シュワルツ著，川島誠一郎・根平邦人訳（1987）五つの王国．日経サイエンス社，365 頁．
丸山茂徳・磯崎行雄（1998）生命と地球の歴史．岩波書店，275 頁．
三中信宏（1997）生物系統学．東京大学出版会，458 頁．
宮田　隆（1994）分子進化学への招待．講談社，280 頁．
直海俊一郎（2002）生物体系学．東京大学出版会，337 頁．
奥谷喬司・太田　秀・上島　励編（1999）水棲無脊椎動物の最新学．東海大学出版会，341 頁．
酒井　均（1999）地球と生命の起源．講談社，303 頁．
佐々治寛之（1989）動物分類学入門．東京大学出版会，124 頁．
R. トリヴァース著，中嶋康裕・福井康雄・原田泰志訳（1991）生物の社会進化．産業図書，582 頁．
太田次郎他編集（1992）生物の起原と進化．朝倉書店，194 頁．
E. ソーバー著，三中信宏訳（1988）過去を復元する．蒼樹書房，318 頁．
内田　亨（1997）動物系統分類の基礎．北隆館，331 頁．
E. O. ワイリー著，宮　正樹・西田周平・沖山宗雄訳（1991）系統分類学　分岐分類の理論と実際．文一総合出版，528 頁．
J. ウィリアムズ著，長谷川真理子訳（1998）生物はなぜ進化するのか．草思社，285 頁．
P. ウィルマ著，佐藤矩行・佐藤樹・西川輝昭訳（1990）無脊椎動物の進化．蒼樹書房，465 頁．
柳川弘志（1989）生命の起源を探る．岩波書店，223 頁．
吉村不二夫（1987）形態学の復権．学会出版センター，205 頁．

### 第3章　生物群集と生態系

青山潤三（1998）小笠原　緑の島の進化論．白水社，168 頁．
M. S. アンダースン著，金崎　肇訳（1956）生物地理．桐蔭堂書店，290 頁．
大学と科学公開シンポジウム組織委員会編（1995）地球共生系．クバプロ．195 頁．
C. S. エルトン著，川那部浩哉監訳（1990）動物群集の様式．思索社，649 頁．
藤井宏一（1987）生態学．放送大学教育振興会，170 頁．
N. G. ハーストンジ著，堀　道雄・中田兼介・立澤史郎・足羽　寛訳（1996）野外実験生態学入門．蒼樹書房，420 頁．
長谷川真理子（1993）オスとメス＝性の不思議．講談社，254 頁．
長谷川真理子（1999）オスの戦略メスの戦略．日本放送出版協会，246 頁．
P. H. ハーバー・M. D. パーゲル著，粕谷英一訳（1996）進化生物学における比較法．北海道大学図書刊行会，283 頁．
R. H. ホイッタカー著，宝月欣二訳（1974）生態学概説．培風館，363 頁．
井土梅吉（1930）生物地理学．南光社，482 頁．
伊藤嘉昭（1982）社会生態学入門．東京大学出版，210 頁．
伊藤嘉昭（1994）生態学と社会．東海大学出版会，185 頁．

伊藤嘉昭・山村則男・嶋田正和（1992）動物生態学．蒼樹書房，507頁．
伊藤秀三（1994）島の植物誌．講談社，246頁．
片野　修（1995）新動物生態学入門－多様性のエコロジー－．中央公論社，240頁．
川那部浩哉監修（1992）地球共生系とは何か．平凡社，262頁．
粕谷英一（1996）進化生物学における比較法．北海道大学図書刊行会，283頁．
河内俊英・桜谷靖幸（1996）動物の生態と環境．共立出版，178頁．
木村資生（1988）生物進化を考える．岩波書店，290頁．
木元新作（1979）南の島の生きものたち．共立出版，203頁．
木元新作（1998）島の生物学．東海大学出版会，197頁．
菊池泰二（1974）動物の種間関係．共立出版，120頁．
久野英二編（1996）昆虫個体群生態学の展開．京都大学学術出版会，455頁．
黒田長久（1973）動物地理学．共立出版，117頁．
河野昭一・井村治編（1999）環境変動と生物集団．海游舎，280頁．
小林四郎（1995）生物群集の多変量解析．蒼樹書房，194頁．
前川文夫（1977）日本の植物区系．玉川大学出版部，178頁．
松浦啓一・宮　正樹（1999）魚の自然史．北海道大学図書刊行会，234頁．
松田裕之（1995）共生とは何か．現代書館，230頁．
松田裕之（2000）環境生態学序説．共立出版，211頁．
R. H. マッカーサー著，巖　俊一他訳（1982）地理生態学．蒼樹書房，300頁．
松本忠夫（1993）生態と環境．岩波書店，183頁．
茂木幹義（1999）ファイテルマータ　生物多様性を支える小さなすみ場所．海游舎，213頁．
森　主一（1997）動物の生態．京都大学学術出版会，582頁．
尼岡邦夫（2001）魚のエピソード．東海大学出版会，275頁．
西村三郎（1981）地球の海と生命－海洋生物地理学序説－．海鳴社，284頁．
奥野良之助（1997）生態学から見た人と社会．大洋社，212頁．
小野幹雄（1994）孤島の生物たち．岩波書店，239頁．
大塚柳太郎・河辺俊雄・高坂宏一・渡辺知保・阿部　卓（2002）人類生態学．東京大学出版会，229頁．
E. R. ピアンカ著，伊藤嘉昭監修（1980）進化生態学．蒼樹書房，420頁．
佐藤宏明・山本智子・安田宏法編著（2001）群集生態学の現在．京都大学学術出版会，427頁．
鈴木継美・大塚太郎・柏崎　浩（1990）人類生態学．東京大学出版会，231頁．
徳田御稔（1969）生物地理学．築地書館，200頁．
D. ラファエリ・S. ホーキンズ著，朝倉彰訳（1999）潮間帯の生態学（上・下）．文一総合出版，311頁．＋205頁．

## 全　般

荒井秋晴・白石哲・澄川清吾・船越公威（1995）ヒトと自然．東京教学社，122頁．
団まりな（1996）生物の複雑さを読む．平凡社，226頁．
M. フィンガーマン著，青戸偕爾訳（1982）比較動物学．培風館，285頁．
平田　豊（1996）生物的自然と人間．開成出版，184頁．
広野喜幸・市野川容孝・林　真理編（2002）生命科学の近現代史．勁草書房，375頁．
古澤潔夫（1974）生物学一般．芦書房，208頁．
長谷川真理子（2002）生き物をめぐる4つの「なぜ」．集英社，221頁．
池田清彦（2001）新しい生物学の教科書．新潮社，249頁．
井上清恒・富樫　裕（1984）図説生物学．実教出版，223頁．

石川　統（1987）生物科学入門．裳華房，200 頁．
石川　統編（1994）生物学．東京化学同人，236 頁．
石川　統編（2000）アブラムシの生物学．東京大学出版会，344 頁．
岩槻邦男（2002）多様性からみた生物学．裳華房，136 頁．
女子大学教育研究会編（1947）女子大学生の生物学．槇書店，204 頁．
菊池俊英（1976）人間の生物学．理工学社，227 頁．
桑村哲夫（2001）生命の意味．裳華房，173 頁．
黒田洋一郎・馬渕一誠（1997）生物学のすすめ．筑摩書房，205 頁．
丸山工作・丸山　敬（1996）生命とは何か．東京教学社，173 頁．
中村　運（1996）生命科学．化学同人，202 頁．
野田春樹・日高敏隆・丸山工作（1999）新しい生物学第 3 版．講談社，279 頁．
太田次郎他（1993）人の生物学．朝倉書店，192 頁．
S. オルソン著，中村桂子訳（1992）生物学と人間の価値．オーム社，154 頁．
桜井邦朋（1995）自然科学とは何か．森北出版，160 頁．
多羅尾四郎・鳥山英雄・福田一郎（1975）人間生物学．開成出版社，264 頁．
陶山好夫編（1979）一般教養生物学．研成社，208 頁．
武田正論（1978）現代自然科学への道．八千代出版，270 頁．
E. O. ウィルソン著，岸　由二訳（1980）人間の本性について．思索社，366 頁．
E. O. ウィルソン著，大貫昌子・牧野俊一訳（1995）生命の多様性 I, II．岩波書店，559 頁．
横山輝雄（1997）生物学の歴史－進化論の形成と展開－．放送大学教育振興会，127 頁．
養老猛司（1993）脳の見方．筑摩書房，295 頁．
養老猛司（1994）からだの見方．筑摩書房，263 頁．
養老猛司（2002）人間科学．筑摩書房，232 頁．

■著者略歴

寺山　守（てらやま　まもる）

1958 年　秋田市生まれ．
東京大学大学院農学生命科学研究科講師．系統分類学，群集生態学，多様性生物学専攻．
理学博士（東京大学）．
東京大学農学部・大学院農学生命科学研究科，東京工芸大学工学部，関東学園大学法学部・経済学部，専修大学法学部・経営学部，茨城キリスト教大学文学部，気象大学校で講師を歴任．

主な著書・論文
「南西諸島産有剣ハチ・アリ類検索図説（和文および英文；共著，北海道大学図書刊行会）」
「原色日本アリ類全種図鑑（共著，学研）」
「日本動物大百科第 10 巻昆虫Ⅲ（共著，平凡社）」
「JTB ブックス　カラー図鑑Ⅱ．昆虫（日本交通公社）」
「The Ants of Japan（英文；共著，学研）」その他 17 冊．
学術論文：国内 16，海外 13 の学会誌に 100 編以上の学術論文を掲載．


# 生命の科学　―人・自然・進化―

2005 年 7 月 10 日　初版第 1 刷発行

■著　者——寺山　守
■発行者——佐藤　守
■発行所——株式会社　大学教育出版
　　　　　〒700-0953　岡山市西市 855-4
　　　　　電話（086）244-1268　FAX（086）246-0294
■印刷所——互恵印刷㈱
■製本所——㈲笠松製本所
■装　丁——ティー・ボーンデザイン事務所

© Mamoru TERAYAMA 2005, Printed in Japan
検印省略　　落丁・乱丁本はお取り替えいたします．
無断で本書の一部または全部の複写・複製を禁じられています．
ISBN4－88730－628－8